博士后文库
中国博士后科学基金资助出版

陆相断陷湖盆泥页岩油藏地质特征及储层有效性评价

马存飞　著

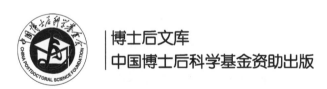

科　学　出　版　社

北　京

内 容 简 介

针对陆相断陷湖盆泥页岩基础研究薄弱、有利储集空间成因不明确和储层有效性评价不完善等问题,本专著综合利用地质与地球物理资料,运用层序地层学、沉积学、矿物岩石学和岩石力学理论知识,采用"岩心-薄片-扫描电镜"多尺度观察手段,借助成岩热模拟实验和数字岩心技术,以泥页岩储集特征精细表征为核心,以储层有效性评价为目标,以纤维状方解石脉体形成机制为亮点,系统开展了泥页岩储集特征、纤维状方解石脉体成因模式研究和储层有效性评价,并在泥页岩油藏地质特征研究基础上,从地质成因角度提出了泥页岩储层有效性评价方法。

本专著适合用作高等院校本科生和研究生的页岩油气学习材料,也可用作油田企业工程师从事页岩油气研究的工具书。

图书在版编目(CIP)数据

陆相断陷湖盆泥页岩油藏地质特征及储层有效性评价 / 马存飞著.
北京:科学出版社,2024.6. --(博士后文库). -- ISBN 978-7-03-
078686-9

Ⅰ. P618. 130. 2

中国国家版本馆 CIP 数据核字第 2024MW6554 号

责任编辑:焦 健 / 责任校对:何艳萍
责任印制:肖 兴 / 封面设计:陈 敬

科 学 出 版 社 出版
北京东黄城根北街 16 号
邮政编码:100717
http://www.sciencep.com

涿州市般润文化传播有限公司印刷
科学出版社发行 各地新华书店经销
*

2024 年 6 月第 一 版 开本:720×1000 1/16
2024 年 6 月第一次印刷 印张:15 1/2
字数:312 000
定价:158.00 元
(如有印装质量问题,我社负责调换)

"博士后文库" 序言

1985 年，在李政道先生的倡议和邓小平同志的亲自关怀下，我国建立了博士后制度，同时设立了博士后科学基金。30 多年来，在党和国家的高度重视下，在社会各方面的关心和支持下，博士后制度为我国培养了一大批青年高层次创新人才。在这一过程中，博士后科学基金发挥了不可替代的独特作用。

博士后科学基金是中国特色博士后制度的重要组成部分，专门用于资助博士后研究人员开展创新探索。博士后科学基金的资助，对正处于独立科研生涯起步阶段的博士后研究人员来说，适逢其时，有利于培养他们独立的科研人格、在选题方面的竞争意识以及负责的精神，是他们独立从事科研工作的"第一桶金"。尽管博士后科学基金资助金额不大，但对博士后青年创新人才的培养和激励作用不可估量。四两拨千斤，博士后科学基金有效地推动了博士后研究人员迅速成长为高水平的研究人才，"小基金发挥了大作用"。

在博士后科学基金的资助下，博士后研究人员的优秀学术成果不断涌现。2013 年，为提高博士后科学基金的资助效益，中国博士后科学基金会联合科学出版社开展了博士后优秀学术专著出版资助工作，通过专家评审遴选出优秀的博士后学术著作，收入"博士后文库"，由博士后科学基金资助、科学出版社出版。我们希望，借此打造专属于博士后学术创新的旗舰图书品牌，激励博士后研究人员潜心科研，扎实治学，提升博士后优秀学术成果的社会影响力。

2015 年，国务院办公厅印发了《关于改革完善博士后制度的意见》（国办发〔2015〕87 号），将"实施自然科学、人文社会科学优秀博士后论著出版支持计划"作为"十三五"期间博士后工作的重要内容和提升博士后研究人员培养质量的重要手段，这更加凸显了出版资助工作的意义。我相信，我们提供的这个出版资助平台将对博士后研究人员激发创新智慧、凝聚创新力量发挥独特的作用，促使博士后研究人员的创新成果更好地服务于创新驱动发展战略和创新型国家的建设。

祝愿广大博士后研究人员在博士后科学基金的资助下早日成长为栋梁之才，为实现中华民族伟大复兴的中国梦做出更大的贡献。

中国博士后科学基金会理事长

前　言

随着常规油气资源的持续性开发，可采油气资源量不断减少，国内常规油气的勘探开发难度越来越大，油气资源的勘探开发目标开始转向非常规油气藏。与常规油气资源相比，泥页岩油气具有自生自储、自生邻储、连续分布和储量大的特点，突破了传统找油理念，延长了世界石油工业生命周期，助推了全球油气储量和产量增长，影响着世界能源战略格局。

目前，非常规油气的勘探与开发已在北美获得了成功，在国内东部盆地的沾化凹陷、东营凹陷、金湖凹陷和高邮凹陷的古近系烃源岩中已钻探低产泥页岩油井，预示着泥页岩油具有良好的勘探开发前景。然而，与北美海相泥页岩相比，中国东部古近系断陷湖盆泥页岩易受气候、物源影响；成岩作用复杂，有机质成熟度低，储集空间类型多样；存在油气赋存状态不明、储集空间不清、可流动性难确定等问题；此外，还存在泥页岩中纤维状方解石脉体成因机制、演化对油气运聚影响不明确等问题，由此导致对泥页岩储层非均质特征、油藏特征和压裂可改造性等认识不深入，研究程度相对低。鉴于此，本专著以泥页岩储集特征表征为研究核心，以储层有效性评价为研究目标，以纤维状方解石脉体形成机制为突出点，系统开展了泥页岩储集特征、纤维状方解石脉体形成机制及成因模式研究和储层有效性评价，能更有效地指导陆相泥页岩油藏勘探开发。

本专著是作者近些年来对泥页岩基础地质研究以及富有机质泥页岩中纤维状方解石脉体形成机制及成因模式的系统总结，研究得到了中国博士后科学基金面上项目（2018M632742）、国家自然科学基金青年科学基金项目（41802172）和国家自然科学基金面上项目（42172153）的联合资助。感谢中国石油化工集团有限公司（中国石化）胜利油田分公司勘探开发研究院和中国石油化工集团有限公司江苏油田分公司勘探开发研究院提供的宝贵页岩油资料，感谢导师林承焰教授、董春梅教授和 Derek Elsworth 教授的悉心指导，感谢栾国强博士后、黄文俊硕士、宋浩文硕士、孙佳怡硕士和袁文杰硕士在专著编写过程中的大力协助。

　　本专著适合作为高等院校本科生和研究生的页岩油气学习教材，也可作为油田企业工程师从事页岩油气研究的工具书。由于作者水平有限，书中难免有纰漏和不足，恳请各位专家和读者不吝批评指正。

目　　录

"博士后文库" 序言

前言

第1章　绪论 ·· 1

　　1.1　研究区概况 ·· 1

　　1.2　泥页岩基础地质研究 ·· 3

　　1.3　研究意义 ·· 9

第2章　湖相泥页岩层序地层研究 ································· 11

　　2.1　层序界面识别 ·· 11

　　2.2　体系域划分 ·· 16

　　2.3　准层序和准层序组确定 ··································· 17

　　2.4　层序地层对比 ·· 25

　　2.5　富有机质泥页岩发育的层序部位 ························ 32

　　2.6　小结 ·· 32

第3章　湖相泥页岩沉积环境研究 ································· 33

　　3.1　沉积环境要素分析 ··· 33

　　3.2　沉积环境演化 ·· 41

　　3.3　沉积分区 ·· 43

　　3.4　沉积模式 ·· 46

　　3.5　富有机质泥页岩形成的沉积环境 ······················· 46

　　3.6　小结 ·· 48

第4章　湖相泥页岩岩相类型、特征及成因研究 ·············· 49

　　4.1　泥页岩岩相划分 ·· 49

　　4.2　泥页岩岩相类型 ·· 55

　　4.3　泥页岩岩相沉积成因 ······································· 61

　　4.4　小结 ·· 71

第5章　湖相泥页岩成岩作用及热模拟实验研究 ·············· 72

　　5.1　泥页岩成岩作用 ·· 72

　　5.2　富有机质泥页岩热模拟实验 ······························ 81

　　5.3　小结 ·· 92

第6章　湖相泥页岩储集空间研究 ·················· 93

　　6.1　储集空间类型及特征 ·················· 93

　　6.2　储集空间构成 ·················· 124

　　6.3　储集空间结构 ·················· 126

　　6.4　小结 ·················· 130

第7章　湖相富有机质泥页岩中方解石脉体形成机制及成因模式 ·········· 132

　　7.1　基于X射线衍射的方解石脉体应力状态分析 ·········· 132

　　7.2　基于电子背散射衍射的方解石脉体晶体学分析 ·········· 136

　　7.3　方解石脉体成因分析 ·················· 150

　　7.4　方解石脉体油气地质意义 ·················· 165

　　7.5　小结 ·················· 165

第8章　湖相泥页岩油藏特征研究 ·················· 167

　　8.1　泥页岩油藏生储盖特征 ·················· 167

　　8.2　泥页岩油藏运聚特征 ·················· 172

　　8.3　泥页岩油藏模式 ·················· 179

　　8.4　小结 ·················· 182

第9章　湖相泥页岩储层有效性研究 ·················· 183

　　9.1　泥页岩储层有效性评价内容 ·················· 183

　　9.2　泥页岩储层有效性模糊数学评价 ·················· 205

　　9.3　小结 ·················· 217

参考文献 ·················· 219

编后记 ·················· 237

第1章 绪　论

1.1　研究区概况

济阳拗陷属于中国东部渤海湾盆地的一级构造单元，位于郯庐断裂带以西，埕宁隆起以南，鲁西隆起以北，其东西长240km，南北最宽处约130km，分布面积达26000km²，是在华北地台基础上发育的一个中—新生代断陷–拗陷复合盆地。济阳拗陷内部包含东营凹陷、惠民凹陷、沾化凹陷和车镇凹陷四个负向次一级构造单元，以及孤岛凸起、义和庄凸起、陈家庄凸起、无棣凸起、滨县凸起和垦东青坨子凸起等一系列正向次一级构造单元，具有典型的隆凹相间的构造格局 [图1-1（a）]。苏北盆地是指苏北–南黄海盆地的陆上部分，位于江苏省长江以北地区，面积约为3.5×10⁴km²。盆地北与鲁苏隆起–滨海隆起相连接，南与张八岭隆起–苏南隆起相连，西抵郯庐断裂，东邻黄海，是发育在下扬子活化地台之上的中—新生界陆相盆地 [图1-1（b）]。苏北盆地包含四个凹陷，自东向西依次是海安凹陷、高邮凹陷、金湖凹陷和北部的盐城凹陷。

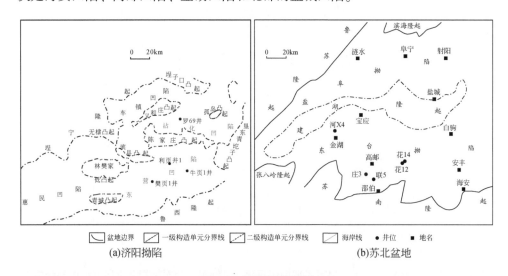

(a)济阳拗陷　　　　　　　　　　　(b)苏北盆地

图1-1　研究区概况图

苏北盆地古近系阜宁组、济阳拗陷东营凹陷和沾化凹陷古近系沙河街组均形成于断拗构造旋回中，且苏北盆地阜二段和济阳拗陷沙四上亚段-沙三下亚段分别位于二级层序的湖侵体系域或湖泊高水位体系域，均属于完整的三级层序（图1-2、图1-3）。由于盆地持续下沉，陆源碎屑注入，生物繁盛，沉积巨厚的湖泊相地层。特别是在断拗活动剧烈的时期，发育多套半深湖-深湖、半咸化-咸化、弱碱性-碱性以及强还原环境下沉积的厚层暗色泥页岩层系，其中阜二段和沙四上亚段-沙三下亚段岩性组合表现为泥岩、页岩、泥灰（云）岩、油泥（页）岩薄互层发育，底部均发育滩坝砂或生物滩。

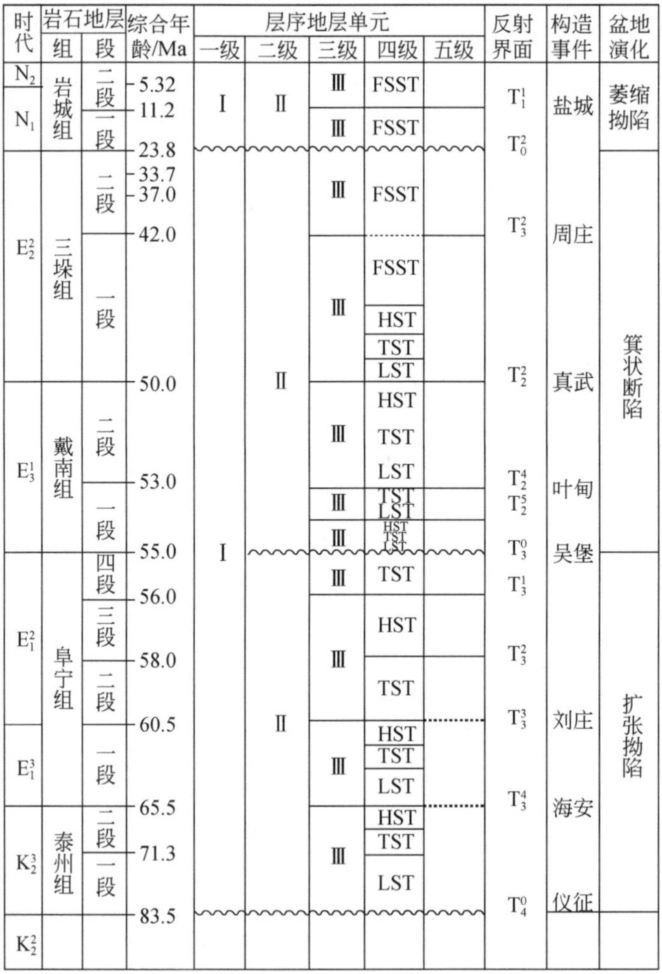

| 时代 | 岩石地层 | | 综合年龄/Ma | 层序地层单元 | | | | | 反射界面 | 构造事件 | 盆地演化 |
	组	段		一级	二级	三级	四级	五级			
N_2	岩城组	二段	5.32	I	II	III	FSST		T_1^1	盐城	萎缩拗陷
N_1		一段	11.2			III	FSST		T_0^2		
			23.8								
		二段	33.7 — 37.0			III	FSST		T_3^2	周庄	
E_2^2	三垛组		42.0				FSST				
		一段				III	HST			真武	箕状断陷
							TST				
							LST				
			50.0		II		HST		T_2^2		
E_3^1	戴南组	二段				III	TST				
			53.0				LST		T_2^4	叶甸	
		一段				III	TST LST		T_2^5		
			55.0	I		III	HST TST		T_3^0	吴堡	
		四段	56.0			III	TST		T_1^1		
E_1^2	阜宁组	三段	58.0			III	HST		T_3^2		扩张拗陷
		二段					TST			刘庄	
			60.5		II		HST		T_3^3		
E_1^3		一段				III	TST				
			65.5				LST		T_3^4	海安	
		二段				III	HST				
K_2^3	泰州组		71.3				TST				
		一段					LST		T_4^0	仪征	
			83.5								
K_2^2											

图1-2　苏北盆地层序地层格架图（据中国石化江苏油田分公司勘探开发研究院内部资料）

　　由于国内泥页岩油形成于烃源岩生油窗内，本书研究对象以中国东部苏北盆地古近系阜二段以及济阳拗陷东营凹陷和沾化凹陷古近系沙四上亚段–沙三下亚段泥页岩为主，个别章节还采用了苏北盆地古近系阜四段和泰二段泥页岩样品辅助研究，其中重点取心井有花 X28 井、河 X4 井、河 130 井、庄 3 井、联 5 井、花 14 井、花 2 井、王 X122 井、樊页 1 井、牛页 1 井、利页 1 井和罗 69 井等。

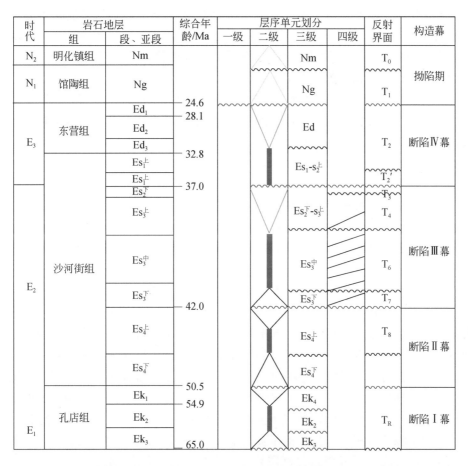

图 1-3　济阳拗陷层序地层格架图（据中国石化胜利油田分公司勘探开发院内部资料）

1.2　泥页岩基础地质研究

目前国内外关于泥页岩储层的研究发展迅速，研究尺度精细化、定量化和三维可视化，对非常规油气成藏的研究趋于系统化和理论化，但针对泥页岩的基础研究相对薄弱。国内外泥页岩研究内容主要集中在以下几个方面。

1.2.1　泥页岩层序地层

泥页岩层序地层研究难度大，但国内学者已开始进行有益的尝试，王勇（2016）和杜学斌等（2016）充分利用自然伽马曲线、有机和无机地化数据，并结合岩相变化，以及运用经典层序地层学理论和 GRP 层序地层学理论划分了济阳拗陷沙四上亚段–沙三下亚段层序地层。国外学者 Algeo 和 Woods（1994）、Dean 等（2002）根据泥页岩中颜色、组分及灰度变化与气候变化建立相关关系，认为太阳活动周期和物源影响控制了泥页岩中高频沉积序列。从国内外学者研究来看，泥页岩岩相复杂且变化快，但这为分析泥页岩层序提供了基础，因此细致地描述岩心中泥页岩岩相类型及沉积序列，结合地化数据和测井曲线变化，是实现泥页岩层序地层划分的突破口。

1.2.2　泥页岩沉积环境

泥页岩沉积环境中存在机械沉积、化学沉积和生物沉积多重沉积混合作用，是泥页岩岩相复杂的根源。泥页岩沉积环境研究更侧重于对古气候、古盐度、古氧化还原性和古水深等沉积条件的综合分析，其中，国内学者邓宏文和钱凯（1993）从地球化学角度详细研究了泥页岩沉积环境，以东营凹陷为例，建立了湖相泥页岩沉积环境综合划分方案；与之类似，国外学者 Reed 和 Loucks（2007）研究了巴奈特（Barnett）页岩沉积环境中的沉积界面、水动力、含氧量、岩相和古生物分布，建立了海相泥页岩沉积模式。沉积环境条件分析应用最多的是元素地球化学方法结合其他指示标志（钱利军等，2012）。目前随着泥页岩研究的深入，湖相泥页岩非均质性强、横向变化快，表明沉积环境在平面上具有微环境分区的特征，湖盆底形和事件性沉积影响更大，其中张顺等（2014）根据盆地不同部位的岩相差异将东营凹陷沙三下亚段半深湖–深湖相细分为平阔半深湖微相、水下隆起半深湖微相、深洼微相和浊积周缘微相等。通过上述现状分析，应用元素地球化学方法分析沉积条件试图恢复泥页岩原始沉积时期的气候和水介质条件，而基于岩相差异的沉积微环境研究，目的是恢复湖盆底形和事件性沉积的影响。因此，湖相泥页岩沉积环境研究应当将两种方法相结合进行全面分析。

1.2.3　泥页岩岩相类型

目前尚没有一套统一的泥页岩岩相划分方案。第一，泥页岩的涵义和使用在沉积学界认识不统一，泥岩、页岩、黏土岩等概念存在重叠混淆；第二，页岩中存在混积现象（张雄华，2000），岩相类型复杂多样；第三，目前对泥页岩岩相的研究手段主要包括肉眼观察、分析测试和地球物理解释三种，但三种手段观察的尺度和精度不同，所以对同一样品的鉴定结果不同；第四，目前应用较广泛的是以灰质、长英质和黏土矿物为三端元的成分分类法（Wang and Carr，2013），但不能解决根据矿物成分和粒径范围划分岩相所带来的双重标准的矛盾。另外，有机质组分是泥页岩的重要组成部分，具有明确的生物沉积指示意义，目前分类方案中没有具体体现。因此，泥页岩岩相研究需要提出一种反映岩石成因且适用于室内研究和室外工作的综合性分类方法（董春梅等，2015a），并在此基础上开展泥页岩岩相特征研究。

1.2.4　泥页岩成岩作用

相较于碳酸盐岩和粗碎屑岩，对泥页岩在埋藏过程中成岩作用过程和机理的研究仍不够深入。20 世纪 60 ~ 70 年代，Griffin（1962）与 Shaw 和 Weaver（1965）分别开展了泥页岩矿物学研究，证实了泥页岩具有极其复杂的矿物组成，并受物源、风化过程、搬运作用和沉积环境的控制。随着高分辨率显微成像技术的发展，实现了从微纳米尺度对泥页岩孔隙、矿物颗粒及成岩作用的直接观察（Reed and Loucks，2007），主要集中于某些特定矿物在成岩过程中的变化，特别是蒙脱石和伊利石之间的转化反应的研究（Bjolykke，1998）。通过对不同泥页岩岩相成岩作用的研究，建立孔隙度、渗透率和岩石力学性质之间的关系，成为新的研究方向（Milliken et al.，2012）。Katsube 和 Williamson（1994）开展了成岩作用对泥页岩纳米孔隙结构及盖层封闭性影响的研究，Milliken 等（2012）对泥页岩原始沉积特征与孔隙度、渗透率和岩石力学性质进行了研究，重点突出了成岩作用对泥页岩储层性质的改造作用。

目前对于泥页岩成岩作用的研究主要是对砂岩成岩作用的借鉴和延伸，不能体现泥页岩储层成岩作用的特点。将干酪根生烃作用与无机矿物成岩演化有机结合，综合温度、压力、流体性质等因素，研究不同岩相中成岩作用发生的机理、各类成岩作用发生的主要阶段及其对泥页岩储集性的影响，建立泥页岩成岩演化序列，将成为泥页岩储层研究的重点，而成岩演化模拟实验为此提供了有力手段。20 世纪 80 年代以来，随着模拟实验装置的改进、分析测试手段的提高，根据研究目的开展不同温度、压力以及时间条件下的干酪根、抽提物、沥青等各类样品的模拟实验（崔景伟等，2013），其研究内容包括不同条件下油气生成过程的模拟、不同环境下有机质生烃机理的模拟、不同类型有机质的油气生成模式、干酪根热演化特征、气态产物组成及演化特征、液态产物组成及演化特征、油气产率与成熟度的关系、干酪根及生油岩的生烃潜力、生物标志物的演化特征、矿物及无机盐类对有机质演化的催化作用及有机质二次生烃的模拟等（胡晓庆等，2009）。Lewan 等（1979）和 Lewan（1983，1987，1993）将热模拟实验与岩相学研究相结合，研究富有机质页岩中石油的产生过程、石油的初次运移等问题，O'Brien 等（2002）通过扫描电镜（scanning electron microscope，SEM）观察了加水热模拟泥页岩样品中的原油形态和微裂缝网络，并观察到随着加热时间的增长，黏土矿物有序性增加的现象。因此，当前加水热模拟实验主要与生烃地球化学相结合，解决油气生成过程中的相关问题，并与岩石学相结合，模拟泥页岩的成岩演化过程将成为当前泥页岩储层研究的一个重要手段。

1.2.5 泥页岩储集空间

对于泥页岩储层中的孔隙类型，各学者在研究不同地区的泥页岩储层时提出了不同的分类方案，分类依据主要包括基质类型、孔隙产状、孔隙形状、孔隙大小、孔隙成因和孔隙连通程度。最经典的分类方案是 Reed 和 Loucks（2007）对有机质孔、粒间孔和粒内孔的三单元分类法。泥页岩储层中的有机质孔对储存油气有重要贡献，是目前研究的热点，但对有机质孔的发育规律有争议，其中 Jarvie 等（2012）认为处于生油窗内的低演化程度的干酪根不能形成有机质孔，原因是沥青能溶于干酪根内部，造成干酪根体积膨胀，但黄志龙等（2012）报道了在马朗凹陷芦草沟组的低成熟度有机质中发育有机质孔。Modica 等（2012）认为有机质孔与镜质组反射率（R_o）存在正相关关系，并提出了有机质低成熟度条件下的孔隙度预测模型。

为了更好地表征泥页岩中的孔隙结构，一系列先进的测试手段被引入，主要包括高分辨率场发射扫描电镜（field emission-scanning electron microscope，FE-SEM）、原子力显微镜（atomic force microscope，AFM）、X 射线小角散射（small angle X-ray scattering，SAXS）和透射电子显微镜（transmission electron microscope，TEM）以及样品氩离子抛光技术等，特别是为了实现对泥页岩孔隙立体观察，采用了样品无损检测的 3D X 射线微米电子计算机断层扫描（computed tomography，CT）、纳米 CT 以及聚焦离子束扫描电镜（focused ion beam-scanning electron microscope，FIB-SEM）等手段，并结合能量色散 X 射线谱（energy dispersive spectroscopy，EDS）和背散射电子（back-scaterred electron，BSE）成像，利用数字岩心技术获得不同组分和孔隙的三维分布（Loucks et al.，2009；Slatt and O'Brien，2011；Desbois et al.，2011，2013；Chalmers et al.，2012；Loucks et al.，2012；黄振凯等，2013；杨峰等，2013；Antrett，2013；Golab et al.，2013）。泥页岩储层的储集空间是由孔、缝构成的复杂网络系统，不同岩相类型在孔隙类型、特征、孔径分布和流体赋存上均有较大差别，因而采用先进的测试手段能有效地表征泥页岩储层储集空间。

1.2.6 泥页岩流体特征

由于泥页岩储层粒度细、黏土矿物含量高、渗透率极低，目前针对常规砂岩储层的流体测试手段对泥页岩中的流体适用性较低，这使得流体特征研究成为难点。国内学者多采用实验室岩心油水饱和度测定方法（主要包括蒸馏抽提法、常压干馏法、研磨萃取法、浸泡、烘干法等）获取泥页岩的含水量、含油量和孔隙度等（董春梅等，2015b），泥页岩油气赋存状态主要有吸附态、游离态与溶解态（Curtis，2002；张金川等，2003，2009；薛会等，2006；潘仁芳等，2011）。国外学者应用较多的是冷冻扫描电镜（Cryo-SEM 或 Cryo-ESEM）、透射电子显微镜或 CT 扫描，能更直接地观察泥页岩储层中流体类型、赋存状态和分布位置（Dixon，1987；Teige et al.，2011；Desbois et al.，2013）。针对泥页岩储层中油气的多尺度渗流规律，国内外学者开展了大量数学方法和数值模拟研究（陈强等，2013），但从热模拟实验角度研究的较少，通过利用扫描电镜观察热模拟实验后的泥页岩样品，能更直观地观察油滴的生成和聚集（O'Brien et al.，2002）。

1.2.7 泥页岩中方解石脉体

纤维状方解石脉体在沉积盆地内的富有机质泥页岩中广泛发育，通常充填在顺层裂缝中，两者具有共生组合关系，且包含了富有机质页岩埋藏过程中流体活动、地球化学特征及胶结物来源等重要信息。由于上下两排纤维状方解石相对生长，中间发育中间线，晶体延长方向与裂缝壁面垂直且对称分布而形似牛排，故国外常用"beef"或同位素等测试技术获得泥页岩和方解石脉体的地球化学特征，对判断方解石物质来源、物质迁移方式和方解石脉体形成环境等具有良好的应用效果。

尽管富有机质页岩中方解石脉在全球范围内被广泛报道，但其形成机制仍饱受争议。岩石学、包裹体及地球化学证据表明，方解石脉在前埋藏和深埋藏阶段均可形成，部分学者认为其形成于几十到数百米的中浅埋藏环境。方解石脉沉淀需要 HCO_3^-，其可来自封存孔隙水、页岩中的海相碳酸盐溶解，也可部分来自有机质演化。

顺层裂缝的成因是揭示纤维状方解石脉体形成的关键。目前，主流观点是孔隙流体超压成因，即泥页岩在外部构造应力背景下，孔隙流体压力通过与岩石骨架相互作用，改变岩石应力状态，达到岩石骨架破裂极限，从而形成裂缝，而当率先达到岩石垂向抗张强度或水平抗剪切强度时产生顺层裂缝，并被定义为自然流体压力缝。由于岩石力学性质受岩石组构各向异性影响，且泥页岩中纹层发育，故大大降低了岩石垂向抗张强度，更有利于顺层裂缝的产生。

纤维状方解石脉体的成因研究内容一般包括脉体物质来源及迁移方式、脉体生长方向、脉体成因机制、脉体形成时间和脉体演化模式。对于脉体物质来源及迁移方式，目前研究表明成脉物质来源于泥页岩内部，其低孔和低渗的性质会抑制成脉流体的迁出，成脉物质既可以在化学势梯度（浓度差）驱动下通过孔喉系统进行扩散迁移，也可以在流体压力梯度驱动下通过裂缝通道进行短距离流动运移，由此导致方解石就近沉淀结晶，其最直接的证据是部分方解石脉体由钙质生物化石构成，这与研究区方解石脉体中保存的鱼化石一致；另外，大部分方解石脉体受层面控制，顺层断续分布但纹层并没有遭受破坏，显示出短距离运移迹象。对于脉体生长方向，各学者认识较为统一，分为背生式、向生式和拉伸式，其中向生式包括对称型和非对称型。各学者针对方解石脉体形成时间也存在不同观点，尽管多数学者认为形成于烃源岩生油阶段，但在方解石脉体内部很难找到流体包裹体的佐证，并且在研究区内部方解石脉体的同沉积变形特征说明其也可能形成于早成岩阶段。对于脉体成因机制认识存在争议，通常认为脉体是方解石晶体充填裂缝形成的，其理论基础是依据有效应力和莫尔-库仑强度准则的断裂力学，但考虑岩石组构对岩石力学性质的影响相对较少，且更少考虑方解石结晶作用，尚未建立综合的力学模型。然而，近年来由方解石重结晶作用控制脉体形成的观点屡被提及，其中纤维状矿物的结晶动力是改变岩石局部应力状态的重要因素，基于溶质浓度变化与应力关系建立了结晶力的数学模型，且得到了物理实验模拟和数值模拟证实，甚至证明脉体可以在没有裂缝存在的条件下形成，而这在研究区也存类似情况，同时在有的脉体中能够观察到正在重结晶转变的方解石晶体，这可能代表了一种新的纤维状方解石的成脉机制，与方解石晶体生长密切相关，有待深入研究。在脉体成因机制研究基础上，目前建立的脉体演化模式主要是基于顺层裂缝演化，即顺层裂缝周期性开启-封闭驱动方解石脉体多期次生长演化，最终由构造作用控制；其次是基于方解石重结晶演化，即方解石成核或成脉作用对裂缝形成和发育有重要贡献，但实际上顺层裂缝和方解石脉体是相互影响、共生演化的，需要建立体现两者相互耦合的脉体演化模式。

纤维状方解石脉体是良好的油气指示标志。在国外捷克布拉格盆地、阿根廷内乌肯（Neuquén）盆地、英格兰南部韦塞克斯盆地、美国巴奈特盆地和国内四川盆地大巴山前陆构造带龙马溪组泥页岩中均有发现被有机质浸染的纤维状方解石脉，部分学者将纤维状方解石脉体作为干酪根生排烃和油气初次运移的重要证据。方解石脉体边界为裂缝，内部方解石晶间孔发育，为页岩油气提供了良好的储集空间和渗流通道，且方解石脉体能够增加页岩的脆性，有利于页岩储层的压裂改造。因此，随着非常规油气储层的研究深入，发育纤维状方解石脉体的富有机质泥页岩将成为页岩油气勘探开发的有利目标。

1.2.8 泥页岩储层有效性评价

泥页岩将生储盖三种属性集于一体，其生油性、储集性、保存性、可改造性和可流动性均对泥页岩储层有影响，只有那些生油指标好、储集性能好、保存条件好以及本身具有一定的流动能力或人工压裂后可以流动的泥页岩储层才是有效的。前人对泥页岩有机质丰度、类型、成熟度、生烃强度、烃源岩厚度、含油性等生烃条件进行了大量研究，并给出了泥页岩油气影响参数的评价标准。随着测试手段的不断发展，关于泥页岩作为储集层的研究也有了很大进展，泥页岩储层主要受孔隙度、渗透率、孔径、裂缝、岩性和层理发育程度等因素的影响。泥页岩作为盖层也发挥着重要作用，其厚度、突破压力和断层发育程度等对封闭性有影响。由于泥页岩孔渗低、物性差，其开采过程需要压裂，这就涉及泥页岩的可改造性评价。国内外主要采用岩石力学参数，结合矿物组分构成评价泥页岩脆性和断裂韧性等（Rickman et al.，2008；李庆辉等，2012），但国内湖相泥页岩储层压裂效果并不好，分析原因是单纯考虑泥页岩力学参数和矿物的含量特征，而与泥页岩储层基础地质研究结合不足，忽略了泥页岩储层的结构信息。沉积作用形成的矿物和有机质分布以及成岩作用导致的结构改造均影响泥页岩储层岩石力学特征（王冠民等，2016a）。另外，泥页岩油的可流动性对其开采也有重大影响，其主要受含油性、吸附性、润湿、原油物性、孔径等影响（Jarvie et al.，2012；李吉君等，2014；薛海涛等，2015）。针对这些影响条件与影响参数，目前主要对其中一种或几种组合进行评价，如生烃条件、储集条件及可改造性组合，生成条件、保存条件与可改造性组合，生成条件、储集条件与保存条件组合（梁世君等，2012；柳波等，2012），生成条件与可改造性组合（张金川等，2012；章新文等，2014）。李吉君等（2014）考虑了生成条件、储集条件、保存条件、可改造性、原油物性及开发方式等因素，对泌阳凹陷泥页岩油可采量进行分析，尽管影响因素考虑较全，但只是定性评价，未给出具体的评价方案。在评价方法上，由于定性和定量数据均存在，普遍采用综合信息叠合法，将以上影响因素进行叠合（聂海宽等，2009），或采用概率体积法、列笔法、统计法、体积法等对泥页岩油气资源进行评价，再结合可改造性预测有利区（张金川等，2012；邱小松等，2013；章新文等，2014；薛海涛等，2015）。综合分析现状，目前对泥页岩储层有效性评价缺乏一套在泥页岩油气藏特征认识基础上合理选取评价单元、评价内容和评价参数的系统评价方法。

1.3 研究意义

本专著基于上述国内外泥页岩层序地层、沉积环境、岩相类型、成岩作用、储集空间、流体特征、储层有效性评价和方解石脉体等研究现状，综合考虑中国古近系断陷湖盆受气候和物源影响大、成岩作用复杂、有机质成熟度低、储层非均质性强、油气赋存状态多样等特点，以泥页岩储集特征表征为研究的核心，提出了基于泥页岩成因的划分方案，确定富有机质泥页岩特征、形成的沉积环境和发育的层序部位；以储层有效性评价为研究的目的，深入总结了泥页岩油藏特征，从成因角度确定评价单元和评价内容，明确泥页岩油藏储层有效性的影响因素，优选评价参数；以纤维状方解石脉体形成机制为突出点，揭示构造作用和成岩作用的耦合机制，探究页岩油气运聚成藏过程和评价页岩油气储层压裂效果的应用价值。研究成果可为解决泥页岩中层序地层及沉积环境研究难度大、岩相划分方案不统一、成岩作用过程研究不深入、储层储集空间表征方法落后、流体测试手段适用性低、储层评价方案不完善、方解石脉体成因及特点研究不明确等问题提供思路，更有效地指导泥页岩油藏勘探开发。

第 2 章　湖相泥页岩层序地层研究

经典层序地层学自 P. R. Vail 于 1987 年提出以来，在砂岩和碳酸盐地层中取得了长足发展，但在泥页岩地层中应用较少。究其主要原因有三个，一是泥页岩多沉积于静水或深水环境中，以往通常认为是连续沉积的，因而在连续地层中识别层序界面是困难的，而近期发现泥页岩实际沉积过程和沉积机制更加复杂，甚至存在重力流相标志，这使得识别层序界面缺少理论依据；二是泥页岩岩性复杂，颗粒细小且变化频繁，而导致层序界面、体系域、准层序组和准层序难以判断；三是泥页岩岩相的变化尺度多处于厘米–微米级，远低于目前地震资料和测井资料的识别精度。尽管如此，近期部分国内学者对陆相断陷湖盆厚层泥页岩地层开展了层序地层学研究，并取得了良好的认识（王勇，2016；杜学斌等，2016）。本章综合利用岩心资料、分析化验测试和地球物理资料，根据层序地层学基本原理尝试对苏北盆地阜二段和东营凹陷沙四上亚段进行层序界面识别及成因机制分析，在此基础上进行体系域、准层序组和准层序识别、划分和对比，建立了泥页岩层序发育模式，确定了富有机质泥页岩发育的层序部位，以期为泥页岩层序地层研究者提供一种方法借鉴。

2.1　层序界面识别

2.1.1　层序界面特征

苏北盆地阜二段和东营凹陷沙四上亚段都属于一个完整的三级层序，泥页岩发育均与湖泛相关，因而具有良好的相似性和可对比性。两套地层的顶、底界面具有明显的岩性变化和地球物理响应特征。其中，阜二段底部以灰色滩坝砂或生物滩为标志，电阻率曲线具有明显的高阻响应；顶部为大面积分布的深灰色块状泥岩，与下伏深灰色灰质泥岩具有较大的密度差异，形成稳定的地震反射，属于超覆不整合。沙四上亚段底部同样为滩坝相砂泥岩或蓝灰色泥岩，下伏红层（图 2-1），地震响应特征为角度不整合；顶部是东营凹陷南斜坡普遍发育的"王八盖子"标准层，岩性为泥岩和粉砂质泥岩互层，下伏泥质白云岩、泥灰岩、灰质泥岩、云质泥岩和油页岩薄互层，上覆沙三下亚段厚层泥岩，灰质含量降低（图 2-2），因此同样具有明显的地震反射，为超覆不整合。

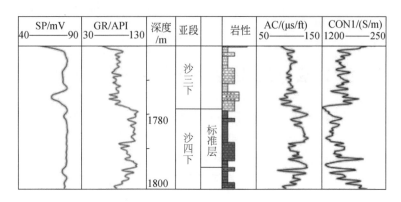

图 2-1　东营凹陷沙四上亚段底界面特征（W148 井）

1ft=3.048×10⁻¹m

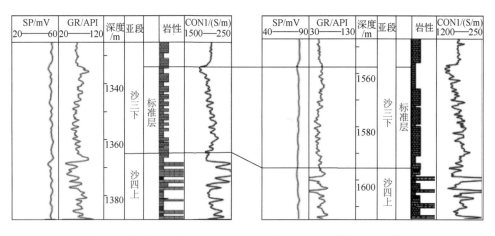

图 2-2　东营凹陷沙四上亚段顶界面特征（W150 井与 W148 井）

2.1.2　层序界面形成机制

在湖盆中存在多种可容空间类型，其中盆地基准面与基底之间的空间为总可容空间。对闭流湖盆来讲，通常盆地基准面与盆地最低出口高程一致，而湖平面与沉积基准面一致但小于盆地基准面，即湖平面低于盆地最低出口高程（纪友亮，2005）。盆地基准面与湖平面之间为潜在可容空间，而湖平面与基底之间为相对可容空间，与水深关系密切（图 2-3）。

陆相断陷盆地演化早期主要为箕状伸展构造样式，受控于陡坡带板式基底断裂，断层上盘表现为幕式掀斜运动，其中活动时期短暂，而平静时期较长。该旋转运动可以分解为两个分量，一个是垂直分量，与盆地沉降有关；另一个是水平

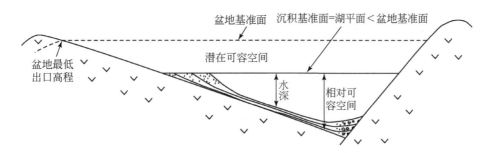

图 2-3　闭流湖盆中盆地基准面和沉积基准面关系

分量，与盆地伸展相关［图 2-4（a）］。因此，当盆地断陷活动时，盆地基底快速增加，造成盆地垂向沉降和水平扩张。基于此将构造运动对湖盆可容空间的变化视作突变性质，那么在强烈断陷活动结束的短时间内，造成原先相对可容空间整体下降并重新调整，表现为相对可容空间体积不变，但由于盆地基底扩张，水深变浅，相对湖平面下降，岸线前移［图 2-4（b）］。

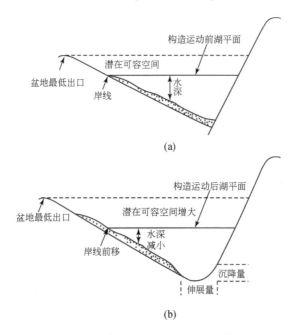

图 2-4　构造运动对闭流湖盆湖平面影响示意图

　　构造伸展沉降造成的湖平面下降对闭流湖盆层序边界的形成具有关键作用。在经典层序地层学理论中，通常采用相对湖平面变化表征相对可容空间的变化，来识别层序边界和划分体系域，而相对湖平面变化速率决定了相对湖平面的变化方向。相对湖平面变化速率由绝对湖平面变化速率、构造伸展沉降速率和沉积速率三者叠加而成。对闭流湖盆来讲，将绝对湖平面变化速率或绝对湖平面变化视作正（余）弦曲线 ［图2-5（a）、图2-6（a）］，主要由气候控制；构造伸展沉降造成湖平面短时间内快速下降，且存在强弱和级别差异，将构造伸展沉降速率视作脉冲曲线 ［图2-5（a）］，其累积曲线呈阶梯状 ［图2-6（a）］；将沉积速率视作常数 ［图2-5（a）］，其累积曲线为直线 ［图2-6（a）］，但沉积物供给造成闭流湖盆水体上升，其原理类似于乌鸦往瓶中填石子喝水（纪友亮，2005）。三者叠加后的相对湖平面变化速率曲线显示构造运动对相对湖平面变化速率或相对湖平面变化有着重要影响 ［图2-5（b）、图2-6（b）］。当构造运动发生在绝对湖平面下降阶段时，会加剧湖平面下降；当构造运动发生在绝对湖平面上升阶段时，会减弱或改变湖平面上升；层序边界形成于相对湖平面下降速率达到最大之后，主要由构造运动控制，且构造运动级别越高，形成的层序边界级别越高 ［图2-5（b）、图2-6（b）］。基于此认识，构造运动后闭流湖盆地层充填样式有如下三种情况：

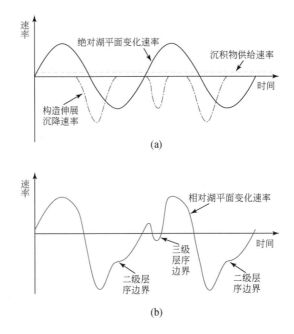

图2-5　闭流湖盆可容空间变化速率及层序边界形成示意图

（1）当沉积物供给一定、气候湿润或盆外流体快速补给时，水体不断补给，水体快速加深，相对湖平面上升，因此岸线先前进再后退，沉积物表现为持续水进，明显的退积样式。

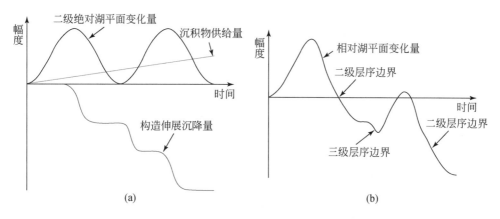

图 2-6　闭流湖盆可容空间变化及层序边界形成示意图

（2）当沉积物供给一定、气候干燥且盆地封闭而无盆外流体供给时，沉积物不断进积，水体变浅，相对湖平面下降，岸线在断陷活动后的基础上继续前进，沉积物表现为强制湖退，明显的进积样式（操应长，2005）。

（3）当沉积物供给一定，气候和盆外流体补给引起的相对湖平面的上升量与断陷活动造成的相对湖平面下降量相等时，岸线最终位置较原来变化不大，沉积物多表现为加积样式、不明显的退积样式或不明显的进积样式。

综上可知，由于陆相湖盆的规模小，相对封闭且受气候、盆外流体补给等因素影响较海盆大，断陷活动造成的差异升降运动会导致相对湖平面、绝对湖平面、水深和岸线迁移出现不统一的变化关系（操应长等，2003）。因此，除了构造抬升可以造成相对湖平面下降，强烈伸展沉降也能够导致相对湖平面下降，甚至形成不整合，但是两者是有区别的。首先，构造抬升主要发生在挤压环境中，通常形成大规模的角度不整合，而伸展沉降通常造成湖平面下降，仅在盆地边缘由于掀斜抬升而形成不整合，但伸展强烈且气候干旱时可以形成规模较大的平行不整合；其次，构造抬升虽然造成相对湖平面下降，但也使得总可容空间降低，而伸展沉降使得总可容空间增加，盆地的充填范围一直是持续增加的；再次，两者都能够形成大规模浅水环境，但后者更连续、持续时间更短，且当气候湿润时，可被后期深水环境替代，有利于标准层的形成和保存，尽管构造活动可以更改或中断湖盆层序地层演化，但是由于陆相湖盆水体有限，气候变化对湖盆层序地层的影响还是最大且持续的，尤其是在构造活动平静期；最后，泥页岩主要沉积于深水区，构造升降并不能完全改变其深水环境和水介质条件，但气候通过温度、降水和沉积物类型可以改变湖盆深水区的水介质条件，进而影响泥页岩沉积，因此半封闭-封闭的陆相湖盆泥页岩沉积主要受气候控制。

阜二段和沙四上亚段均为完整的三级层序，泥页岩具有灰质含量高、薄互层、总厚度大和分布广的特征，因而其形成需要特殊的层序地层条件。阜一段和沙四下亚段沉积时，湖盆相对闭塞，气候干旱，出现红层；而阜二段和沙四上亚段沉积时，湖盆为半封闭-封闭环境，气候开始变湿润，沉积物供给较少，阜二段和沙四上亚段沉积初期构造活动相对较弱，伸展沉降造成的相对湖平面下降被气候造成相对湖平面上升补偿并不断增加，沉积物不断退积，沉积范围不断扩大，因此阜二段和沙四上亚段层序底界在湖盆边缘为明显的超覆不整合；阜二段和沙四上亚段沉积末期沉积物供给仍然较少，尽管气候变湿润，但由于构造活动强烈，伸展沉降造成的相对湖平面下降并没有被及时补偿，水体变浅，形成大规模浅水环境，盐度较大，在湖盆内部发育以灰质泥岩或粉砂质泥岩为主要岩性的标准层，而在湖盆边缘形成沉积间断或不整合。然而，随着断陷活动减弱，湿润气候的淡水补给导致相对湖平面快速上升，盐度降低，短暂的浅水环境被深水环境替代，覆盖一套范围更广的厚层暗色泥岩，层序界面在湖盆边缘为明显的超覆不整合。

2.2　体系域划分

在三级层序界面被识别后，需要在层序格架内划分体系域，划分方案通常有二分型、三分型和四分型。阜二段和沙四上亚段三级层序的形成主要由气候控制，因此本章采用四分型层序划分方案，包括湖泊低水位体系域（LST）、湖侵体系域（TST）、湖泊高水位体系域（HST）和湖泊下降体系域（FSST）。在整体湖侵的条件下形成的泥页岩地层中划分体系域类型是困难的，关键是识别相对湖平面变化的拐点，分别对应初始湖泛面、最大湖泛面和初始下降面，主要体现在地层展布范围和岩性组合的变化上。尽管泥页岩岩性复杂、单层厚度小、垂向变化大，但是其岩性组合沉积于相对稳定的环境中，具有很好的横向稳定性。稳定分布着灰质含量较高的泥页岩岩性组合具有明显的地震反射特征，且延伸范围广。据此，目的层段内部地震剖面中延伸范围最广、连续性好的同相轴代表最大湖泛面，而初始湖泛面和初始下降面位于最大湖泛面的下部和上部，同相轴延伸范围连续性降低而难以判断，需要结合岩性组合和测井响应进一步确定界面位置。阜二段内部延伸范围最广的同相轴是 $E_1 f_2^2$ 底界面的反射，而 $E_1 f_2^2$ 岩性组合主要为深灰色页状或纹层状泥灰岩、油泥（页）岩和粉砂质泥岩，为深水沉积，自然伽马、声波和电阻率测井曲线具有突变特征，因此将 $E_1 f_2^2$ 底界面定为最大湖泛面。阜二段 $E_1 f_2^2$ 底部与 $E_1 f_2^2$-$E_1 f_2^3$ 在盆地边缘为滩坝砂岩或生物灰岩，表明大致处于浅湖坡折部位；同时向上岩性组合迅速演化为深灰色薄层状或纹层状粉砂质泥岩、灰质泥岩夹泥灰岩，代表水体快速上升，越过坡折带；此外，自然伽马、井径、声波和电阻率测井曲线具有明显的突变特征，最终将 $E_1f_2^2$ 底界面定为初始湖泛面。$E_1f_2^2$ 底界面之上的岩性组合为块状灰质粉砂质泥岩和灰质泥质粉砂岩，较下伏 $E_1f_2^2$ 单层厚度变大、陆源粉砂含量增多，代表水体变浅，并且自然伽马、声波和电阻率测井曲线具有突变特征，故将该界面定为初始下降面。综上所述，$E_1f_2^4$ 底界面、$E_1f_2^2$ 底界面和 $E_1f_2^2$ 底界面分别对应初始湖泛面、最大湖泛面和初始下降面，联合阜二段顶、底的层序边界，将阜二段划分为湖泊低水位体系域、湖侵体系域、湖泊高水位体系域和湖泊下降体系域，分别与 $E_1f_2^6$-$E_1f_2^5$、$E_1f_2^4$、$E_1f_2^2$、$E_1f_2^2$-$E_1f_2^1$ 对应。

沙四上亚段体系域划分按照类似的方法，在沙四上亚段内部，CS4 顶界面分布范围最广，连续性最好，下伏岩性组合主要为泥岩、灰质泥岩和油泥（页）岩，测井曲线具有高导、高自然伽马特征，而上覆岩性组合主要为泥岩、泥灰（云）岩、灰质泥（页）岩和油泥（页）岩，据此将 CS4 顶界面定为最大湖泛面。CS4 底界面之下岩性变化更加频繁，为粉砂岩、泥灰岩、灰质页岩和灰质泥岩等复杂组合，自然伽马、声波时差和电导率曲线明显为高频指状变化，与 CS4 电性特征差异明显，同时自然电位曲线只具有很低幅度的响应，表明由于水体加深，滩坝砂体逐渐尖灭、相变，而滩坝砂大致位于湖盆边缘坡折部位，因此将 CS4 底界面定为越过坡折点的初始湖泛面，这正与 CX1、CX2 和 CX3 大量发育低位域滩坝砂吻合。CS1 顶界面之上为"王八盖子"标准层，岩性为泥岩、粉砂质泥岩和泥质粉砂岩组合，灰质含量明显降低，与下伏岩性组合、测井响应差异明显，表明水体变浅，故将此界面定为初始下降面。最终依据沙四上亚段顶界面和底界面、CS4 顶界面和底界面以及 CS1 顶界面将沙四上亚段划分为湖泊低水位体系域、湖侵体系域、湖泊高水位体系域和湖泊下降体系域，分别与 CX3-CX1、CS4、CS3-CS1 和"王八盖子"标准层对应。

2.3　准层序和准层序组确定

准层序是指由一个湖（海）泛面或与之相对应的界面为边界，相对整合且有内在联系的岩层或岩层序列，其上下具有明显的水深变化，而准层序组是由一系列具有明显叠加样式且有内在联系的准层序系列（纪友亮，2005）。在盆地边缘部位通常为斜坡构造背景，陆源碎屑供给充足，沉积物类型主要为砂泥岩，并且其分布主要受水动力控制，而湖平面变化与水深变化具有良好的统一性，因此沉积物垂向岩性序列（主要是粒度变化）对湖平面变化或水深变化具有很好的指示作用。然而，泥页岩通常沉积于静水或深水部位，细粒组分占主导，主要是泥岩、泥灰岩、油泥（页）岩、膏岩等，其岩性序列与湖盆边缘部位有很大差异，且岩性变化并不是水动力变化的良好指示，更多地反映水介质条件的变化，如盐度、pH、Eh 和生物作用等。因此在静水或深水环境中，外部水体供给或蒸发作用引起的湖平面变化对水体水动力的变化影响不大，但是对水体水介质条件，尤其是盐度变化影响大。据此，在泥页岩地层中识别岩性序列来反映水体盐度变化、指示水深变化，进而判断准层序和准层序组的类型是可行的。需要指出的是，由于干旱蒸发或深部卤水等成因机制（陈发亮等，2000；纪友亮等，2005；高红灿等，2015），造成阜二段和沙四上亚段沉积时期，湖水盐度分布具有湖盆深洼带的盐度高于斜坡带，且垂向上逐渐淡化的特征。

　　基于盆地不同部位的阜二段和沙四上亚段共 76 口取心井、4600 余米的岩心描述和录井资料统计，发现在整体湖泛的背景下，其岩性变化具有如下规律：砂质含量减少，粒度减小，灰质含量先增加后降低的变化最为突出，有机质含量增多，黏土矿物普遍存在，反映出机械沉积减弱，而生物沉积、化学沉积增强，且局部出现特殊岩性，如鲕粒灰岩、生物灰岩、白云岩、砂屑灰岩、鲕粒砂岩和鲕粒泥岩等。利用肉眼观察的岩相类型归纳总结出一个理想化沉积序列，由盆地斜坡经过次洼、局部突起到深洼最后到陡坡，依次出现的岩相类型为层状–块状砂岩→层状–块状泥质砂岩→层状–块状砂质泥岩→油泥（页）岩→层状–薄层状含灰（云）泥岩→层状–薄层状灰（云）质泥岩→层状–薄层状泥灰（云）岩→层状–薄层状白云岩、鲕粒灰岩、生物灰岩、砂屑灰岩、鲕粒砂岩→纹层状–页状泥灰（云）岩→纹层状–页状灰（云）质泥岩→纹层状–页状含灰（云）泥岩→油泥（页）岩→纹层状–页状膏质泥岩→层状–薄层状泥质膏岩→层状–块状膏岩→层状–块状盐岩→层状–块泥岩→层状–块砂砾岩（图 2-7）。该岩性序列由底部、下部、中部、上部和顶部五个岩性序列构成，受古地形、物源供给、水动力、水介质条件和生物作用多重因素控制，能够在一定程度上表征在湖盆不同构造部位内，水体快速上升、淡化后又缓慢变浅咸化的过程中可能出现的准层序类型。由于物源供给、水动力、水介质条件和生物群落等的差异，湖盆中不同构造部位、不同体系域发育的准层序和准层序组的类型及频率不同，而且同一种准层序类型，其中的岩石颜色、单层厚度和相对含量等都可能不同，加上事件性沉积干扰，从而产生多样的准层序类型。

2.3.1　湖盆斜坡带准层序和准层序组

　　湖盆斜坡部位的沉积地层对沉积环境变化敏感，岩性复杂多样，从而形成多种准层序类型，既有体现水动力变化的岩性序列，又有体现水介质条件变化的岩性序列。由于斜坡带盐度相对较低，膏泥岩和泥膏岩通常不发育。

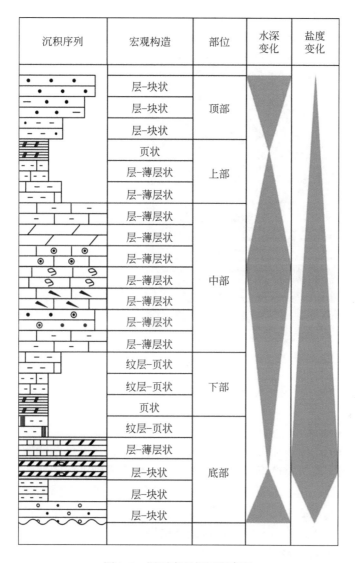

图 2-7　泥页岩理想沉积序列

1. 湖泊低水位体系域

由于湖泊低水位体系域水位较低，持续时间长，盐度大，受机械沉积和化学沉积双重控制，粉砂和灰质均可大量出现，出现的准层序类型多样。实际的准层序中出现的岩性序列并不完整，只是理想沉积序列中的一部分。由于斜坡带水动力强，陆源碎屑影响大，盐度较深洼带低，有机质保存条件差，因而主要发育理想沉积序列的上部、中部岩性序列（图 2-8）。湖泊低水位体系域水体相对稳定，主要发育加积式或进积式准层序组。

图 2-8　斜坡带湖泊低水位体系域体系域准层序（临 1 井）

2. 湖侵体系域

湖侵体系域水体快速上升，机械沉积逐渐减弱，盐度逐渐降低，生物、化学沉积快速增强，有机质产率和保存条件变好，代表机械沉积的准层序类型快速减少，而代表生物、化学沉积的准层序增多，因而主要发育理想沉积序列的中部、下部岩性序列（图 2-9），但不发育膏泥（页）岩、泥膏岩和膏岩。由于湖平面快速上升，湖侵体系域主要发育退积式准层序组。

3. 湖泊高水位体系域

在湖泊高水位体系域期，湖盆斜坡被深水长时间覆盖，与湖侵体系域相比，陆源碎屑影响更小、盐度更低，主要为生物、化学沉积，且有机质保存条件更好，因而主要发育理想沉积序列的下部岩性序列（图 2-10）。由于水体相对稳定，湖泊高水位体系域主要发育加积式或进积式准层序组。

4. 湖泊下降体系域

由伸展沉降或气候变化共同控制形成的湖泊下降体系域，发育大规模的浅水环境，陆源碎屑影响增强但持续时间短，因此沉积的岩性均一、稳定，是很好的标准层。湖泊下降体系域的岩性类型、有机质富集与否取决于水体下降的幅度。

钙质页岩，块状，灰质达到最大

灰质泥岩夹薄层泥质（灰质）白云岩，灰质继续增多

灰质泥岩，灰质增多

含少量灰质泥岩，向上灰质增多

准层序

图 2-9　斜坡带湖侵体系域准层序（沙 8 井）

钙质页岩，块状，厚度加大

钙质页岩，块状，厚度加大，灰质含量增多

含少量灰质泥岩

含大量灰质泥岩

含少量灰质泥岩

含少量灰质泥岩

钙质页岩，下部钙质含量少

准层序

准层序

准层序

图 2-10　斜坡带湖泊高水位体系域准层序（河 X4 井）

阜二段的湖泊下降体系域下降幅度较小，主要为含有机质的灰质泥岩，而沙四上亚段的湖泊下降体系域主要为粉砂质泥岩，但均属于理想沉积序列的上部岩性序列（图 2-11）。由于水体快速变浅且持续时间较短，湖泊下降体系域主要发育加积式准层序组。

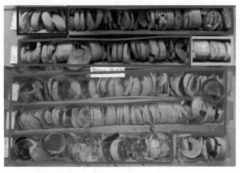

图 2-11　斜坡带湖泊下降体系域准层序（安 16 井）

在湖盆斜坡带范围内，由于岸线的弯曲延伸，形成湖湾环境。湖湾侧向上远离粗碎屑供给影响，在各体系域内水体安静且相对稳定，只受到三角洲侧向迁移、风暴、特大洪水或强沿岸流等事件性因素影响，因而适合浮游生物生长以及黏土矿物和碳酸盐矿物沉积。因此，湖湾环境主要沉积油页岩，且随着水体变浅，有机质含量降低、碳酸盐含量增加而扰动增强（图 2-12）。

图 2-12　湖湾环境准层序（王 X122 井）

2.3.2　湖盆次洼带准层序和准层序组

湖盆次洼带位于斜坡带和深洼带之间，准层序和准层序组与斜坡带相似，但陆源碎屑影响减弱且盐度增大，化学和生物作用增强，因而实际出现的准层序主要为理想沉积序列的中部和下部岩性序列。在整体湖泛、淡化的背景下，不同体系域仍体现出差异性，主要体现在单层厚度、灰质含量和有机质含量上。湖泊低水位体系域的主要岩性序列为油泥岩→含灰质泥岩→灰质泥岩→泥灰岩→生物灰岩→砂泥岩，岩石呈层状-薄层状，互层产出（图 2-13）；湖侵体系域水体快速上升，有机质含量增加，而灰质含量减少，主要为油泥岩→含灰质泥岩→灰质泥岩→泥灰岩的岩性序列，局部可出现砂泥岩，岩石主要为薄层状，互层产出（图2-14）；湖泊高水位体系域水深进一步增加，岩性序列为油泥岩→含灰质泥岩→灰质泥岩→泥灰岩，岩石主要为纹层状–页状，通常不发育砂泥岩（图2-15）；湖泊下降体系域水体变浅且持续时间短，形成的岩性较纯，岩性序列单一，主要为层状–块状灰质泥岩，局部有机质含量增加，构成油泥岩–灰质泥岩的准层序（图2-16）。由于水体较深，沉积环境相对稳定，湖盆次洼带内准层序组类型主要是加积式。

薄层状泥岩与白色生物灰岩条带互层

纹层状灰质泥岩

准层序

纹层状灰质泥岩与白色生物灰岩条带互层发育

薄层状灰黑色泥岩

准层序

图 2-13　次洼带湖泊低水位体系域准层序（牛页1井）

含少量灰质薄层状泥岩夹薄层状灰质粉砂岩

准层序

薄层状灰质泥岩夹薄层状灰质极细粉砂岩

薄层状含少量灰质泥岩

图 2-14　次洼带湖侵体系域准层序（牛页1井）

2.3.3　湖盆深洼带及陡坡带准层序和准层序组

湖盆深洼带长期处于深水、高盐度环境，受陆源碎屑影响小，主要受水介质

深灰色纹层状灰质泥岩，有机质增多

纹层状灰质泥岩

灰黑色富有机质纹层状泥岩

纹层状灰质泥岩与深灰色泥岩

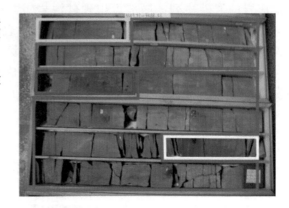

图 2-15　次洼带湖泊高水位体系域准层序（牛页 1 井）

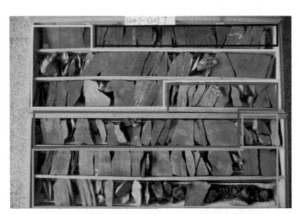

层状深灰色泥岩，有机质多

层状灰质泥岩

层状灰质泥岩

层状灰质泥岩

图 2-16　次洼带湖泊下降体系域准层序（牛页 1 井）

条件控制，因此实际出现的准层序中普遍缺失理想沉积序列的顶部岩性序列，即通常不发育砂岩，但是深洼带或靠近陡坡带，由于陡坡带发育砂砾岩重力流沉积（图 2-17），通过补给水道、滑塌或层流方式造成深洼带内出现碎屑岩沉积。在湖盆深洼部位，盐度达到石膏、盐岩的析出浓度，且长期处于盐跃层之下，因此在不同体系域内形成的准层序类型相似，主要发育理想沉积序列的底部岩性序列，具体为泥岩（可含灰质、有机质）→膏质泥岩→泥质膏岩→膏岩（图 2-18），但随着水体快速上升、淡化，低位域膏盐类沉积规模最大，其他体系域快速减小。由于沉积环境相对稳定，湖盆深洼带内的准层序组多表现为加积式，而陡坡带相反，多表现为进积式。

灰白色砂砾岩

灰红色砂岩

灰绿色泥岩

准层序

图 2-17　湖盆陡坡带准层序

深白色
泥膏岩

深灰色膏泥岩

泥膏岩

泥膏岩,石膏减少

膏泥岩,石膏更少

准层序

准层序

图 2-18　湖盆深洼带准层序

2.4　层序地层对比

　　层序和体系域边界通常具有明显的边界响应或发育稳定标准层,因此容易进行井间对比和横向追踪。在层序和体系域格架内,重点需要建立准层序组和准层序的对比标准,开展单井层序地层划分和连井层序地层对比。其中,采用的对比依据有岩性序列、岩石成分变化和电性特征。

2.4.1　对比依据

　　1. 岩性序列

　　如上所述,基于岩心观察和录井资料的岩性序列是识别准层序和准层序组的基础。通常情况下,由湖泊边缘到湖泊中心,粗碎屑岩粒度、含量和单层厚度减小，碳酸盐岩等化学岩含量也增加，泥页岩、油泥（页）岩含量也增加。在泥页岩地层中，出现最多的岩性类型是泥页岩、碳酸盐岩及其一系列过渡岩性，通过颜色、单层厚度、碳酸盐矿物含量和有机质含量体现。例如，灰黑色油页岩→深灰色纹层状泥岩→深灰色薄层状含灰泥岩→深灰色薄层状灰质泥岩→灰色层状泥灰岩，代表了水体在一次颜色由深变浅、盐度由小到大的变化过程中而呈现出的颜色变浅、单层厚度增加、有机质含量减少而灰质含量增加的典型岩性序列。全岩矿物衍射和有机碳分析获得的碳酸盐矿物含量、黏土矿物含量、长英质矿物含量和有机质含量直接决定了岩石骨架组分，能更准确地确定岩性，是岩性序列变化的基础，因此作为确定准层序的有利证据。在水退过程中，盐度增加，黏土矿物含量减少，而碳酸盐矿物含量增多。

2. 岩电特征

深电阻率曲线（R4、R6、RILD \ RLLD）对碳酸盐矿物含量变化敏感，灰（云）质含量低、泥质含量高，电阻近基线；灰（云）质含量升高、泥质含量降低，偏离基线；灰（云）质含量达到一定值时，呈尖峰状（图2-19）。因此将深电阻率曲线基线→偏离基线及其偏离程度（幅度差）→高值尖峰，当作一次水退过程中形成的岩性响应，用于反映岩性序列，确定准层序（图2-19）。

2.4.2　单井层序划分和连井层序对比

根据准层序和准层序组对比依据，将阜二段划分为七个准层序组，分别与$E_1f_2^6$、$E_1f_2^5$、$E_1f_2^4$下部、$E_1f_2^4$上部、$E_1f_2^3$、$E_1f_2^2$和$E_1f_2^1$对应，在准层序组内进一步划分为29个准层序（图2-20）；同理，将沙四上亚段划分为八个准层序组，分别与CX3、CX2、CX1、CS4、CS3、CS2、CS1和"王八盖子"标准层对应，在准层序组内进一步划分为32个准层序（图2-21）。在单井层序划分基础上，依靠岩性和电性对比标志，开展连井层序地层对比（图2-22），最终建立层序地层格架。

2.4.3　层序地层充填样式

阜二段和沙四上亚段主要沉积于半封闭–封闭的环境中，盆地伸展断陷强烈，气候开始变湿润，物源供给相对匮乏，因此盆地地层的充填主要受构造运动和气候控制，具体表现为盆地伸展断陷造成相对湖平面下降，而气候湿润引起相对湖平面上升；盆地强烈伸展断陷活动在短时间内发生，而伸展断陷活动后的长时间内主要受气候控制；盆地伸展断陷活动主要控制层序界面的形成，而气候主要控制层序内部体系域、准层序组合、准层序的类型及组成；盆地地层的充填范围一直是扩大的、超覆的。在经历了阜二段底部和沙四上亚段底部的伸展断陷运动

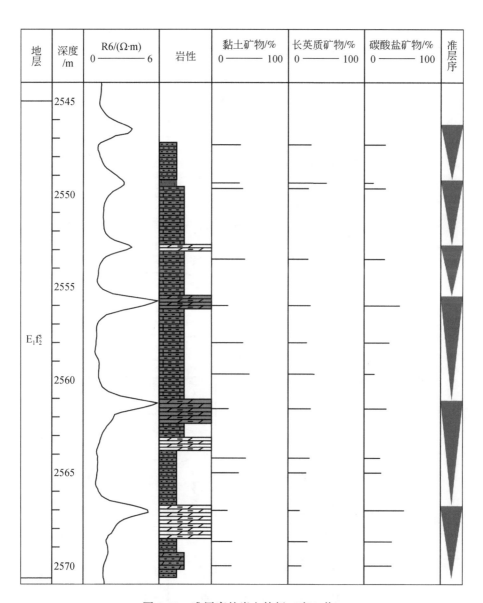

图 2-19　准层序的岩电特征（安 1 井）

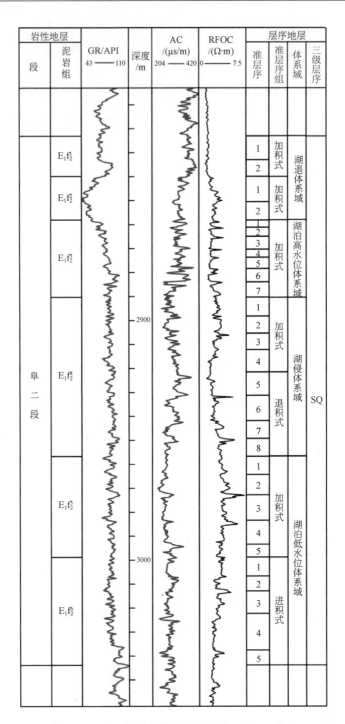

图 2-20　阜二段单井层序地层划分（富 X2 井）

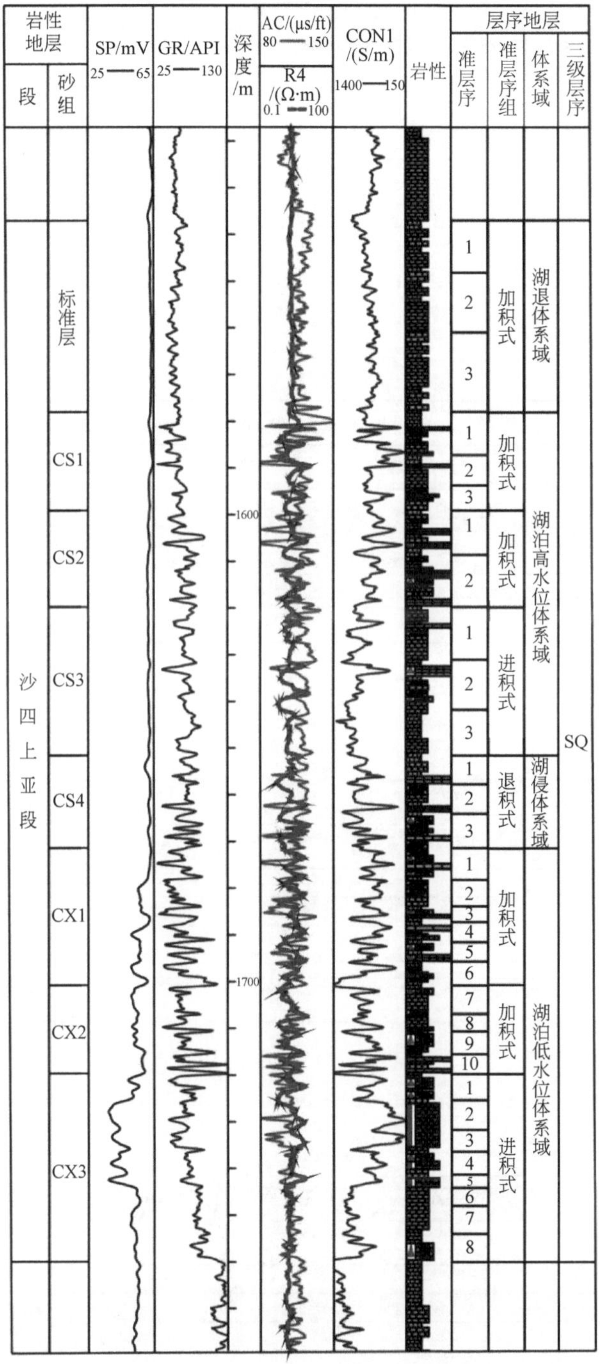

图 2-21　沙四上亚段单井层序地层划分（王 146 井）

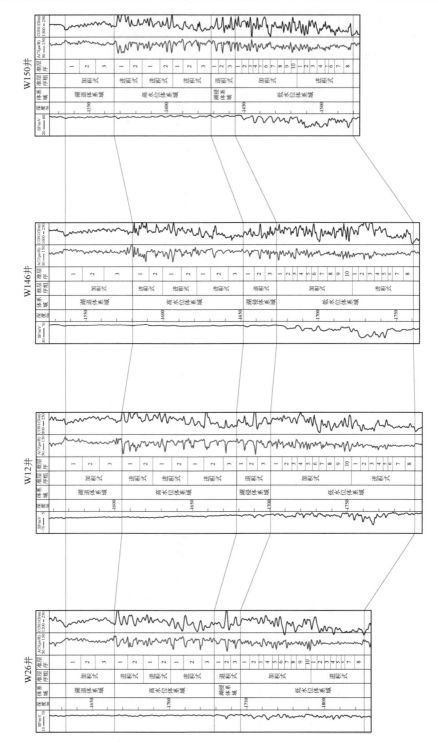

图2-22　沙四上亚段连井层序地层对比

后，湖泊水位较低，粗碎屑岩范围大，而碳酸盐岩和油泥（页）岩总沉积范围较小，局部发育膏岩，沉积湖泊低水位体系域；随着气候变湿润，主导作用增强，水体快速增加，粗碎屑岩范围减少，而碳酸盐岩和油泥（页）岩总沉积范围增大，膏岩范围减少，形成湖侵体系域；当湖平面上升到最大且持续时间长，碳酸盐岩和油泥（页）岩总沉积范围达到最大，膏岩范围进一步减少或消失，仅在盆地边缘发育粗碎屑岩，形成湖泊高水位体系域；受到阜二段和沙四上亚段后期伸展断陷作用影响，湖平面再次短暂下降，形成大规模浅水环境，主要为泥页岩，可含灰质或有机质，盆地边缘粗碎屑岩范围增大（图 2-23）。在整个沉积充填过程中，沉积范围不断变大，但局部隆起处粗粒碳酸盐岩范围不断减小。

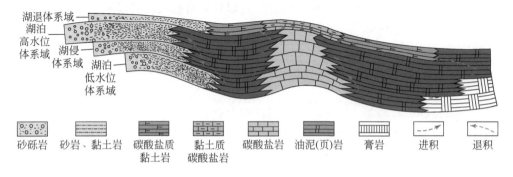

图 2-23　闭流湖盆层序地层充填模式图

由于从湖盆边缘到湖盆中心盐度一直增大，每一次降水快速补给都会造成湖水淡化，故湖平面上升期对应湖盆淡化期，此时河流–三角洲不断输入陆源碎屑，盐度降低而有利于微生物繁盛，最终陆源碎屑和有机质沉积增强，化学沉积减弱。在降水之后，蒸发作用造成湖水浓缩，故湖平面下降期对应湖盆咸化期，此时陆源碎屑输入减少，盐度升高而不利于生物繁盛，但为有机质保存提供了一定的条件，最终陆源碎屑和有机质沉积减弱，化学沉积增强。当湖平面上升时，在湖盆边缘，受强水动力控制的碎屑岩，如砂砾岩和砂泥岩，岸线不断后退而向岸退积，而湖盆中心由于淡化作用，受高水体盐度控制的化学岩，如膏岩沉积范围不断缩小而向湖进积。与之相反，当湖平面下降时，在湖盆边缘表现为碎屑岩进积，而在湖盆中心表现为化学岩退积。在湖盆斜坡部位，由于局部隆起（突起）和局部洼陷的存在，导致水动力、盐度和生物等共同控制的碳酸盐岩和油泥（页）岩重复出现，或进积与退积现象背向与对向同时出现（图 2-23）。除了碎屑岩与化学岩具有此消彼长的关系外，受古地形、水动力和生物群落差异性影响，油泥（页）岩和碳酸盐岩也具有此消彼长的关系，具体表现为油泥（页）岩沉积在湖盆斜坡内的古地形低洼部位，如次洼带和深洼带等，而碳酸盐岩沉积在古地形突起部位，如突起带，当湖平面上升时，油泥（页）岩分布范围增加而碳酸盐分布范围减小。

2.5 富有机质泥页岩发育的层序部位

由于湖侵体系域和湖泊高水位体系域水体范围大、水深大、盐度较低，有利于生物繁盛，有机质产率高且保存条件好，因此是富有机质泥页岩发育的最有利层序部位，盆地缓坡带、次洼带和深洼带都可以沉积富有机质泥页岩。湖泊低水位体系域和下降体系域水体较浅，盆地缓坡带和次洼带受到淡水补给的作用，盐度较深洼带低，在陆源碎屑影响小的部位可以发育富有机质泥页岩但规模较湖侵体系域和湖泊高水位体系域小。

2.6 小 结

本章以苏北盆地阜二段和东营凹陷沙四上亚段为例，探讨了层序界面形成机制，建立了适用于湖相泥页岩的四分型层序地层划分模式，识别了盆地不同构造带的泥页岩准层序组和准层序类型，实现了连井层序地层对比，总结了泥页岩层序地层充填样式，确定了富有机质泥岩发育的层序部位。构造伸展沉降、绝对湖平面变化和沉积物供给共同控制了闭流湖盆层序界面形成，其中当沉积物供给速率一定时，构造伸展沉降造成闭流湖盆相对湖平面下降，会改变、加剧或延缓绝对湖平面变化速率，形成不同级别的层序边界。根据地震反射特征、地层展布范围和岩性组合及测井曲线响应特征对阜二段和沙四上亚段泥页岩中体系域界面进行识别，分别划分为一个三级层序和四个体系域，包括湖泊低水位体系域、湖侵体系域、湖泊高水位体系域和湖泊下降体系域。在体系域内，根据岩心观察总结的理想化沉积序列及水体盐度变化，在单井上识别盆地斜坡带、湖湾、次洼带、深洼带和陡坡带的泥页岩准层序组和准层序类型，最终将其分别划分为 29 个准层序组和 32 个准层序。利用沉积序列及其测井曲线响应实现连井层序地层对比，建立了层序地层格架，并总结了层序充填样式，确定了富有机质泥页岩主要发育在湖侵体系域和湖泊高水位体系域，而其他体系域在低洼部位局部发育。

第3章　湖相泥页岩沉积环境研究

对国内东部盆地古近系泥页岩的研究表明我国湖相泥页岩较国外海相泥页岩非均质性更强，沉积环境更加具有多样性。陆相湖盆范围小，受物源、气候影响大（邹才能等，2011，2015；徐伟等，2014；柳波等，2015），造成沉积环境分区明显。为探究泥页岩形成的沉积环境特征，本章主要以苏北盆地阜二段泥页岩为例，在对古气候、古盐度、古氧化还原性、古水深变化和水体分层等沉积要素分析基础上，揭示了泥页岩沉积分区特征，恢复了沉积环境演化，建立了苏北盆地阜二段泥页岩综合沉积模式，最后确定了富有机质泥页岩的沉积环境。

3.1　沉积环境要素分析

3.1.1　古气候

1. 孢粉

在古气候研究中，孢粉组合类型法是应用最多且最有效的。孢粉来自孢子植物和种子植物，具有体积小、数量大、性质稳定和母体属性显著等特点。苏北盆地阜二段孢粉主要为榆科花粉，次为栎属和漆属，该孢粉组合指示中南亚热带气候（严钦尚等，1979；王蓉和沈后，1992）。

2. Sr/Cu

受气候影响，在不同的水热条件下，元素的迁移与富集能力是不同的。根据元素的这一特性，可以利用沉积岩中特定元素的含量及比值恢复地质时期的古气候特征（王随继等，1997；许中杰等，2012，2010）。通常采用 Sr/Cu 判断古气候特征，Sr/Cu 值介于 1~10 时指示温湿气候，而大于 10 时指示干热气候。阜二段 Sr/Cu 普遍大于 10，而 $E_1f_2^2$ 和 $E_1f_2^1$ 比值较小，表明以干热气候为主，后期变温湿气候（图3-1）。

3. 石膏含量

特殊的岩矿类型是古气候的良好指示，如冰碛岩是寒冷气候的标志，蒸发岩是干热气候的标志，煤系地层是温湿气候标志，海相碳酸盐岩是炎热气候的标志等（刘宝珺和曾允孚，1985）。中国东部大部分地区古近系主要为红色碎屑沉积，同时阜二段普遍含有石膏，且 $E_1f_2^2$ 和 $E_1f_2^1$ 石膏含量减少，这与 Sr/Cu 反映的古气候特征吻合，指示干热气候，后期变温湿（图3-2）。

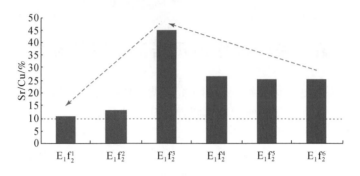

图3-1　苏北盆地阜二段 Sr/Cu

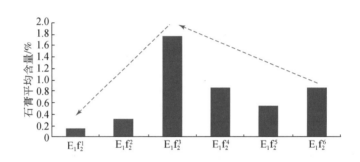

图3-2　苏北盆地阜二段石膏平均含量

3.1.2　古盐度

　　古盐度是湖泊水体特征的重要属性，在目前的古盐度研究方法中，元素地球化学方法是最常用的。利用元素地球化学手段恢复古盐度的方法通常分为定性描述、半定量分析、定量计算三大类（表3-1）。

表3-1　古盐度元素地球化学研究方法（Walker and Price, 1963；Couch, 1971；钱凯和时华星, 1982；蓝先洪等, 1987；邓宏文和钱凯, 1993；郑荣才和柳梅青, 1999）

定性	半定量	定量
Sr、B 等 元素含量	Sr/Ba、B/Ga、Rb/K、 相当硼法	硼含量法、 Ca/（Ca+Fe）磷酸盐组分法、 稳定同位素法$^{18}O/^{16}O$、$^{13}C/^{12}C$ 等

1. B 元素

B 含量能够定性反映古水体的咸化程度（李成凤和肖继凤，1988），现代淡水湖泊沉积物中 B 的含量为 30 ~ 60ppm[①]（邓宏文和钱凯，1993），而阜二段 B 的平均含量大于 60ppm，反映水体盐度大（图 3-3）。

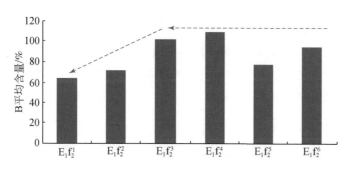

图 3-3　苏北盆地阜二段 B 元素平均含量

2. Sr/Ba 值

Sr/Ba 值是常用的半定量分析古盐度的指标，其原理是随着水介质盐度增加，Ba 首先以 $BaSO_4$ 形式沉淀，而 Sr 形成 $SrSO_4$ 沉淀需要更高的水介质盐度，因此产生两种元素对盐度的选择性析出。通常情况下，淡水沉积物中 Sr/Ba 值小于 0.6，而咸水沉积物中 Sr/Ba 值大于 1（钱凯和时华星，1982；邓宏文和钱凯，1993；郑荣才和柳梅青，1999）。阜二段 $E_1f_2^6$-$E_1f_2^3$ 的 Sr/Ba 值均大于 2，反映水体盐度大，而 $E_1f_2^2$、$E_1f_2^1$ 的 Sr/Ba 值明显较小，盐度降低（图 3-4）。

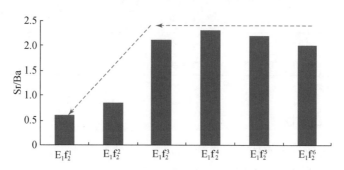

图 3-4　苏北盆地阜二段 Sr/Ba

①　1ppm = 10^{-6}。

3. 科奇法

B 富集的主要原因是黏土矿物吸附作用，在剔除了物源影响的情况下，前人普遍利用 B 含量和黏土矿物类型及含量定量计算水体盐度。其中，应用最广泛的是科奇公式（邓宏文和钱凯，1993），该方法是科奇在研究尼日尔河地区古近纪时提出的，其特点是考虑了各种黏土矿物对 B 元素的吸附效应。由于陆源碎屑主要是长英质矿物，继承性 B 含量可以忽略，并且阜二段成岩作用中等，黏土矿物转化影响较小，故仍采用科奇公式进行水体盐度计算。从实验数据可知，伊利石、蒙脱石、绿泥石、高岭石对 B 元素的吸附能力比值为 4∶2∶2∶1，因而高岭石硼计算公式为式（3-1）。

$$B_k = \frac{B}{4X_i + 2X_m + 2X_c + X_k} \qquad (3-1)$$

式中，B_k 为高岭石硼，$\mu g/g$；B 为吸附硼，$\mu g/g$；X_i、X_m、X_c、X_k 分别为伊利石、蒙脱石、绿泥石、高岭石百分含量，%。

当继承性硼为零时，盐度为 1‰ 和 35‰ 分别对应的高岭石硼为 1.3μg/g 和 65μg/g，代入佛伦德奇吸收方程即得高岭石硼和盐度的关系［式（3-2）］。

$$\lg B_k = 1.28 \lg S_p + 0.11 \qquad (3-2)$$

式中，S_p 为古盐度，‰。

经计算，阜二段古盐度分布在 6.36‰ ~ 17.45‰，平均值为 11.21‰，属于半咸水或中盐水环境（表 3-2）。

表 3-2　水体盐度划分方案对照表

威尼斯（1958 年）	淡水	少盐水		中盐水	多盐水		真盐水		超盐水	
于升松（1984 年）	淡水	半咸水					咸水		盐（湖卤）水	
孙镇城等（1997 年）	淡水	半咸水					咸水		盐水	
盐度/‰	0 ~ 0.5	0.5 ~ 1	1 ~ 5	5 ~ 18	18 ~ 30	30 ~ 35	35 ~ 40	40 ~ 50	50 ~ 60	>60

3.1.3　古氧化还原性

水体氧化还原性是水体含氧量的反映，与水体流动性、透光性和自养生物密切相关。国内外学者从元素地球化学、古生物、岩矿特征和有机地化等方面对湖泊古氧相做了大量研究（表 3-3）。

由于受物源、样品非均质性等因素影响，元素地球化学指标在指示氧化还原性时常常出现相互矛盾的问题，而研究区拥有丰富的有机地化资料和全岩矿物分析资料，故采用姥植比（Pr/Ph）和黄铁矿含量对阜二段的氧化还原性作综合判断。

表3-3 古氧相类型识别指标

(梅博文和刘希江，1980；颜佳新和张海清，1996；Jones and Manning，1994；邓宏文和钱凯，1993；腾格尔等，2004；Tribovillard et al.，2006；李水福和何生，2008；殷鸿福等，2009；贾萧蓬，2014）

	判识指标	富氧	贫氧	厌氧缺氧
	水体溶氧量（mL/L）	$2.0 \sim 8.0$	$0.2 \sim 2.0$	出现FeS_2，$0.0 \sim 0.2$
元素地球化学	$U_{au} = U_{to} - Th/3$（U_{to}铀含量）	$<5 \times 10^{-6}$	$5 \sim 12 \times 10^{-6}$	$>12 \times 10^{-6}$
	Ni/Co	<5	$5 \sim 7$	>7
	U/Th	<0.75	$0.75 \sim 1.25$	>1.25
	V/Cr	<2	$2 \sim 4.25$	>4.25
	$K_{Fe} = (Fe_{HCl}^{2+} \times 0.236 + Fe^{2+}FeS_2)/FeO$	$0 \sim 0.2$	—	$0.2 \sim 0.8$（还原相）>0.8（硫化氢相）
	Fe^{2+}/Fe^{3+}	$\ll 1$	≈ 1	$\gg 1$
	（Cu+Mo）/Zn	低	高	
	稀土元素δCe异常	δCe正异常	δCe负异常	
生物	底栖生物	繁盛	软体生物发育	缺乏
	生物扰动	强烈	缺乏-常见	无
	遗迹组构	难以保存	Zoophycos、Chondrites	
岩矿特征	黄铁矿矿化度（DOP）= $Fe_{pyrite}/(Fe_{pyrite} + Fe_{reactive})$	<0.45	$0.45 \sim 0.75$	>0.75
	颜色	浅灰色-灰白色	深灰色-黑灰色	灰黑色-黑色
	岩性	组合复杂	黑色页岩-硅质岩-石灰岩-磷灰石	
	层理	中层状-厚层状、块状	薄层状-中层状	纹层状-薄层状
	其他	含有机质，大部分被氧化破坏、见褐铁矿	有机质较丰富、磷含量较高、见黄铁矿	有机质丰富、磷含量高、见黄铁矿
有机地化	Pr/Ph	Pr/Ph>1	Pr/Ph<1	
	三芴系列	氧芴优势	硫芴、芴优势	
	C_{35}升藿烷指数	低值	高值	

　　梅博文和刘希江（1980）统计了不同沉积环境中的烃源岩生成的原油中类异戊二烯烷烃的分布特征。盐湖相原油具有植烷优势，Pr/Ph 小于 0.8，反映强还原环境；湖相原油具有姥植均势，Pr/Ph 为 0.8~2.8，反映还原环境；湖沼相原油具有姥鲛烷优势，Pr/Ph 为 2.8~4.0，反映弱氧化-弱还原环境。据此，阜二段泥页岩 Pr/Ph 小于0.6，属于强还原环境，后期 $E_1f_2^1$ Pr/Ph 增大，表明还原程度降低（图3-5）。

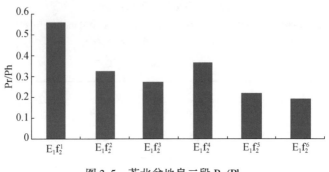

图 3-5　苏北盆地阜二段 Pr/Ph

沉积岩中含铁的自生矿物是最常用的氧化还原标志，含铁自生矿物出现的次序反映了沉积环境的氧化还原条件。褐铁矿和赤铁矿代表氧化环境，海绿石和鳞绿泥石是弱氧化-弱还原环境的反映，菱铁矿出现在还原环境中，而白铁矿、黄铁矿或铁白云石的富集则通常指示强还原环境（邓宏文和钱凯，1993）。阜二段普遍发育草莓状黄铁矿，属于强还原环境，且与姥植比反映的结论一致，$E_1f_2^1$ 黄铁矿含量有所降低，还原程度减弱（图 3-6）。

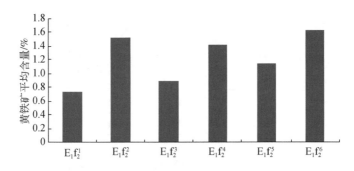

图 3-6　苏北盆地阜二段黄铁矿平均含量

3.1.4　古水深变化

在泥页岩中判断古水深或古水深变化是困难的，通常采用元素地球化学方法（周瑶琪等，1998；吴智平和周瑶琪，2000），但结果的合理性在很大程度上受制于样品数目。本次研究利用丰富的有机碳和全岩矿物测试数据，将有机碳含量变化和无机矿物含量变化相结合，综合判断古水深的变化。

在湖泊环境中，有机质能否富集通常是由有机质的保存条件决定的（任拥军和林玉祥，2006）。一般湖泊水体越深，保存条件越好，有机质富集的概率越大。因此，有机碳含量的变化可以定性地反映水深的大尺度变化。实际上，由于受有机质来源、有机质初级产率、微生物降解速率和陆源碎屑稀释等因素影响，当利用有机碳含量的变化指示古水深的小尺度变化时，还应当该结合无机矿物含量的变化（Blatt and Totten，1981）。

阜二段自下而上具有有机碳含量不断增加 [图 3-7（a）]、长英质矿物和黏土矿物含量先降低后增加的特点 [图 3-7（b）、（c）]，而碳酸盐矿物含量具有先增加后降低的特点 [图 3-7（d）]。具体来讲，$E_1f_2^6$、$E_1f_2^5$ 中长英质矿物、黏土矿物和碳酸盐矿物含量高，有机碳含量较低，表明水体浅而更靠近陆地；$E_1f_2^4$ 长英质矿物和黏土矿物降低到最小，而碳酸盐矿物增加到最大，有机碳含量快速增加，表明水体迅速加深；$E_1f_2^3$ 长英质矿物和黏土矿物开始增加，碳酸盐矿物开始降低，而有机碳总量继续增大，表明水体继续加深并趋于稳定；$E_1f_2^2$、$E_1f_2^1$ 长英质矿物和黏土矿物明显增加，碳酸盐矿物明显降低，而有机碳含量达到最大值，表明水体仍处于较深的背景中但略有下降。因此，阜二段泥页岩形成于湖泊整体水进的背景中，经历了早期水体较浅、中期水体快速加深、后期水体缓慢加深并趋于稳定和晚期水体较深但略有下降的过程。

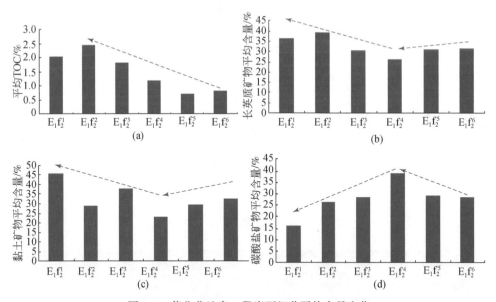

图 3-7 苏北盆地阜二段岩石组分平均含量变化

3.1.5 水体分层

湖泊水体分层与混合对藻类等生物勃发、有机质的消耗与保存和水介质的氧化还原性变化具有重要影响。在苏北盆地阜二段沉积时，湖盆位于中南亚热带，湖水盐度大，在温度和盐度引起的密度差作用下，通常会出现季节性水体分层。应用地球化学指标研究湖泊水体分层取得了良好的效果（张立平等，1999；刘美羽等，2015），且纹层形成与湖水分层密切相关（袁选俊等，2015）。因此本次采用伽马蜡烷指数和 V/（V+Ni），结合岩石层理类型综合判断湖泊水体分层情况。伽马蜡烷指数或 V/（V+Ni）越大、页理越发育，则代表水体分层越强。阜二段伽马蜡烷指数和 V/（V+Ni）均具有早期增加、中期稳定和晚期降低的趋势（图3-8、图3-9），同时岩石层理类型由纹层状［图3-10（a）］变为页状［图3-10（b）］，最后变为块状［图3-10（c）］，反映水体分层程度由中等分层变为强分层，最后变为弱分层。

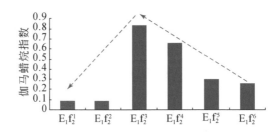

图 3-8　苏北盆地阜二段伽马蜡烷指数

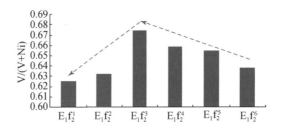

图 3-9　苏北盆地阜二段 V/（V+Ni）

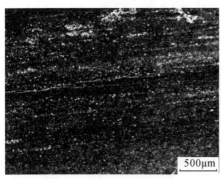

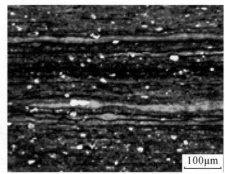

(a)纹层状(富深1井；3952.0m)　　　　　　(b)页状(临1井；2640.09m)

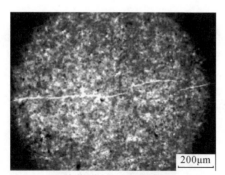

(c)块状(临1井，2556.69m)

图 3-10 苏北盆地阜二段泥页岩层理类型

3.2 沉积环境演化

3.2.1 短暂海侵

苏北盆地属于近海陆相湖盆，前人从古生物、岩矿特征和地球化学方面对阜二段是否遭受海侵开展了深入论证（何炎，1987；袁文芳等 2005；傅强等，2007）。古生物证据、岩矿证据和地球化学证据均表明苏北盆地阜二段遭受过海侵影响（表3-4），本次重点对岩心观察过程中发现并采集的 $E_1f_2^3$ 页岩中保存的两块鱼化石所代表的沉积环境进行分析（图 3-11，作者请南京大学刘冠邦教授鉴定）。两块鱼化石均保存在石膏含量较高的页岩内，其中海安凹陷安1井 $E_1f_2^3$ 中鱼化石属于鲱科，生活在海洋环境中，代表页岩沉积与海侵有关；金湖凹陷河X4井 $E_1f_2^3$ 页岩中鱼化石属于鲍科，通常生活在淡水环境中，与河流淡水注入相关。据此判断，苏北盆地 $E_1f_2^3$ 遭受过海侵，属于近海高盐度湖泊沉积，且金湖凹陷比高邮凹陷和海安凹陷更靠近当时的西海岸线。海侵不仅咸化了水体，有利于石膏等矿物的沉积和生物的勃发，而且导致水体快速扩张且分层增强，使得 $E_1f_2^3$ 油泥（页）岩几乎覆盖整个盆地。

表 3-4 苏北盆地阜二段海侵证据

古生物证据				岩矿证据	地球化学证据
多毛纲类	有孔虫和鱼类	瓣鳃和腹足类	浮游藻类		
Serpulinae Spirorbinae Terebellidae Amphicfenniae	*Protelphium* sp. *Discorbis* sp. *Ammonia* sp. *Liuneus macer* （gen. et sp. nov）	*Caspia anfieua* （sp. nov）	*Leiosphaeridia* *Fromea* *Chytroeisphaeridia* *Jinhudinium*	原生海绿石、准同生白云石、纤维状方解石、方沸石	微量元素含量及比值、碳氧同位素及I值、磷酸盐比值

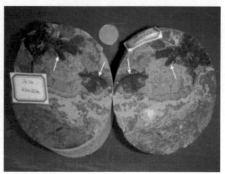

图 3-11　苏北盆地阜二段 $E_1f_2^2$ 页岩中鱼化石

3.2.2　沉积演化

　　湖泊中沉积要素之间并不是相互独立的，其中古气候是基础沉积要素，决定了湖泊水体盐度、氧化还原性、水深和分层情况等沉积要素。苏北盆地阜二段总体为干热气候沉积，后期有变湿润的趋势，由此使得沉积环境演化表现出相应的规律性（图 3-12）。自下而上，$E_1f_2^1$、$E_1f_2^2$ 时期，水体相对较浅，湖盆相对封闭，分层中等，属于半咸水、强还原环境；因靠近滩坝前缘，岩性主要为灰（绿）色层状或块状泥质粉砂岩、粉砂质黏土岩和灰质黏土岩。$E_1f_2^4$、$E_1f_2^5$ 时期，水体

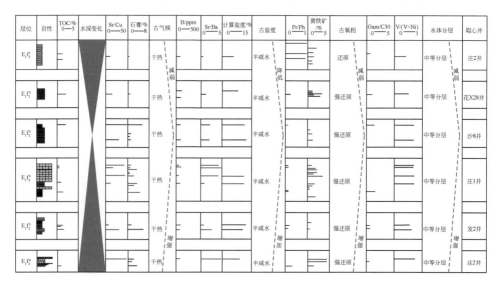

图 3-12　苏北盆地阜二段沉积环境演化

迅速扩张，分层增强，盐度和还原性增加；岩性主要为深灰色纹层状或薄层状灰（云）质黏土岩、粉砂质黏土岩、黏土质灰岩和褐色油页岩，尤其在 $E_1f_2^3$ 广泛发育褐色油页岩。$E_1f_2^2$、$E_1f_2^1$ 时期，由于气候变湿润，水体相对较深但晚期略有下降，湖盆范围较大，封闭性降低，分层减弱，盐度和还原性降低，尤其在 $E_1f_2^1$ 表现明显；岩性主要为（深）灰色块状黏土质粉砂岩、粉砂质黏土岩和灰质黏土岩，甚至在 $E_1f_2^1$ 顶部出现发育浪成沙纹交错层理的三角洲相薄层砂体。

3.3　沉积分区

沉积环境中最重要的组成部分是沉积物，当沉积环境改变时，沉积要素随之改变，导致沉积物发生变化。从湖盆边缘向湖盆中心，沉积要素逐渐变化，平面上出现有规律的岩性分区和变化：湖盆边缘为河流–三角洲体系富氧的砂岩、粉砂岩和黏土岩；湖盆斜坡为贫氧的灰色粉砂质黏土岩、灰质黏土岩、鲕粒灰岩和生物灰岩等岩性；湖盆中心为厌氧的黑色富有机质泥页岩，局部发育膏岩。因此，岩性分区可以指示沉积环境的分布，岩性变化体现了沉积环境的变化。

通过类比现代沉积，当河流流入大型湖泊或海洋时，不仅带入机械碎屑和胶体，而且注入大量淡水和离子，在平面上会形成三个不同的沉积区：浑水区、过渡区和清水区。浑水区指湖盆边缘内长期受到陆源碎屑影响的水体范围；清水区指湖盆中心基本不受陆源碎屑影响的水体范围；而过渡区指湖盆斜坡处浑水区和清水区两者过渡的水体范围。在浑水区内，受物源影响大，水动力强，富含粉砂和黏土矿物而导致水体浑浊；水体盐度因河水注入而淡化呈淡水–微咸水；由于水体浅且在浪基面之上，分层弱，呈弱氧化–弱还原环境；沉积物以机械沉积为主，岩性除了粗碎屑岩之外，细粒沉积岩性主要为灰（绿）色黏土质粉砂岩、灰（绿）色粉砂质黏土岩。在清水区内，受物源影响小，水动力弱，水体清澈但含有黏土矿物、有机质和碳酸盐矿物等胶体级别的悬浮微颗粒；水体盐度大，为半咸水–咸水环境；由于水体深且安静，往往具有强分层特征，呈强还原环境，有利于有机质保存；沉积物以化学沉积和生物沉积为主（蔡进功，2004），岩性为褐色或灰黑色油泥（页）岩；当盐度过大时，局部发育膏泥（页）岩。在过渡区内，物源影响较浑水区小，水体动荡，并且处在台地部位，发育上升流，因生物繁盛而使水体变得相对干净；水介质条件多变，以半咸水、中等分层和还原环境为主；机械沉积、化学沉积和生物沉积共存或交替出现，由此导致岩性多样，如（深）灰色鲕粒灰岩、（深）灰色含鲕粒黏土岩、（深）灰色生物灰岩、（深）灰色黏土质灰岩、（深）灰色灰质黏土岩、（深）灰色粉砂质黏土岩等。根据岩相分区特征和沉积主控因素，将阜二段沉积类型划分为浑水淡化沉积和清水咸化沉积两大类，其中第一大类属于浑水区沉积，以代表水体浑浊和盐度低为突出特征；第二大类包括过渡区的净水半咸化沉积和清水区的静水咸化沉积，以代表水体清澈和盐度大为突出特征（表 3-5）。

表 3-5　苏北盆地阜二段沉积分区及特征

沉积分区	构造部位	物源影响	水动力特征	水体盐度	氧化还原性	沉积机制	层理构造	岩石颜色	岩石类型	沉积类型
浑水区	湖盆边缘	强	水动力强河流影响	微咸水、淡水注入	弱氧化、弱还原	机械沉积为主	层状、块状	灰绿色–灰色	砂岩、粉砂岩、泥质粉砂岩、粉砂质黏土岩、黏土岩	浑水淡化沉积
过渡区	湖盆斜坡部位	中等	水动力中等、发育上升流、河流和波浪共同作用	半咸水	还原	机械、化学和生物沉积共存	薄层状、纹层状	灰色–深灰色	鲕粒灰岩、含鲕粒黏土岩、生物灰岩、泥灰岩、灰质黏土岩、粉砂质黏土岩、黏土岩	净水半咸化沉积
清水区	湖盆中心	弱	水动力弱、水体分层、波浪影响	半咸水–咸水	强还原	化学沉积和生物沉积为主	页状	灰黑色、褐色	油泥（页）岩、膏泥（页）岩	静水咸化沉积

（过渡区与清水区的"沉积类型"合并为"清水咸化沉积"）

湖泊沉积分区是沉积物机械分异、化学分异和生物分布综合作用的结果。由湖泊边缘到湖泊中心，碎屑颗粒粒度按照砾–砂–粉砂–黏土的规律减小，而当机械沉积减弱时，化学分异和沉积逐渐增强（图 3-13）。化学物质的搬运状态通常包括胶体和离子。铝、铁、锰和硅的氧化物通常以胶体溶液形式搬运，而钙、钠、镁和钾等通常以离子态的真溶液形式搬运，其中磷也主要以真溶液的形式搬运。化学沉积物的分异受溶解度控制，因此由湖泊边缘到湖泊中心，随着溶解度（盐度）增加，按照氧化物–磷酸盐–硅酸盐–碳酸盐–硫酸盐和卤化物的顺序分异。影响生物生长和分布的因素多样，包括水动力、光照、温度、盐度、pH、含氧量和无机盐等，其中对生油有主要贡献的浮游生物来讲，光照、盐度和氮、磷、钾、镁、钙等无机盐是主要因素。光照和盐度影响浮游生物的垂向分布，而盐度和无机盐影响浮游生物的平面分布。泥页岩主要由细–极细粉砂、黏土矿物和蒸发盐矿物组成，其中细–极细粉砂主要由机械沉积，黏土矿物大小处于胶体范围，主要发生凝聚沉积，而碳酸盐、石膏等蒸发岩矿物主要由化学沉淀作用形成。因此，湖泊内浮游生物生存的条件与泥页岩沉积的条件是一致的，特别是与黏土矿物、碳酸盐的沉积条件（清、浅、暖、半咸水）高度吻合，由此造成有机质、黏土矿物和碳酸盐矿物往往同生在同一种岩相中，但有机质与黏土矿物紧密络合，具有正相关关系，而与碳酸盐矿物相邻互生，具有负相关关系。这不仅说明机械沉积和化学沉积的此消彼长关系，还说明浮游生物生长需要一定的盐度，大致与碳酸盐的溶解度相当，而过高的盐度也不利于其繁盛，通常低于硫酸盐的溶解度。

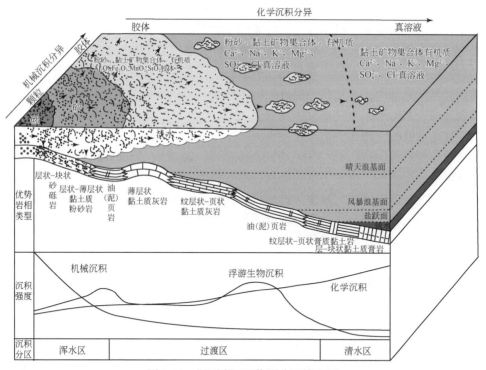

图 3-13　泥页岩沉积作用分区模式图

　　化学沉积分异和生物沉积作用主要发生在浑水区末端–清水区范围内，但当湖泊处于洪水间期时，河流主要携带细碎屑物质、胶体、离子和淡水入湖，此时浑水区范围减小而过渡区、清水区范围相应增大，反之当洪水强度很大时，浑水区范围会很大，甚至影响到整个湖盆。此外，当湖盆存在多个物源供给时，各自形成的沉积分区可以相互重合叠加。古地形中局部突起或破折带的存在与过渡区的岩相发育紧密相关，会形成局部高能的微环境，适合抗浪生物繁衍，有利于生物礁、滩坝和生物灰岩发育，而局部突起或坡折带前后通常为低能环境，适合浮游生物生长，有利于油泥（页）岩发育。而在湖盆深洼带中心处的清水区，由于盐度过大或营养物质减少而不利于生物繁盛，主要发育膏质黏土岩或黏土质膏岩，油泥（页）岩发育程度相对较低（图 3-13）。

3.4　沉积模式

完整的沉积模式应当包含构造背景、物源供给、岩相类型及展布、水体条件和生物发育等因素。苏北盆地处于海陆过渡位置，属于近海陆相湖盆，因而阜二段泥页岩沉积主要由气候条件控制并受海侵短暂影响。在中南亚热带干热气候条件下，湖泊水体周期性垂向分层，导致沉积物平面分区展布。湖泊水体垂向分层的原因是多样的，有水动力分层、水体透光性分层、温度分层、生物分异等，但这些分层原因不是独立的，而是相互联系的。代表水动力分界的湖平面、晴天浪基面和风暴浪基面，与光性分层有关的透光层、弱光层和无光层之间的界面，与温度分层有关的湖上层（湖面温水层）、温跃层和湖下层（下层滞水）之间的界面往往是重叠的，而这些物理化学界面同样是表流、层流等发生的位置（邓宏文和钱凯，1993；Lee et al.，2009；Tulipani et al.，2015）。分层界面限定的区域具有不同的沉积条件，决定了沉积物和生物的种类，形成湖泊的沉积分区特征。

苏北盆地阜二段沉积时期，古地貌为大型斜坡并在高邮凹陷的西部边界发育玄武岩台地。在此构造背景下，结合沉积分区特征建立了苏北盆地阜二段泥页岩平缓台地型综合沉积模式（图 3-14）。

3.5　富有机质泥页岩形成的沉积环境

通过对泥页岩沉积要素分析，富有机质泥页岩形成的古气候条件为干热气候与湿润气候转换期、湿润气候期，这与阜二段富有机质泥页岩主要发育在湖侵体系域和湖泊高水位体系域吻合，其沉积的水介质条件为静水、半咸水、强还原和水体分层。富有机质泥页岩主要沉积在远离粗碎屑矿物的浑水区末端–清水区范围内，富集于古地形低洼部位，如盆地深洼、盆地斜坡局部次洼和局部突起或坡折带前后的低能部位。由此形成三种主要的富有机质泥页岩，分别为半深湖–深湖相油泥（页）岩、潟湖或湖湾相油页岩和前三角洲相油泥岩。由于陆相湖盆古地形凹凸不平，沉积微环境多变，造成富有机质泥页岩横向快速相变。

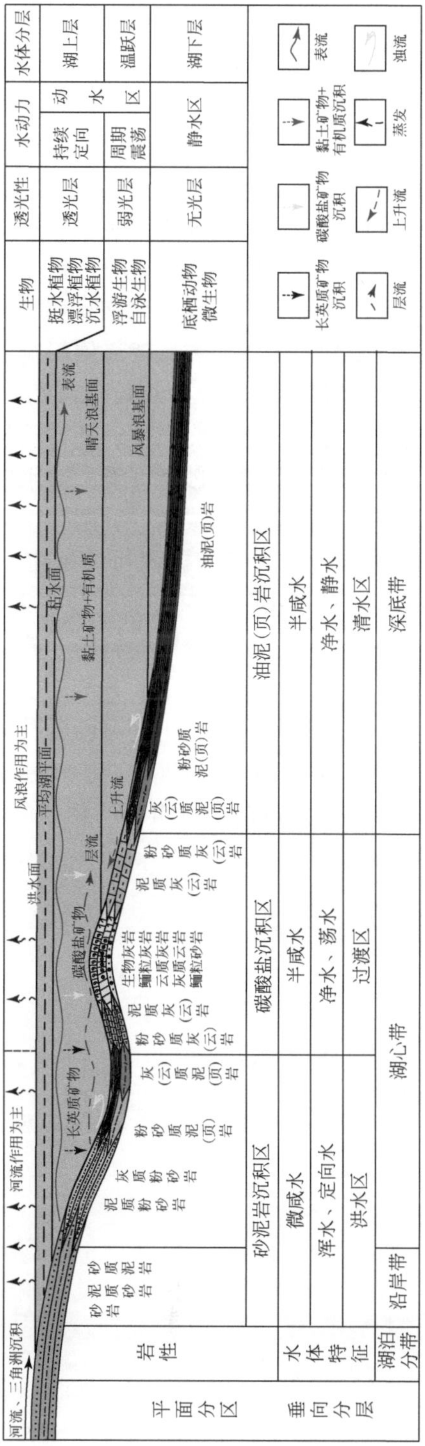

生物	透光性	水动力	水体分层
挺水植物 漂浮植物 沉水植物	透光层	持续定向	湖上层
浮游生物 自泳生物	弱光层	周期震荡	温跃层
底栖动物 微生物	无光层	静水区	湖下层

（动水区）

图例：
- ↗ 表流
- ↘ 油流
- ↑ 碳酸盐矿物沉积
- ↓ 黏土矿物+有机质沉积
- ↘ 蒸发
- ↑ 长英质矿物沉积
- ↗ 层流
- ↖ 上升流

河流-三角洲沉积　　河流作用为主　　风浪作用为主

表流　晴天浪基面　风暴浪基面
湖水面　洪水面　平均湖平面　层流　上升流

油泥（页）岩

长英质矿物　碳酸盐矿物　黏土矿物+有机质

岩性：砂泥质砂岩、泥质砂岩、砂质泥岩 / 灰质粉砂岩、泥质粉砂岩 / 生物灰岩、鲕粒灰岩、云质灰岩、灰质云岩、鲕粒云岩 / 粉砂质（云）质泥（页）岩、灰（云）质粉砂岩、（云）质泥（页）岩 / 油泥（页）岩

湖泊分带		岩性	水体特征	
平面分区	砂泥岩沉积区	碳酸盐沉积区	油泥（页）岩沉积区	
水体特征	微咸水 浑水-定向水 洪水区	半咸水 净水-荡水 过渡区	半咸水 净水-静水 清水区	
垂向分层	沿岸带	湖心带	深底带	

图3-14　苏北盆地阜二段泥页岩综合沉积模式

3.6 小 结

本章以苏北盆地阜二段为例，从沉积环境要素、沉积环境演化、沉积分区、沉积模式等方面对湖湘泥页岩沉积环境研究展开论述。研究表明，该区域为中南亚热带干热气候沉积，后期变湿润；水体盐度为半咸水，在 $E_1f_2^2$ 盐度最大，后期盐度降低；水介质为还原–强还原，后期还原性降低；整体为水进背景，后期水体略有下降；水体分层中等，在 $E_1f_2^2$ 分层最强，后期减弱。在 $E_1f_2^2$ 页岩中保存的鲍科和鲱科鱼化石表明阜二段受到淡水注入和短暂海侵影响。该层段具有沉积分区特征，包含浑水区浑水淡化沉积、过渡区净水咸化沉积和清水区静水咸化沉积。浑水区长期受陆源碎屑物质影响，水体突出特点是持续性动水、浑浊、微咸水、分层弱、呈弱还原性，主要沉积灰绿色砂泥岩类；清水区基本不受陆源碎屑物质影响，水体突出特点是安静、清澈、半咸水、分层强、呈强还原性，主要沉积灰黑色油（泥）页岩；过渡区位于上述两者的过渡地带，水体突出特点是周期性震荡、相对干净、半咸水、分层中等、呈还原性，主要沉积灰色碳酸盐类。在古地貌背景下，结合湖泊垂向分层、平面分区的特征，建立了"气候控制、海侵影响、垂向分层和平面分区"的平缓台地型泥页岩综合沉积模式。受气候、地形、水动力、沉积物机械分异与化学分异以及生物习性的共同影响，富有机质泥页岩形成于干热气候与湿润气候转换期或湿润气候期，沉积于静水、半咸水、强还原和水体分层的水介质条件中，分布在远离粗碎屑物质的浑水区末端–清水区范围内，富集于古地形低洼部位。

第4章 湖相泥页岩岩相类型、特征
及成因研究

泥页岩细粒、成分复杂且微观构造多样，导致其岩相分类缺乏统一的分类标准和认识。目前应用比较广泛的是基于主要矿物成分的泥页岩分类方法（Spears，1980；James and Bo，2007），以碳酸盐矿物、长英质矿物和黏土矿物为三单元的图解法，内部细分命名采用三级命名原则。本章通过大量的文献调研和实验观察研究，把有机质含量纳入泥页岩分类依据中，采用"四组分三端元"分类方法，同时考虑宏观构造，容纳传统岩石术语，并合理简化。在此基础上，总结了阜二段和沙三下亚段–沙四上亚段中主要的泥页岩岩相特征，并重点探讨了富有机质泥页岩成因。

4.1 泥页岩岩相划分

本着科学性和实用性的原则，本次采用宏观构造和岩石类型相结合的方法进行泥页岩岩相划分，其中岩石类型的命名按照"四组分三端元"的原则。四组分指灰（云）质矿物组分、黏土矿物组分、粉砂质（长英质）矿物组分和有机质组分，由全岩矿物分析和有机碳分析得到；三端元为灰（云）质、黏土质和粉砂质（长英质）。划分方案通过以下具体操作步骤实施。

4.1.1 宏观构造类型

通过岩心观察和显微镜鉴定确定层理的厚度，划分泥页岩的宏观构造类型（表4-1）。纹层间距大于50cm者为块状，纹层间距为10～50cm者为层状，纹层间距为1～10cm者为薄层状，纹层间距为1mm～1cm者为纹层状，纹层间距小于1mm者为页状（赵澄林和朱筱敏，2000）。

表4-1 宏观构造划分依据表

纹层间距	<1mm	1mm～1cm	1～10cm	10～50cm	>50cm
宏观构造名称	页状	纹层状	薄层状	层状	块状

4.1.2 岩石组分

1. 有机质组分确定

（1）通过干酪根分析确定泥页岩中有机质的类型，分为腐泥型和腐殖型两类。

（2）通过有机碳分析确定泥页岩的总有机碳（total organic carbon，TOC）含量，利用总有机碳含量、转换系数、有机质密度和岩石密度，得到有机质组分体积分数，具体操作方法根据式（4-1）：

$$V_o = W_o \times K \times \rho_m / \rho_o \tag{4-1}$$

式中，V_o 为有机质体积分数；W_o 为总有机碳含量；K 为有机质转化系数（蒋有录和查明，2006），即将有机碳含量转换为有机质丰度的系数，取值介于 1.1 ~ 1.5，根据泥页岩中有机质类型和成岩演化阶段确定（表 4-2）；ρ_m 为泥页岩密度，一般取 2.5g/cm³；ρ_o 为有机质密度，一般取 1.0g/cm³。

表 4-2 有机质转化系数 K 表（蒋有录和查明，2006）

演化阶段	干酪根类型			煤
	I	II	III	
成岩阶段	1.25	1.34	1.48	1.57
深成阶段末期	1.2	1.19	1.18	1.12

将有机碳分析得到的总有机含量代入式（4-1），可得到有机质体积分数。

2. 无机矿物组分确定

通过镜下薄片鉴定和全岩矿物分析确定泥页岩的矿物组成，得到灰（云）质矿物组分、粉砂质（长英质）矿物组分和黏土矿物组分的体积分数。

4.1.3 岩石类型

1. 泥页岩大类划分

国内对抚顺、茂名、羌塘等地区油页岩中有机质含量的研究表明，油页岩有机质含量在 15% 以上（秦匡宗，1982；曾胜强等，2014），同时统计苏北盆地阜二段有机质体积分数分布发现，以 15% 为界可以分成两类泥页岩（图 4-1）。据此划分泥页岩大类，超过 15% 者为富有机质泥页岩大类，反之为贫有机质泥页岩大类（图 4-2）。

2. 泥页岩小类划分

富有机质泥页岩大类中根据有机质类型划分小类，以腐泥型为主的称为油泥页岩；而以腐殖型为主的则称为炭泥页岩。

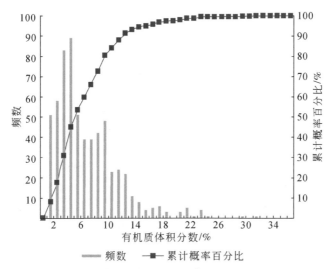

图 4-1　阜二段有机质体积分布频率直方图

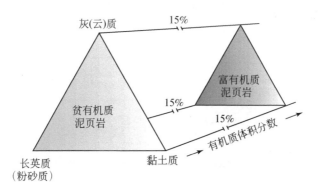

图 4-2　泥页岩大类划分示意图

贫有机质泥页岩大类中，取灰（云）质矿物组分、粉砂质（长英质）矿物组分和黏土矿物组分为三端元的三角图中心处，结合粒径分析，划分为灰（云）岩区、粉砂岩区和黏土岩区等三个区（图 4-3，表 4-3）。

每个区中采用三级命名的方法划分贫有机质泥页岩的小类。三级命名指三端元中相对含量最多的定为主名；相对含量为 25%～50% 的定为 "××质"，并写在主名之前；相对含量为 10%～25% 的定为 "含××"，并写在最前面；相对含量小于 10% 的不参与命名（图 4-4，表 4-3）。

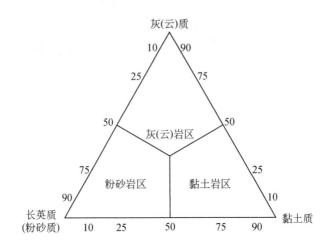

图 4-3　贫有机质泥页岩分区（单位:%）

薄片和粒度分析表明泥页岩中粉砂几乎全是长英质矿物，而绝大部分的长英质矿物处于粉砂级

表 4-3　泥页岩分区和小类划分表

区	小类	灰云质矿物含量/%	粉砂质（长英质）矿物含量/%	黏土矿物含量/%	相对含量
灰云质区	灰（云）岩	80~100	0~10	0~10	灰（云）质>粉砂质，灰（云）质>黏土质
	含粉砂灰（云）岩	65~90	10~25	0~10	灰（云）质>粉砂质>黏土质
	含黏土含粉砂灰（云）岩	50~80	10~25	10~25	灰（云）质>粉砂质>黏土质
	含黏土灰（云）岩	65~90	0~10	10~25	灰（云）质>黏土质>粉砂质
	含粉砂含黏土灰（云）岩	50~80	10~25	10~25	灰（云）质>黏土质>粉砂质
	粉砂质灰（云）岩	45~75	25~50	0~10	灰（云）质>粉砂质>黏土质
	含黏土粉砂质灰（云）岩	37.5~65	25~45	10~25	灰（云）质>粉砂质>黏土质
	黏土质粉砂质灰（云）岩	33.33~50	25~37.5	25~33.33	灰（云）质>粉砂质>黏土质

区	小类	灰云质矿物含量/%	粉砂质（长英质）矿物含量/%	黏土矿物含量/%	相对含量
灰云质区	黏土质灰（云）岩	45～75	0～10	25～50	灰（云）质>黏土质>粉砂质
	含粉砂黏土质灰（云）岩	37.5～65	10～25	25～45	灰（云）质>黏土质>粉砂质
	粉砂质黏土质灰（云）岩	33.33～50	25～33.33	25～37.5	灰（云）质>黏土质>粉砂质
粉砂质区	粉砂岩	0～10	80～100	0～10	粉砂质>灰（云）质，粉砂质>黏土质
	含黏土粉砂岩	0～10	65～90	10～25	粉砂质>黏土质>灰（云）质
	含灰（云）含黏土粉砂岩	10～25	50～80	10～25	粉砂质>黏土质>灰（云）质
	含灰（云）粉砂岩	10～25	65～90	0～10	粉砂质>灰（云）质>黏土质
	含黏土含灰（云）粉砂岩	10～25	50～80	10～25	粉砂质>灰（云）质>黏土质
	黏土质粉砂岩	0～10	45～75	25～50	粉砂质>黏土质>灰（云）质
	含灰（云）黏土质粉砂岩	10～25	37.5～65	25～45	粉砂质>黏土质>灰（云）质
	灰（云）质黏土质粉砂岩	25～33.33	33.33～50	25～37.5	粉砂质>黏土质>灰（云）质
	灰（云）质粉砂岩	25～50	45～75	0～10	粉砂质>灰（云）质>黏土质
	含黏土灰（云）质粉砂岩	25～45	37.5～65	10～25	粉砂质>灰（云）质>黏土质
	黏土质灰（云）质粉砂岩	25～37.5	33.33～50	25～33.33	粉砂质>灰（云）质>黏土质

区	小类	灰云质矿物含量/%	粉砂质（长英质）矿物含量/%	黏土矿物含量/%	相对含量
黏土质区	黏土岩	0～10	0～10	80～100	黏土质>灰（云）质，黏土质>粉砂质
	含粉砂黏土岩	0～10	10～25	65～90	黏土质>粉砂质>灰（云）质
	含灰（云）含粉砂黏土岩	10～25	10～25	50～80	黏土质>粉砂质>灰（云）质
	含灰（云）黏土岩	10～25	0～10	65～90	黏土质>灰（云）质>粉砂质
	含粉砂含灰（云）黏土岩	10～25	10～25	50～80	黏土质>灰（云）质>粉砂质
	粉砂质黏土岩	0～10	25～50	45～75	黏土质>粉砂质>灰（云）质
	含灰（云）粉砂质黏土岩	10～25	25～45	37.5～65	黏土质>粉砂质>灰（云）质
	灰（云）质粉砂质黏土岩	25～33.33	25～37.5	33.33～50	黏土质>粉砂质>灰（云）质
	灰（云）质黏土岩	25～50	0～10	45～75	黏土质>灰（云）质>粉砂质
黏土质区	含粉砂灰（云）质黏土岩	25～45	10～25	37.5～65	黏土质>灰（云）质>粉砂质
	粉砂质灰（云）质黏土岩	25～37.5	25～33.33	33.33～50	黏土质>灰（云）质>粉砂质

　　灰（云）岩区中小类的主名根据灰质和云质的相对多少确定，如方解石含量大于白云石含量，则主名为灰岩，否则主名为云岩（图4-5）。

4.1.4　岩相命名

　　采用岩心宏观构造和岩石类型相结合的方法命名泥页岩。考虑实用性原则，解决名字冗长的问题，保留经典常用的名称，对命名进行简化处理。

　　在富有机质泥页岩大类中，油泥页岩的宏观构造若为纹层状或页状，则定名为油页岩，其他宏观构造则定为油泥岩，而炭泥页岩的宏观构造若为纹层状或页

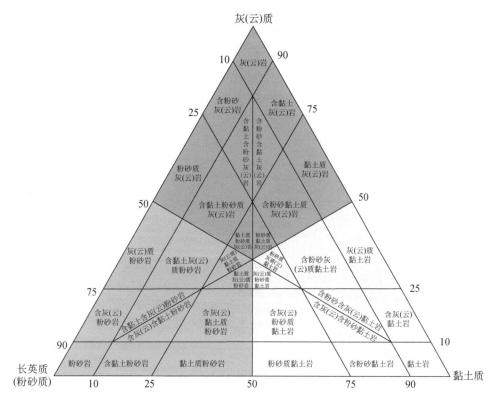

图 4-4　贫有机质泥页岩小类划分方案（单位：%）

状，则定名为炭（质）页岩，其他宏观构造则定为炭（质）泥岩。

　　贫有机质泥页岩大类中，三级名称的同一级别中只保留含量相对较多的组分，如纹层状粉砂质灰质黏土岩简化为纹层状灰质黏土岩。该简化步骤也可在泥页岩小类划分之后实施（图 4-5）。

4.2　泥页岩岩相类型

　　阜二段和沙四上亚段–沙三下亚段泥页岩有机质体积分数为 0～40%，因而发育富有机质泥页岩和贫有机质泥页岩两大类。由于有机质类型主要为腐泥型，富有机质泥页岩大类中主要发育油泥页岩小类。贫有机质泥页岩大类中采用“四组分三端元”和“三级命名”之后，发育灰（云）岩、粉砂岩和黏土岩三个系列，各系列中的具体岩石类型如图 4-4 所示。最后考虑到实用性、突出优势组分和保留传统名称而作简化后，将阜二段和沙三下亚段–沙四上亚段岩相划分为油

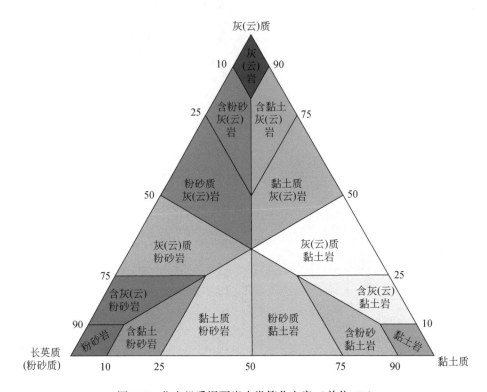

图 4-5 贫有机质泥页岩小类简化方案（单位:%）

泥（页）岩、页状灰（云）质黏土岩、纹层状黏土质灰（云）岩、薄层状粉砂质黏土岩和层状黏土质粉砂岩等 17 种类型（表 4-4）。各岩相具体岩性特征详细论述如下。

表 4-4 阜二段和沙三下亚段-沙四上亚段主要岩相类型

序号	岩相名称	宏观构造	有机质含量/%	粉砂（长英质矿物）含量/%	黏土矿物含量/%	灰（云）质矿物含量/%
1	油泥（页）岩	纹层状、页状	>15	0~100	0~100	0~100
2	页状黏土质灰（云）岩	页状	<15	0~33.33，<黏土质	25~50	33.33~75，>黏土质
3	页状灰（云）质黏土岩	页状	<15	0~33.33，<灰（云）质	33.33~75，>灰（云）质	25~50，云质>灰质
4	页状粉砂质黏土岩	页状	<15	25~50	33.33~75，>粉砂质	0~33.33，<粉砂质

续表

序号	岩相名称	宏观构造	有机质含量/%	粉砂（长英质矿物）含量/%	黏土矿物含量/%	灰（云）质矿物含量/%
5	纹层状黏土质灰（云）岩	纹层状	<15	0～33.33，<黏土质	25～50	33.33～75，>黏土质
6	纹层状灰（云）质黏土岩	纹层状	<15	0～33.33，<灰（云）质	33.33～75，>灰（云）质	25～50，云质>灰质
7	纹层状粉砂质黏土岩	纹层状	<15	25～50	33.33～75，>粉砂质	0～33.33，<粉砂质
8	薄层状灰（云）质黏土岩	薄层状	<15	0～33.33，<灰（云）质	33.33～75，>灰（云）质	25～50，云质>灰质
9	薄层状粉砂质黏土岩	薄层状	<15	25～50	33.33～75，>粉砂质	0～33.33，<粉砂质
10	薄层状粉砂质灰（云）岩	薄层状	<15	25～50	0～33.33，<粉砂质	33.33～75，>粉砂质
11	薄层状黏土质灰（云）岩	薄层状	<15	0～33.33，<黏土质	25～50	33.33～75，>黏土质
12	薄层状黏土质粉砂岩	薄层状	<15	33.33～75，>黏土质	25～50	0～33.33，<黏土质
13	层状灰（云）质黏土岩	层状	<15	0～33.33，<灰（云）质	33.33～75，>灰（云）质	25～50，云质>灰质
14	层状粉砂质黏土岩	层状	<15	25～50	33.33～75，>粉砂质	0～33.33，<粉砂质
15	层状黏土质粉砂岩	层状	<15	33.33～75，>黏土质	25～50	0～33.33，<黏土质
16	层状粉砂质灰（云）岩	层状	<15	25～50	0～33.33，<粉砂质	33.33～75，>粉砂质
17	层状黏土质灰（云）岩	层状	<15	0～33.33，<黏土质	25～50	33.33～75，>黏土质

1. 薄层状、层状黏土质粉砂岩

该类岩相中粉砂含量大于33.33%且大于黏土矿物含量，黏土矿物含量25%～50%，灰（云）质矿物含量0～33.33%且小于黏土矿物含量。岩石粉砂含量高，微观层理样式为块状和定向［图4-6（a）、（b）］。

2. 薄层状、层状粉砂质灰（云）岩

该类岩相中粉砂含量为25%～50%，黏土矿物含量为0～33.33%且小于粉

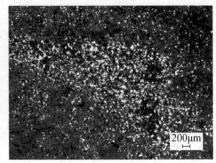

(a)罗69井(3138.55m)　　　　　　　　　　(b)王26井(1796.4m)

图4-6　薄层状、层状黏土质粉砂岩特征

砂含量，灰（云）质矿物含量大于 33.33% 且大于粉砂含量。岩石粉砂和灰（云）质矿物含量都很高，颜色普遍较浅，其微观层理样式为块状和定向［图4-7（a）、（b）］。

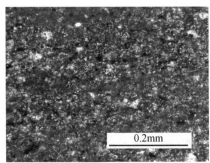

(a)罗69井(2922.50m)　　　　　　　　　　(b)牛页1井(3380.60m)

图4-7　薄层状、层状粉砂质灰（云）岩特征

3. 薄层状、层状黏土质灰（云）岩

该类岩相粉砂含量为 0～33.33% 且小于黏土矿物含量，黏土矿物含量为 25%～50%，灰（云）质矿物含量大于 33.33% 且大于黏土矿物含量。岩石颜色较浅，有机质含量较低，薄片中主要为块状和定向构造［图4-8（a）、（b）］。

4. 纹层状、页状黏土质灰（云）岩

该类岩相粉砂质含量为 0～33.33% 且小于黏土矿物含量，黏土矿物含量为 25%～50%，灰（云）质矿物含量大于 33.33% 且大于黏土矿物含量。该类岩相颜色一般较深，由富有机质暗色纹层与富碳酸盐浅色纹层交替组成，故岩石微观层理样式为纹层［图4-9（a）、（b）］。

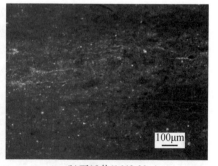

(a)罗69井(2911.10m)　　　　　　　(b)王18井(1643.00m)

图 4-8　薄层状、层状黏土质灰（云）岩特征

(a)罗69井(3038.20m)　　　　　　　(b)牛页1井(3383.83m)

图 4-9　纹层状、页状黏土质灰（云）岩特征

5. 薄层状、层状粉砂质黏土岩

该类岩相中粉砂含量为 25%～50%，黏土矿物含量大于 33.33% 且大于粉砂含量，灰（云）质矿物含量为 0～33.33% 且小于粉砂含量。粉砂含量较高，岩石微观层理样式为块状和定向［图 4-10（a）、（b）］。

(a)罗69井(2919.40m)　　　　　　　(b)王7井(2650.04m)

图 4-10　薄层状、层状粉砂质黏土岩特征

6. 纹层状、页状粉砂质黏土岩

该类岩相中粉砂含量为25% ~ 50%，黏土矿物含量大于33.33%且大于粉砂含量，灰（云）质矿物含量为0 ~ 33.33%且小于粉砂含量。岩石由浅色粉砂质纹层和暗色泥质纹层组成，颜色较深，其微观构造样式为纹层 [图4-11（a）、（b）]。

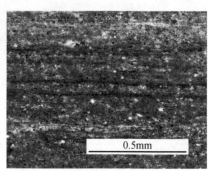

(a)牛页1井(3371.21m)   (b)牛页1井(3370.63m)

图4-11 纹层状、页状粉砂质黏土岩特征

7. 薄层状、层状灰（云）质黏土岩

该类岩相中粉砂含量为0 ~ 33.33%，且少于灰（云）质矿物含量，黏土矿物大于33.33%且大于灰（云）质矿物含量，灰（云）质矿物含量为25% ~ 50%。碳酸盐含量较高，岩石微观层理样式为块状和定向 [图4-12（a）、（b）]。

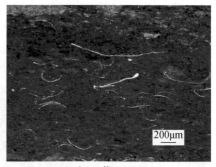

(a)罗69井(2941.27m)   (b)官110井(2447.4m)

图4-12 薄层状、层状灰（云）质黏土岩特征

8. 纹层状、页状灰（云）质黏土岩

该类岩相中粉砂含量为0 ~ 33.33%，且少于灰（云）质矿物含量，黏土矿物大于33.33%且大于灰（云）质矿物含量，灰（云）质矿物含量为25% ~

50%。岩石颜色普遍较深，富有机质暗色层与富碳酸盐浅色层交替发育，故微观层理样式为纹层 [图 4-13（a）、（b）]。

(a)牛页1井(3375.05m)　　　　　　　　(b)牛页1井(3374.99m)

图 4-13　纹层状、页状灰（云）质黏土岩特征

9. 油泥（页）岩

该岩相中有机质丰富，总有机碳含量为 4.03% ~ 12.8%，平均值 6.41，转化为体积后有机质体积分数大于 15%，粉砂、黏土矿物和灰（云）质矿物含量变化大，但在通常情况下灰（云）质矿物含量最大，约占 50%，粉砂含量为 0 ~ 33.33%，且略大于黏土矿物。由于富含有机质，该岩相颜色普遍较深，微观层理样式为纹层或定向，并往往发育纤维状方解石脉体 [图 4-14（a）、（b）]。

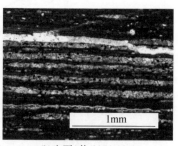

(a)樊页1井(3170.13m)　　　　　　　　(b)牛页1井(3374.46m)

图 4-14　油泥（页）岩特征

4.3　泥页岩岩相沉积成因

泥页岩中各组分成因复杂，既存在单一因素控制形成的，又具有多种因素共同影响产生的。其中，粉砂和黏土矿物主要为机械沉积成因，后期受到成岩作用改造；碳酸盐矿物中的方解石和白云石主要为同生或准同生的化学沉积成因，而

铁方解石和铁白云石为成岩过程中形成；有机质为生物成因，以盆内浮游生物来源为主，其次为河流和三角洲带来的，与生物作用相关的还有胶磷矿以及钙质或硅质微体化石等；黄铁矿、菱铁矿、方铅矿、闪锌矿、石膏和重晶石等矿物成因更为多样，并且多种成因可以出现在同一块泥页岩样品中；在岩浆活跃的构造部位还发育方沸石等热液成因的矿物（图4-15）。由于阜二段和沙四上亚段成岩作用相对较弱，混积是泥页岩的主要成因。

图 4-15　泥页岩组成及其成因示意图

4.3.1　岩石组构特征

在岩石宏观构造上，单层厚度跨越微米级到米级，且垂向变化大。在岩石结构上，泥页岩中碎屑颗粒并非无规律地混杂在一起，而是普遍具有平行于层面排列的特征，表现为纹层、定向和块状三种微观层理类型（图4-16）。具体来讲，纹层微观层理表现为黏土质纹层、钙质纹层或富有机质纹层细密互层，纹层界面清晰、平直且连续性好；定向微观层理通过黏土质、炭质、有机质、生物碎屑或陆源碎屑等顺层定向排列或呈条带状分布显现，纹层界面断续或不明显；块状微观层理表现为各组分均匀分布或不明显定向排列。在岩石组分上，泥页岩具有细粒和混积的典型特征，以细粒的长英质矿物（粉砂或极细粉砂）、黏土矿物、碳酸盐矿物和有机质为主。将 X 衍射全岩数据投入三角图（图4-17）中发现五个特点：①矿物组分以灰（云）质为轴线，粉砂（长英质矿物）和黏土矿物含量大致相当并且对称分布于轴线两端；②矿物组分分布于粉砂岩区、黏土岩区和灰（云）岩区，集中于三角图的中部，三种组分各约占三分之一；③灰（云）质矿物组分含量变化是主线，是泥页岩岩性变化的主导因素；④存在粉砂质-灰（云）质、粉砂质-黏土质和黏土质-灰（云）质构成的三个岩性序列；⑤泥页岩中黏土矿物或灰（云）质矿物可以不存在，但至少含有10%的长英质矿物，纯黏土岩很少。

微观层理类型	纹层	定向	块状
层理显示	泥质纹层、钙质纹层或富有机质纹层互层显示；层理界面平直，清晰，连续性好	泥质、炭质、有机质、生物碎屑或陆源碎屑等顺层定向排列或呈条带状分布；层理界面断续或不明显	均匀分布或不明显定向排列
层理连续性	连续	断续	无
	连续纹层型	断续定向型	均匀分布型

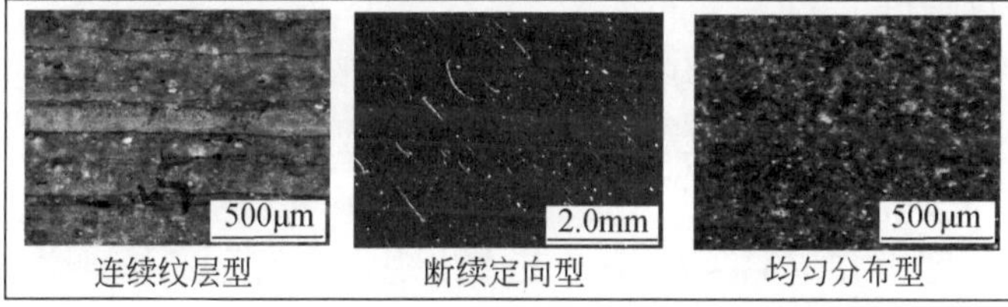

图 4-16　泥页岩微观层理样式

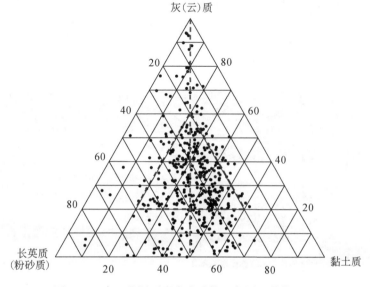

图 4-17　阜二段泥页岩全岩矿物三角图（单位:%）

4.3.2　宏观构造沉积成因

泥页岩中岩性多样，其单层厚度介于微米级-米级，因而宏观构造从块状到页状均发育。泥页岩中层理界面主要由岩性变化或岩石组构变化显示，归根结底是沉积环境变化导致的。块状、层状宏观构造中岩石组分分布均匀（图4-16），反映了泥页岩沉积时沉积速率相对较高，或沉积环境长时间稳定，因而在浅水和水深环境中都存在块状或层状构造。纹层状和页状构造中岩石组分呈连续或断续的纹层分布并重复出现（图4-16），反映了沉积环境频繁的周期性出现，受多种沉积机制轮番控制，其沉积速率低但持续时间长，反映了较深水的环境。薄层状构造的沉积环境及变化介于上述两类之间，微观层理样式多表现为定向（图4-16），反映了较浅水的环境。泥页岩中宏观构造的界面主要为突变界面，表明岩石组分沉积受环境变化敏感，是沉积环境快速变化的响应。因此，在同一种岩相中，随着水深增加，单层厚度降低，宏观构造具有块状、层状→薄层状→纹层状、页状的变化趋势。

湖相泥页岩最典型的宏观构造为页状，其内部纹层类型主要有三种：①由粉砂和黏土矿物构成的富碎屑纹层；②由有机质构成的富有机质纹层；③由碳酸盐矿物构成的富碳酸盐纹层。页状构造中纹层组合多样，包括一分型、二分型、三分型和四分型［图4-18（a）~（d）］，其中出现最多的是三分型纹层组合，即富碎屑纹层-富有机质纹层-富碳酸盐纹层，而最完整的是四分型纹层组合，即富碎屑纹层-富有机质纹层-富碳酸盐纹层-富有机质纹层，其中富碳酸盐纹层可以进一步细分为下部亮晶碳酸盐纹层和上部泥晶碳酸盐纹层。三分型、二分型和一分型纹层组合可以看作四分型纹层组合缺失的样式。页状构造中纹层单层厚度小于1mm，是受季节交替控制的沉积环境变化形成的，反映了机械沉积、生物沉积和（生物）化学沉积交替发生，是典型的年纹层组合。

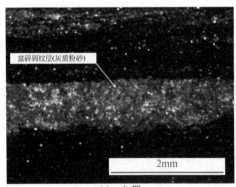

富碎屑纹层(灰质粉砂)

2mm

(a)一分型

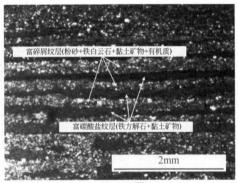

富碎屑纹层(粉砂+铁白云石+黏土矿物+有机质)

富碳酸盐纹层(铁方解石+黏土矿物)

2mm

(b)二分型

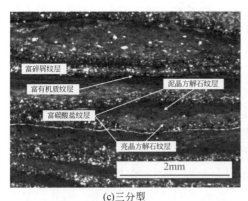

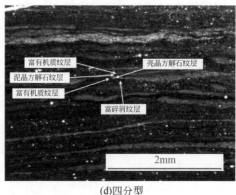

(c)三分型　　　　　　　　　　　　　　(d)四分型

图 4-18　泥页岩纹层组合类型

以四分型纹层组合为例，具体分析其成因。根据纹层中含有陆源碎屑、有机质和碳酸盐矿物，说明其形成的部位可发生机械沉积、生物沉积和（生物）化学沉积，水动力和物源影响相对较弱，适合生物或碳酸盐沉积。由此认为页状构造主要形成于斜坡带上过渡区和清水区中。借鉴温带或中南亚热带季风气候，冬春季节寒冷干燥，而夏秋季节炎热多雨，湖泊水体在冬季和夏季分层。总体上来讲，冬春季节湖平面低，生物产率低，沉积物以陆源碎屑为主，发育富碎屑纹层；在春季由于气温升高、降水增多，湖平面上升，分层水体发生垂向交换、混合，加之物源供给的淡水、碎屑和无机盐等，有利于硅藻、沟鞭藻等藻类生长（刘传联等，2001），特别是在春末夏初，藻类勃发、死亡并沉积，形成富有机质纹层。夏秋季节气温高、降水充足，生物繁盛，由（生物）化学和生物沉积作用而形成富碳酸盐纹层，同时水体分层造成有机质难以沉淀而被大量分解，故有机质相对不发育。在秋季气温开始降低、降水减少，盐度增加，分层水体再次开始混合，有利于颗石藻等藻类生长，有机质和黏土增多，特别是在秋末冬初，藻类再次勃发、死亡并沉积，形成富有机质纹层。页状构造的四分型纹层组合并不总是完整发育，不同部位沉积环境类型、持续时间和混合程度不同，纹层组合类型、纹层单层厚度、连续性等都会发生变化，以至演变为纹层状、薄层状、层状和块状。

4.3.3　岩石组分沉积成因

1. 岩石组分沉积机制

泥页岩中粉砂（长英质矿物）、黏土矿物和碳酸盐矿物具有各自的成因机制。由于泥页岩中粉砂通常处于微米级别，自身重力大于水体黏滞阻力，能够从牵引流或重力流介质中直接机械沉降并富集，通常呈纹层或密集分散状。更为细小的长英质矿物（极细粉砂－黏土级别），由于粒径小，具有较大的比表面积，吸附作用强，能够吸附黏土矿物或有机质一起沉降，但在湖相泥页岩中总含量较少，通常小于10%。因此，粉砂的沉积主要为机械沉降［图4-19（a）］。

黏土矿物粒径小，表面粗糙，具有很大的比表面积，能够吸附介质中的阴离子而使得表面带电，表现为相互排斥，因而黏土矿物通常可以在水体中呈胶体形式稳定存在，被表流或层流搬运到很远的距离。然而，当水体介质改变，如外部离子注入、自身离子浓度浓缩或稀释，黏土矿物表面的电磁场被改变，而相互吸引凝聚成大的颗粒，直到能够克服水体浮力和黏滞阻力，实现胶体沉降。此外，黏土矿物在重力流介质中克服水体扰动，与砂砾一同快速沉积下来。因此，黏土矿物主要通过胶体絮凝作用沉积［图4-19（b）］。

有机质是泥页岩中普遍存在但又特殊的组分，成因多样。有机质来源分为盆外来源和盆内来源，而盆内浮游生物来源对泥页岩油更具贡献。盆内多样的生物种类均可以提供有机质，但大部分被破坏而未保存下来。有机质在水体中主要呈溶解态和颗粒态，由于颗粒细小和形貌不规则，吸引作用促使有机质凝聚或吸附于黏土矿物或粉砂表面沉降。由于浮游微生物生长和黏土矿物沉降均倾向于水动力弱的环境，有机质与黏土矿物具有类似的表面物理化学性质，两者通常络合在一起沉积。营固着生活的微生物，在经历了生长、勃发并死亡后，可以形成藻席，并保留下来形成纹层。水体中较大的生物个体，如鱼类、双壳类、腹足类等，死亡后可以直接沉降。因此，有机质的沉积是生物或生物化学、化学和机械沉降共同作用的结果［图4-19（c）］。

泥页岩中碳酸盐矿物类型多样，其成因机制也有多种。当气候干旱，水体浓缩达到碳酸盐饱和度时，微晶方解石晶体可以从水体中析出，然后逐渐长大，沉淀到沉积物表面，或吸附到碎屑颗粒表面一同沉降。微生物既能通过生物化学作用造成碳酸盐饱和、沉淀，也可以捕捉、黏结微晶方解石形成纹层，同时钙质微生物的骨骼本身就是碳酸盐成分，甚至能够富集成化石纹层，如颗石藻。泥页岩中偶尔会出现磨圆较好的碳酸盐砾石或泥砾，可能是碳酸盐物源供给、重力流水道冲刷或风暴作用形成。因此，碳酸盐矿物主要通过化学沉淀和生物化学沉淀［图4-19（d）］。

2. 岩石组分沉积环境指示意义

岩石是沉积环境最主要的产物，且岩石是矿物的集合体，因此矿物的组构及相互关系不仅能够反映岩石成因，而且可以指示沉积环境意义。泥页岩中的粉砂主要由河流带来，沉积于浑水区和过渡区中，其沉积过程依靠自身重力克服水体黏滞阻力，实现单颗粒机械沉降。由表流、层流或风搬运的细粉砂、极细粉砂，

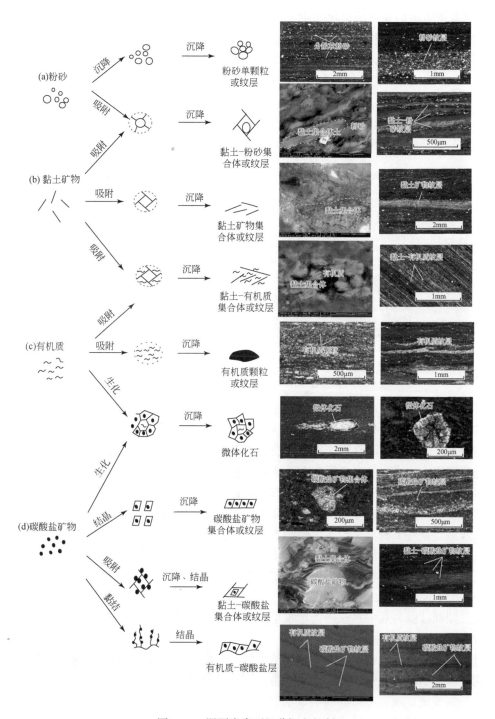

图 4-19 泥页岩岩石组分沉积机制

甚至黏土级别的长英质矿物，主要沉积于水动力弱的清水区，总含量较低，其沉积机制仍然以单颗粒机械沉降为主，呈稀疏分散状。因此，泥页岩中的粉砂单元能够指示物源供给强度和水动力强弱，还能够反映距离岸线的远近或水深变化（图4-20）。

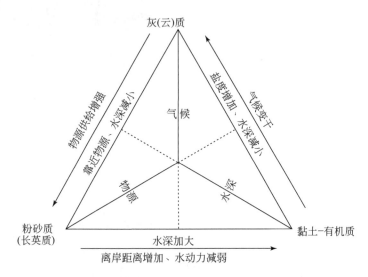

图 4-20　泥页岩岩石组分沉积环境指示意义

泥页岩中黏土矿物大部分是河流注入，少部分是盆内自身沉淀或岩石自生。黏土矿物在盆地内普遍发育，浑水区、过渡区和清水区均存在，但更倾向于沉积在静水环境中，而浑水区末端、过渡区低洼部位和清水区的水动力弱，故黏土矿物更富集。气候条件也会影响黏土矿物含量，湿润气候有助于化学风化，提供更多的黏土矿物等细碎屑物质，并且湖水深而有利于黏土沉积；干旱气候有助于物理风化，提供更多的砂砾等粗碎屑物质，并且湖水浅而有利于砂砾沉积。此外，气候湿润条件下淡水补给多，湖泊水体淡化；而干旱气候条件下，湖泊收缩，湖水咸化。由于盆内浮游生物生长环境、死亡后保存环境和气候条件与黏土矿物沉积环境接近，故湖相泥页岩中黏土矿物和有机质紧密共生，通常将两者作为黏土-有机质单元考虑。因此，泥页岩中黏土-有机质单元能够指示水动力强弱、气候类型和盐度，其中水深是指示水动力强弱的良好指标，而水深变化能够反映盐度变化（图4-20）。

泥页岩中碳酸盐矿物主要是泥晶方解石和白云石，多数形成于同生或准同生期，以化学沉积或生物化学沉积为主，因而其形成需要较高的盐度，加之碳酸盐沉积需要清、浅、暖、动和半咸水的水介质条件，故碳酸盐主要沉积于过渡区和清水区，特别是过渡区内古地形相对高的部位富集碳酸盐。气候条件引起的淡水补给与蒸发是湖泊水体盐度变化的主因。气候干旱导致水体蒸发浓缩而盐度变大，有利于碳酸盐沉积，而气候湿润导致淡水补给而盐度降低，不利于碳酸盐沉积。因此，泥页岩中灰（云）质单元是指示水体盐度的有利指标，能够反映气候变化（图4-20）。

由粉砂、黏土矿物和有机质以及灰（云）质矿物构成的粉砂质-灰（云）质、粉砂质-黏土质、有机质和黏土质、有机质-灰（云）质三个序列，具有明显的沉积环境变化的指示作用（图4-20）。粉砂质-灰（云）质序列主要代表了机械沉积和（生物）化学沉积的混合程度，反映了物源供给强弱；粉砂含量越高，距离物源越近，物源供给越强，机械沉积占的比例越高，反之化学沉积增多。粉砂质-黏土质-有机质序列主要代表了机械分异的程度或机械沉积与胶体沉积、生物沉积的混合程度，反映了水动力强弱，能够指示水深变化或离岸距离；黏土矿物、有机质含量越高，机械分异越彻底，水体相对更深。黏土质、有机质-灰（云）质序列主要代表了胶体沉积或生物沉积与（生物）化学沉积的混合程度，反映了水体盐度大小，能够指示气候变化和水深变化；灰（云）质含量越高，（生物）化学沉积占的比例越高，水体变浅，盐度越大，气候越干旱。

阜二段和沙三下亚段-沙四上亚段泥页岩岩相中粉砂和黏土矿物含量大致相等，一方面说明陆相湖盆范围有限，机械沉积分异并不充分；而另一方面说明陆相泥页岩中黏土矿物凝聚成粉砂粒级（约 10μm）与粉砂颗粒一同沉降。鉴于此，由于粉砂和黏土矿物主要为陆源供给，且在岩心观察过程中肉眼难以区别黏土矿物、粉砂-黏土级别的长英质矿物而统一认作"泥质"，因而可以将粉砂和黏土矿物当作一个单元，用于指示机械沉积。此时图 4-20 表示的三单元图转化为泥质（粉砂、黏土质）-灰（云）质两单元，用于反映气候变化、陆源碎屑供给的强度、机械沉积和（生物）化学沉积的混合程度以及水体深浅。在此基础上进一步增加有机质单元，构成泥质（粉砂+黏土质）-灰（云）质-有机质三单元，分别指示机械沉积、（生物）化学沉积和生物沉积的混积程度（图 4-21），这种粗化的三角图对基于岩心和岩屑资料确定的岩性类型具有很好的应用性和成因指示意义。

4.3.4　岩相沉积成因及分布

在对矿物特征、矿物沉积成因和宏观构造成因分析的基础上，开展阜二段和沙三下亚段-沙四上亚段主要岩相沉积成因及分布分析。薄层状黏土质粉砂岩、薄层状粉砂质黏土岩和页状粉砂质黏土岩中主要由粉砂和黏土矿物构成，可含碳酸盐矿物，受陆源碎屑输入后机械沉积分异主导，位于浑水区末端。其中，薄层状黏土质粉砂岩和薄层状粉砂质黏土岩处于缓坡带上，大致与前三角洲位置吻

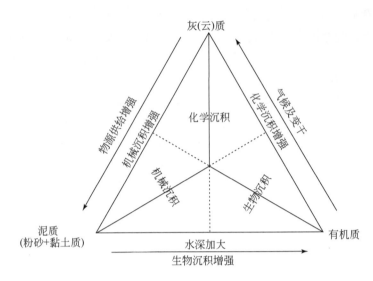

图 4-21　泥页岩岩石组分沉积作用指示意义

合，而页状粉砂质黏土岩位于次洼带内，即突起后的次洼。由于水动力较弱，营养物质丰富，生物繁盛，有机质产率高，加之盆外有机质供给，有利于有机质富集，而达到一定程度时形成油泥（页）岩。薄层状灰（云）质黏土岩、页状灰（云）质黏土岩、薄层状黏土质灰（云）岩和页状黏土质灰（云）岩主要由碳酸盐矿物和黏土矿物构成，受（生物）化学沉积主导，分布于过渡区和清水区。其中，页状灰（云）质黏土岩位于过渡区和清水区内的低洼部位，包括次洼和深洼，大致对应突起后次洼和深湖范围。过渡区和清水区内黏土矿物和无机盐丰富，生物繁盛，有机质产率高，并且低洼部位水动力弱而保存条件好，因此当有机质含量特别高时，页状灰（云）质黏土岩被油页岩替代。薄层状灰（云）质黏土岩、薄层状黏土质灰（云）岩位于过渡区内突起向陆方向与低洼部位（次洼）连接的斜坡上，而薄层状黏土质灰（云）岩、页状黏土质灰（云）岩位于过渡区内突起向湖方向与低洼部位（深洼）连接的斜坡上，大致与浅湖和半深湖范围相同。薄层状粉砂质灰（云）岩主要由粉砂和碳酸盐矿物构成，可含黏土矿物，受机械沉积、生物沉积和（生物）化学沉积多重控制，位于过渡区内突起部位。由于水动力较强，不利于浮游生物生长，但底栖生物繁盛，富集生物碎屑。需要指出的是，从盆地斜坡带到深洼带，地形凹凸不平，存在多个不同级别的局部突起、局部次洼或坡折带，造成泥页岩岩相横向变化快，而富有机质泥页岩并非连片展布。

4.4　小　　结

本章通过引入有机质组分，采用"四组分三端元"的方法确定了泥页岩岩石类型，提出了一种利用岩心宏观构造与岩石类型相结合的岩相划分方案，实现了苏北盆地阜二段和济阳坳陷东营凹陷和沾化凹陷沙四上亚段-沙三下亚段泥页岩岩相划分。泥页岩中主要发育油泥（页）岩和页状灰（云）质黏土岩等 17 种岩相，富有机质泥页岩具有纹层状-页状构造、高有机质含量和（富）含灰（云）质特征。泥页岩沉积机制复杂，为混积成因，其中粉砂主要为单颗粒机械沉降，黏土矿物主要通过胶体絮凝作用沉积，碳酸盐矿物主要通过化学和生物化学沉淀，而有机质沉积是生物或生物化学、化学和机械沉降共同作用的结果。泥页岩岩石组分和宏观构造具有沉积环境和沉积作用强度的指示意义，其中粉砂能够指示物源供给强度和水动力强弱，反映距离岸线的远近或水深变化；黏土矿物-有机质能够指示水动力强弱、气候类型和水体盐度；灰（云）质矿物能够指示水体盐度和气候类型；页状构造中四分型纹层组合是典型的季节性纹层成因。

第5章 湖相泥页岩成岩作用及热模拟实验研究

泥页岩中矿物成分复杂且颗粒细小，对温度、压力及流体的变化反应敏感，同时黏土矿物脱水和有机质生烃使流体活动异常活跃，并且泥页岩储层非均质性强，相应的溶蚀、胶结和交代等成岩作用比砂岩和碳酸盐岩更加复杂。开展泥页岩成岩作用研究，可以更好地掌握成岩过程中储集空间的形成与演化，为泥页岩储层油气资源勘探及有利区域的预测提供依据。

5.1 泥页岩成岩作用

5.1.1 泥页岩成岩作用类型

由于泥页岩中既含有组成砂岩的主要矿物，又含有组成碳酸盐岩的主要矿物，同时还富含黏土矿物和有机质，在温度和压力作用下，黏土矿物和有机质生成的流体与岩石骨架相互作用产生各种成岩作用类型。因此，泥页岩中具有在砂岩中常出现的压实作用、溶蚀作用、胶结作用和交代作用（吴林钢等，2012），在碳酸盐岩中出现的白云石化作用，在黏土岩中出现的黏土矿物脱水收缩转化作用以及独特的有机质热演化作用。

1. 压实作用

沉积物沉积后，随着埋深增加，上覆岩层压力增大，碎屑颗粒粒间孔或矿物晶间孔中的水分不断排出，泥页岩体积减小，并逐渐被压实。压实作用在泥页岩中表现最为普遍，多表现为长条形碎屑颗粒的定向排列、塑性矿物的弯曲变形、脆性矿物的碎裂或压入塑性泥质纹层中，而在碳酸盐矿物含量高的灰质纹层内可见压溶现象（图5-1）。

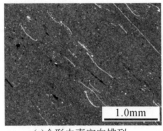 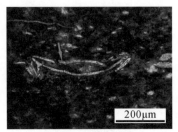 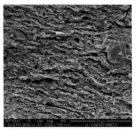

(a)介形虫壳定向排列　　　(b)介形虫壳被压断　　　(c)塑性黏土矿物弯曲变形
(盐参1井，3008.77m)　　　(盐参1井，3008.77m)　　　(临1井，2601.04m)

  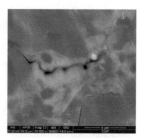

(d)脆性矿物颗粒被压入塑性　　　　(e)云母定向排列　　　　(f)碳酸盐岩矿物压溶现象
泥质纹层中(安16井，3671.40m)　　(富深X1井，3843.81m)　　(单1井，2100.85m)

图 5-1　阜二段泥页岩压实作用类型

2. 溶蚀作用

泥页岩中的溶蚀是一种重要的成岩作用，特别是在富含有机质的泥页岩中。随着有机质成熟产生的有机酸，在运移过程中造成不稳定组分的溶蚀。阜二段泥页岩中发生溶蚀作用的不稳定组分主要有方解石和长石等，部分样品可观察到黄铁矿或方沸石的溶蚀。酸性流体沿颗粒的边缘、解理或微裂缝对其进行溶蚀改造，形成粒（晶）间溶孔或粒（晶）内溶孔（图 5-2）。

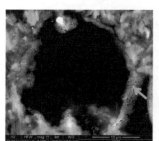 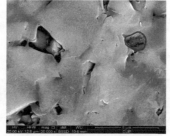

(a)方解石被溶蚀(河X4井，2302.60m)

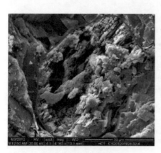 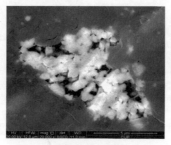 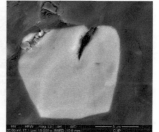

(b)长石被溶蚀　　　　　(c)黄铁矿被溶蚀　　　　　(d)方沸石被溶蚀
(河参1井，3164.77m)　　(单1井，2100.85m)　　　(沙31井，2744.42m)

图 5-2　阜二段泥页岩溶蚀作用类型

3. 胶结作用

当流体携带着溶解的成岩组分在泥页岩的孔喉网络或裂缝中运移时，由于流速变化或化学平衡反应，自生矿物沉淀，充填储集空间。胶结物主要发育在裂缝和较大的孔隙中，晶体形态发育完整。阜二段泥页岩中胶结物类型多样，包括硫化物（黄铁矿）、硫酸盐（石膏）、碳酸盐（方解石或铁方解石）和硅质（自生石英、燧石）等（图5-3）。黄铁矿分布普遍且集合体形态多样，如分散球粒状、草莓状、丝缕状、条带状或块状等。石膏多以完全充填或半充填孔隙和裂缝的形式出现，有时密集分布，含量较高。碳酸盐胶结物多分布在粉砂含量较高的泥页岩岩相中，胶结砂质颗粒或充填粒间孔隙。与碳酸盐胶结物类似，硅质胶结物中的自生石英以完好的晶形半充填孔隙或裂缝。

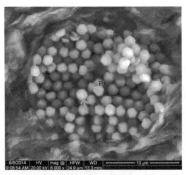

(a)草莓状黄铁矿胶结(花X28井，
3655.55m)

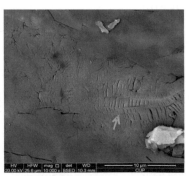

(b)纤维状石膏胶结(马1井，1743.14m)

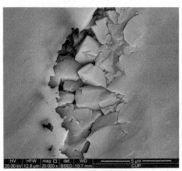

(c)菱面体铁方解石胶结(河X4井，
2302.60m)

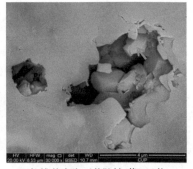

(d)柱锥状自生石英胶结(花X28井，
3655.55m)

图5-3　阜二段泥页岩胶结作用类型

4. 交代作用

交代作用是一种矿物替代另一种矿物的现象，其本质是成岩反应体系的化学平衡转移。交代作用可以发生在成岩作用的各个阶段，相对于砂岩和碳酸盐岩，泥页岩中的交代作用不明显或难于观察。阜二段泥页岩中交代作用主要有方解石、铁方解石或黄铁矿交代石英（图 5-4）。

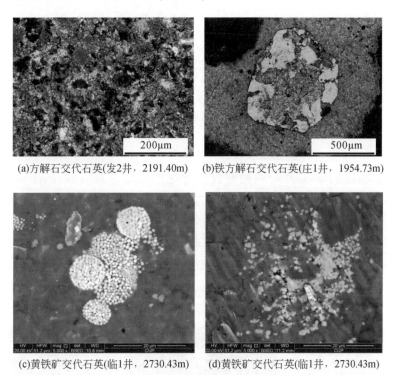

(a)方解石交代石英(发2井，2191.40m)　　(b)铁方解石交代石英(庄1井，1954.73m)

(c)黄铁矿交代石英(临1井，2730.43m)　　(d)黄铁矿交代石英(临1井，2730.43m)

图 5-4　阜二段泥页岩交代作用类型

5. 白云石化作用

在碳酸盐矿物含量较高的泥页岩岩相中，常见白云石化作用，形成菱面体白云石颗粒，呈孤立分布或聚集成纹层，并产生贴粒孔或晶间孔（图 5-5）。

(a)沙31井(2741.74m)　　(b)安1井(2550.50m)

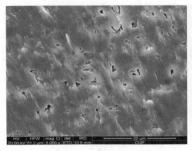

(c)马1井(1743.90m)　　　　　　　　(d)马1井(1743.14m)

图5-5　阜二段泥页岩白云石化作用

6. 黏土矿物脱水收缩与转化作用

黏土矿物是影响泥页岩结构和成岩演化的关键因素（Bozkaya and Yalçın，2005；Lu J. et al.，2011）。随着埋深增加，温度和压力升高使得黏土矿物不断脱除层间水和离子，是泥页岩中流体产生的源泉之一。一方面导致黏土矿物由蒙脱石向伊利石或绿泥石转化（应凤详和何东博，2004）；另一方面使得黏土矿物有序度增加，体积收缩而产生泥页岩收缩缝。尤其当玄武岩或辉绿岩等岩浆岩侵入泥页岩中时，受到高温烘烤，短时间内失去大量水分，泥页岩发生收缩响应和热接触变质作用，同时在热液流体的异常压力作用下产生裂缝（图5-6）。

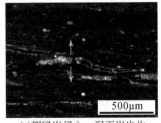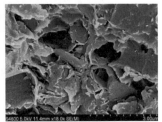

(a)黏土矿物脱水收缩产生泥页岩　　(c)辉绿岩侵入，泥页岩发生　　(e)片状蒙脱石(沙20，2183.9m)
收缩缝(发2井，2187.7m)　　　　低级热接触变质作用，并产生裂缝
　　　　　　　　　　　　　　　(沙20井，2184.25m)

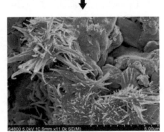

(b)黏土矿物脱水收缩产生泥页　　(d)辉绿岩侵入，泥页岩发生　　(f)丝缕状伊利石(马1井，1743.64m)
岩收缩缝(发2井，2187.7m)　　　低级热接触变质作用，并产生裂缝
　　　　　　　　　　　　　　　(沙20井，2184.25m)

图5-6　阜二段泥页岩黏土矿物脱水收缩与转化作用

7. 有机质热演化

有机质是泥页岩中不可忽略的组成部分，其体积分数在阜二段泥页岩中最高可达32%。与黏土矿物相似，有机质同样对温度和压力反应敏感，生成有机酸和烃类等，是泥页岩中流体产生的另一源泉。因此，有机质可以看作泥页岩组成中的一种"特殊矿物"，而有机质热演化可以看作一种独特的成岩作用，这与常规的砂岩和碳酸盐岩有很大区别。随着镜质组反射率增加，有机质不断成熟并转化成烃类排出，而在残余的有机质中产生越来越多的有机质孔，其大小和形态不断变化（图5-7）。

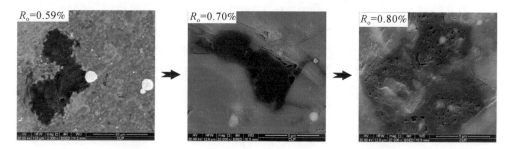

图 5-7　阜二段泥页岩有机质热演化中有机质孔的变化

5.1.2　泥页岩成岩阶段

泥页岩中的有机质与无机矿物均可反映泥页岩在埋藏过程中随物理、化学条件变化所发生的成岩作用强度，在整个演化过程中两者相互独立又相互影响。因此，本次以两者的演化特征为主要依据划分成岩阶段。

1. 有机质热演化

有机质热演化程度是富有机质泥页岩成岩阶段划分的重要依据。表征有机质热演化程度的参数主要有镜质组反射率（R_o）、碳优势指数（carbon preference index，CPI）、岩石热解峰温（T_{max}）等，根据各参数的分布范围可以确定泥页岩的成岩阶段（表5-1）。

表 5-1　有机质成熟度指标与成岩阶段划分关系表（应凤祥和何东博，2004）

成岩阶段		有机质成熟度	R_o/%	T_{max}/℃	孢粉颜色	热变指数（TAI）
早成岩阶段	A 期	未成熟	<0.35	<435	黄色	<2.0
	B 期	半成熟	0.35~0.5		深黄	<2.5

续表

成岩阶段		有机质成熟度	$R_o/\%$	$T_{max}/℃$	孢粉颜色	热变指数（TAI）
中成岩阶段	A 期　A_1 亚期	低成熟	0.5～0.7	435～440	橙	2.5～2.7
	A 期　A_2 亚期	成熟	0.7～1.3	440～460	褐	2.7～3.7
	B 期	高成熟	1.3～2.0	460～480±	暗褐–黑	3.7～4.0
晚成岩阶段		过成熟	2.0～4.0	500±	黑	>4.0

苏北盆地阜二段泥页岩埋深于 1000～4000m，泥页岩中镜质组反射率主要为 0.45%～0.9%［图 5-8（a）］，岩石热解峰温总体分布在 430～450℃［图 5-8（b）］，碳优势指数随着热演化程度升高，整体呈对数趋势降低并逐渐趋于 1，即奇偶均势［图 5-8（c）］。据此，阜二段泥页岩有机质主要处于低成熟–成熟阶段，判断其主要成岩阶段是中成岩 A 期。

2. 黏土矿物转化

黏土矿物转化是成岩阶段划分的另一重要依据，其中伊蒙混层类型及其转化特征应用广泛（朱家祥和李淑贞，1988；刘宝君和张锦泉，1992）。苏北盆地阜二段泥页岩中伊蒙混层转化存在明显分带现象，根据伊蒙混层中蒙脱石层含量（$S/\%$）随深度的变化可以划分出四个转化带，分别是蒙脱石层带、缓慢转化带、快速转化带和伊利石层带，其主体处于缓慢转化带和快速转化带［图 5-8（d）］。结合有机质热演化指标［图 5-8（a）～（c）］，进一步综合判断苏北盆地阜二段泥页岩主要成岩阶段是中成岩 A 期，部分处于早成岩 B 期和中成岩 B 期。

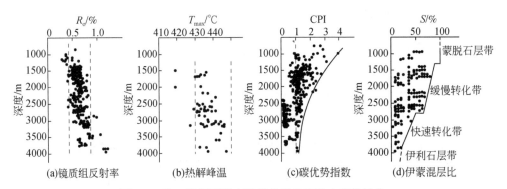

图 5-8　阜二段泥页岩有机质热演化和黏土矿物转化

在蒙脱石层带中，部分阜二段泥页岩样品埋深小于 1300m，伊蒙混层中以蒙脱石层为主，此时镜质组反射率小于 0.5%，有机质为未成熟–半成熟，成岩阶段处于早成岩阶段，并以早成岩 B 期为主。在缓慢转化带中，泥页岩埋深为

1300~2800m，蒙脱石层含量变化较大，平均含量仍在 50% 以上，但已明显开始向伊蒙混层转化，该阶段镜质组反射率为 0.5%~0.7%，有机质低成熟，成岩阶段属于中成岩 A_1 亚期；快速转化带埋深为 2800~3800m，蒙脱石层含量快速降低到 35% 左右，镜质组反射率多在 0.7%~1.0%，有机质成熟，成岩阶段属于中成岩 A_2 亚期。在阜二段泥页岩中，只钻遇了少数埋深大于 3800m 的样品，蒙脱石层平均含量约 15%，以伊利石层为主，位于伊利石层带中，镜质组反射率均大于 1.1%，有机质高成熟，成岩阶段处于中成岩 B 期。

5.1.3　泥页岩成岩演化序列

在泥页岩成岩事件研究和成岩阶段划分基础上，描述各成岩阶段内有机质、黏土矿物、长英质矿物和碳酸盐矿物等的变化，并据此建立了阜二段泥页岩的成岩演化序列。

泥页岩在埋藏过程中，温度、压力和流体性质发生变化，不断打破原来成岩环境中的动态平衡，进入新的成岩阶段并产生新的成岩事件。泥页岩沉积初期，黏土矿物混杂细粒碎屑颗粒沉积下来，黏土矿物呈完全分散状分布，含有大量微孔隙。在机械压实作用下，泥页岩进入早成岩阶段，孔隙水排出，黏土矿物颗粒开始以棱面方式接触，呈液态性，但黏性大。随着压实作用的进行，孔隙水逐渐排尽，后期慢慢排出吸附水，黏土颗粒变为分散的絮凝状态，具有定向性（刘宝君和张锦泉，1992）。此时有机质在细菌作用下发生分解，进入生物化学生气阶段，并伴随黄铁矿产生，而少量蒙脱石在脱水收缩作用下发生层间坍塌开始向伊蒙混层转化。

随着压实作用继续增强，泥页岩进入中成岩阶段。地层温度、压力逐渐升高，蒙脱石继续脱水发生层间坍塌。有机质大量生烃，其产生的有机酸使孔隙流体呈酸性，长石等不稳定组分发生溶蚀并释放出钾离子。蒙脱石在钾离子的参与下向伊蒙混层快速转化，同时伊蒙混层开始向伊利石转化，并释放出层间水，此时黄铁矿大量出现。层间水向外排出过程中使黏土矿物体积收缩，导致泥页岩收缩缝发育。当后期泥页岩刚性固结，黏土矿物转化和有机质热演化过程中释放的流体难以排出时，在异常孔隙流体压力和构造应力的共同作用下产生裂缝，成为流体渗流通道。同时，由于有机质已演化成熟，孔隙流体酸性减弱，有利于石膏、石英或铁方解石等自生矿物沉淀（图 5-9）。

5.1.4　泥页岩孔隙演化

根据成岩事件对泥页岩储集空间的改造作用，绘制了泥页岩成岩事件与孔隙类型演化图（图 5-10）。在早成岩阶段，泥页岩成岩作用以机械压实为主，储集

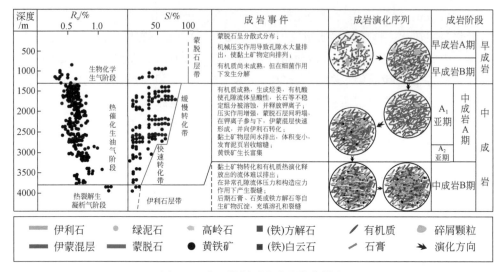

图 5-9　阜二段泥页岩成岩演化模式

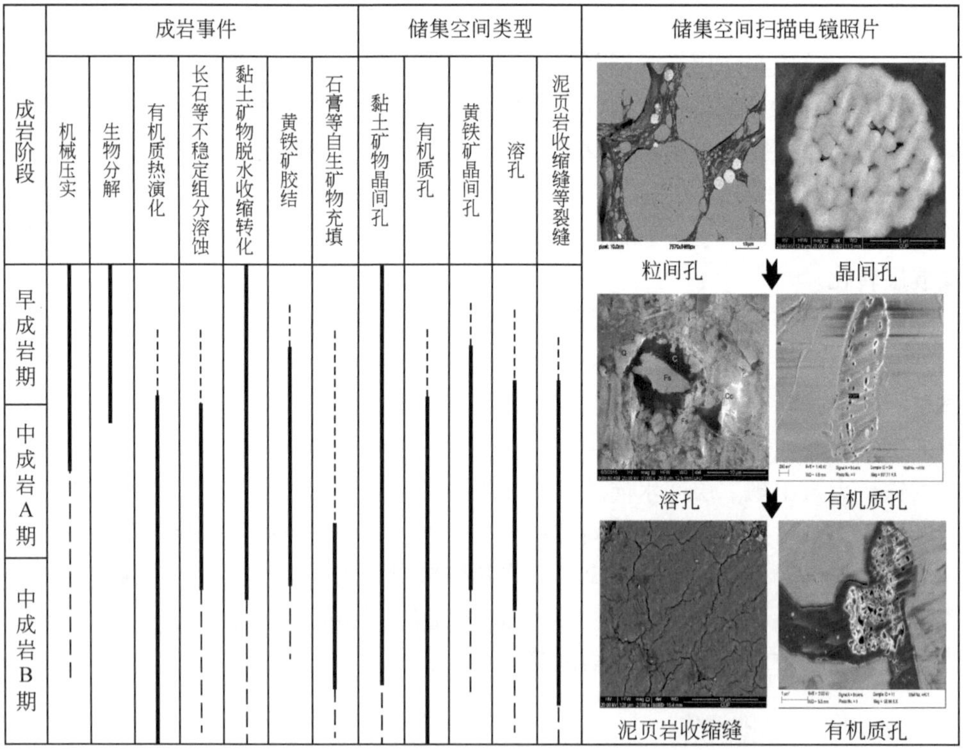

图 5-10　阜二段泥页岩成岩事件与孔隙类型演化图

空间以碎屑颗粒粒间孔和矿物晶间孔为主。随着机械压实作用的进行，当泥页岩成岩阶段进入中成岩 A 期时，原生孔逐渐减少，但有机质开始生烃。第一，有机质本身可以产生一部分有机质孔；第二，使孔隙流体变为酸性，方解石和长石等不稳定组分被溶蚀，产生溶孔（佘敏等，2014）；第三，生成的硫化物有利于黄铁矿生长富集，发育黄铁矿晶间孔。同时，黏土矿物在转化过程中层间水脱除，体积收缩形成泥页岩收缩缝。因此，溶孔和裂缝是中成岩 A 期主要的储集空间类型，而有机质孔和矿物晶间孔次之。在中成岩 B 期，有机质演化至高成熟，有机质孔大量出现，成为该阶段的主要储集空间，而溶孔和裂缝仍然重要，但往往被石膏、石英或铁方解石等自生矿物完全充填或半充填。

5.2　富有机质泥页岩热模拟实验

随着泥页岩油气在全球非常规油气勘探开发中的异军突起，泥页岩储层特征及成岩作用模拟研究越来越受到人们的重视（杨元等，2012；Milliken et al.，2013；赵静等，2014）。自从 Cannon 等（1974）提出有机质演化的温度–时间补偿效应后，出现了多种通过快速升温来模拟有机质成熟演化的方法。按照体系的开放性，热模拟方法可分为开放体系、半开放体系和封闭体系三类（Cramer et al.，2001；米敬奎等，2007；肖芝华等，2007）。由于各类体系具有不同的特点（表5-2），通常根据不同的实验目的选择不同的热模拟实验方法。热模拟实验研究的对象主要是作为烃源岩的泥页岩，各学者对其生烃特征研究较多，而对泥页岩储层特征研究较少。目前主流的研究方向有：①不同类型有机质热解生烃机制；②不同温压条件下油气生成过程模拟；③热解产物化学及同位素组成与演化；④干酪根结构热演化特征；⑤油气热解产率与有机质成熟度的关系；⑥有机质二次裂解生烃模拟（王杰等，2011）。随着泥页岩油气研究的深入，在高温高压条件下模拟有机质、矿物质、孔隙结构及流体演化过程的研究将成为新方向（汤庆艳等，2013）。

表 5-2　热模拟实验方法的分类

体系类型	体系特点	优点	不足	用途
开放体系	体系与外界相通，产物随产随排	避免产物二次反应，即时检测产物的成分和数量	不能加水、加压，与真实地质环境有较大差距	烃源岩评价，油气生成动力学参数计算
半开放体系	体系与外界隔绝，但与产物收集体系相连	产物即时排出反应体系，避免二次裂解，可以产生一定的气体压力	样品用量多，只可进行单一温度点或恒温热解	确定温度与热解产物之间的关系，研究温度与压力对有机质热解的作用

续表

体系类型	体系特点	优点	不足	用途
封闭体系	体系与外界隔绝,无产物收集体系	可以模拟地质条件下流体性质、矿物质、温度、压力条件	产物会发生二次裂解、操作复杂,压力无法定量	烃源岩生烃潜力研究,地层水、矿物质、温压等条件对有机质热解的影响,泥页岩成岩演化研究

本次研究采用封闭体系的热模拟实验装置,选取具有不同干酪根类型的富有机质泥页岩新鲜样品,采用先升温再恒温的实验方式,在水介质中模拟泥页岩的成岩演化过程。通过激光共聚焦显微镜和场发射扫描电镜观察原始样品和不同温度下反应后样品的微观特征,揭示在成岩过程中有机质和无机矿物的变化规律及其对孔隙的影响。

5.2.1 实验设备及条件

1. 实验设备

模拟实验采用封闭体系的油气成因高压催化热模拟实验装置。仪器的主体是高压釜,由釜体和釜塞组成。釜腔直径为 2cm,深 15cm,釜体由钛铬镍合金制成,具有硬度大、熔点高、抗腐蚀性强的特点。

2. 实验条件

为了尽可能模拟泥页岩储层在真实地质条件下的演化轨迹,本次实验综合考虑了温度、加热方式、介质和压力四个方面条件。

1)温度

为了模拟泥页岩储层成岩演化的整个过程,根据模拟实验温度和实测镜质组反射率的统计关系,实验共设置三个最终温度,分别是 400℃、500℃、600℃,分别对应镜质组反射率的 0.9%、1.4%、2.3%。这与干酪根演化的热催化生油气阶段、热裂解生凝析气阶段和深部高温生气阶段相对应,而原始样品的镜质体反射率 $0.54\% \leqslant R_o \leqslant 0.85\%$,相当于模拟实验温度 300~380℃,大致对应生物化学生气阶段晚期或热催化生油气阶段早期。

2)加热方式

根据中国东部盆地初始快速沉降、然后缓慢沉降、最后稳定的断-拗演化特点,加热方式为首先全功率升温至 200℃,然后依次以 40℃/h 和 20℃/h 的功率进行加热,达到最终温度后恒温 2h。

3)介质

在 20 世纪 80 年代,无水加热模拟是烃源岩热模拟的主要方法(曹建军等,2004),但在缺乏水介质条件下,热模拟实验存在偏离实际地质演化的问题(中国石油天然气总公司勘探局，1998），有机质热解模拟实验在无水和加水条件下的产物数量和组成差异较大（汤庆艳等，2013），国内外一些实验研究表明水介质条件下的模拟实验与自然状态下的演化轨迹更加接近（Lewan，1997；Lewan and Roy，2011）。对于加水类型，有的学者在实验中多采用一定矿化度的盐水，崔景伟等（2013）采用了 100mg/L 的 $CaCl_2$ 型水，而考虑到本次实验样品新鲜，到达地表后水分以蒸发的方式散失，主要盐分还残留在样品内部，故选择加蒸馏水补充散失的水分，加水量为样品质量的 50%。

4）压力

在实验过程中，泥页岩样品发生生排烃作用，尤其是在高温条件下，气态烃类在密闭装置内能够产生一定的气体压力，故本次未进行其他的加压模拟实验。

5.2.2　样品选择、处理及制备

1. 样品选择

传统的热模拟生烃实验样品包括两大类：标准化合物和地质样品（汤庆艳等，2013）。本实验选择沾化凹陷罗 69 井沙三下亚段、高邮凹陷花 X28 井和金湖凹陷河 X4 井阜二段富有机质泥页岩岩心样品（表5-3）。实验样品的选择主要考虑五方面：①样品新鲜；②有机质丰度高、成熟度较低；③样品涵盖不同干酪根类型；④岩相类型具有代表性，实际生产证明是有利储层；⑤实验样品的资料丰富。

表 5-3　样品基本信息

井号	凹陷	层位	深度/m	R_o/%	岩相特征	有机质类型
罗 69	沾化	$E_2s_3^x$	3048.1	0.79	灰褐色油页岩，含透镜状灰质纹层	I
罗 69	沾化	$E_2s_3^x$	3059.35	0.79	深黑色油页岩，灰质条带与泥质条带互层	I
花 X28	高邮	$E_1f_2^2$	3652.73	0.85	致密灰黑色黏土岩	II_1、II_2
河 X4	金湖	$E_1f_2^3$	2302.6	0.54	褐色页岩，页理发育	III

2. 样品处理及制备

为了保证样品反应充分，制备两种类型的样品：一种是用多级砂纸由粗至细依次打磨至 0.5mm 厚的小片状；另一种是切割成 1cm×1cm×1cm 的小块状。

由于泥页岩样品主要由细粒组分构成，在进行成岩作用和孔隙结构研究时，光学显微镜不能有效观察到其微观特征，而场发射扫描电镜可以对纳米级颗粒和孔隙进行观察，并已经广泛应用于泥页岩储层研究。氩离子抛光技术的应用更使得泥页岩孔隙结构能够在场发射扫描电镜电子背散射衍射（electron backs-catter diffraction, EBSD) 成像下清晰呈现（Loucks et al., 2009）。为了综合利用多种手段对样品进行成岩作用研究，将样品制作成普通薄片、荧光薄片、阴极发光薄片和场发射扫描电镜岩片（包括氩离子剖光面和自然断面）。

3. 实验数据

实验依次经过样品反应前称重与拍照、装填样品、加水、密封、上釜、注气检漏、抽真空、加热、提釜、集气、开釜取样、洗油和样品反应后称重与拍照等 13 个步骤。每组实验开始前分别记录样品的实验温度、测量反应前样品重量和加水量，按照设计的升温方式开始实验，实验后测量反应后样品重量、产气量和产油量（表 5-4）。

表 5-4　热模拟实验结果数据

井号	深度/m	实验温度/℃	反应前样品量/g	反应后样品量/g	加水量/mL	快速升温至200℃时间/h	40℃/h升温时间/h	20℃/h升温时间/h	最终温度恒温时间/h	产气量/mL	产油量/g
罗69	3048.10	400	7.13	6.6219	3.5	1.3	2.5	5	2	187	0.0712
		500	7.9883	7.531	4	1.3	2.5	10	2	315	0.0099
		600	4.6628	4.1878	2.3	1.3	5	10	1	355	0.0024
罗69	3059.35	400	8.2374	8.045	4	1.3	2.5	5	2	155	0.0221
		500	8.3203	7.8513	4.2	1.3	2.5	10	2	533	0.0079
		600	6.1163	5.4532	3	1.3	5	10	1	285	0.0021
花X28	3652.73	400	8.1778	8.0897	4	1.3	2.5	5	2	147	0.008
		500	7.6403	7.2078	4	1.3	2.5	10	2	394	0.0068
		600	4.0625	3.7365	2	1.3	5	10	1	208	0.0012
河X4	2302.60	400	10.6433	10.4032	5.3	1.3	2.5	5	2	208	0.1792
		500	9.3779	8.953	5	1.3	2.5	10	2	301	0.0228
		600	6.1374	5.4418	3	1.3	5	10	1	456	0.0013

5.2.3　热模拟实验中的无机矿物成岩现象

1. 黏土矿物转化

四种岩相样品中主要的黏土矿物类型是伊蒙混层，伊蒙混层对于介质环境的变化非常敏感，特别是温度。在模拟实验过程中，随着温度升高，伊蒙混层形态发生明显变化，形态变化趋势为：片状→片状+短丝状→丝片状→纤维状（图 5-11）。这种转化实际上代表了伊蒙混层向伊利石转化的趋势。黏土矿物脱水收缩可以增加黏土矿物晶间孔，并有利于收缩缝的发育。

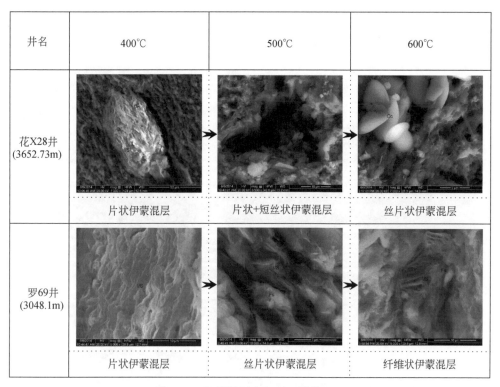

井名	400℃	500℃	600℃
花X28井 (3652.73m)	片状伊蒙混层	片状+短丝状伊蒙混层	丝片状伊蒙混层
罗69井 (3048.1m)	片状伊蒙混层	丝片状伊蒙混层	纤维状伊蒙混层

图 5-11　伊蒙混层向伊利石转化过程

2. 不稳定矿物溶蚀作用

在实验过程中，干酪根生烃作用对无机矿物成岩演化产生了明显影响。干酪根在生烃演化过程中，会产生有机酸和 H_2S 等酸性物质，使方解石和长石等不稳定矿物发生溶蚀，产生晶（粒）间溶孔、晶（粒）内溶孔等次生孔隙（图 5-12）。根据扫描电镜观察对比，方解石、长石和黄铁矿等矿物在 400℃时发生明显的溶蚀作用，对应镜质组反射率在 0.9%左右。随着模拟温度升高，溶蚀作用增强，产生的溶孔比例不断增加，不稳定矿物溶蚀作用是泥页岩储集空间增加的主要原因之一。

3. 重结晶作用

实验中方解石重结晶现象非常普遍，在干酪根生烃过程中产生的酸性溶液对方解石进行溶蚀，而生烃过程中也产生了大量的 CO_2，导致携带 Ca^{2+} 的溶液在孔缝中重结晶而充填孔缝（图 5-13），这也说明在泥页岩中方解石的溶蚀与方解石重结晶是可以同时存在的。重结晶作用是除压实作用之外造成泥页岩储集空间减少的主要原因，但可以增加泥页岩脆性。

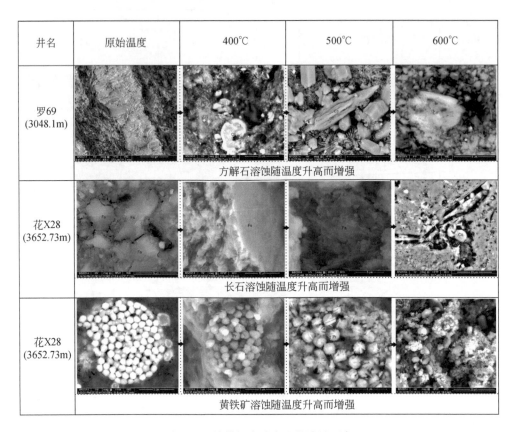

井名	原始温度	400℃	500℃	600℃
罗69 (3048.1m)				
	方解石溶蚀随温度升高而增强			
花X28 (3652.73m)				
	长石溶蚀随温度升高而增强			
花X28 (3652.73m)				
	黄铁矿溶蚀随温度升高而增强			

图 5-12　热模拟实验发生的溶蚀现象

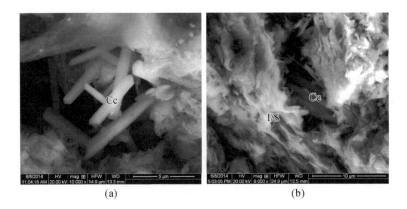

(a)　　　　　　　　　　　　　　　(b)

图 5-13　热模拟实验中发生的方解石重结晶现象

5.2.4　热模拟实验中的储集空间类型及演化

1. 无机矿物孔

热模拟实验后富有机质泥页岩中出现多种无机矿物孔，形态多样，其中晶（粒）间孔类主要呈多边形或不规则状［图 5-14（a）~（d）］；晶（粒）内孔类主要呈长条形或近圆形［图 5-14（e）、（f）］；微裂缝主要呈平直或弯曲的线形［图 5-14（g）~（i）］。

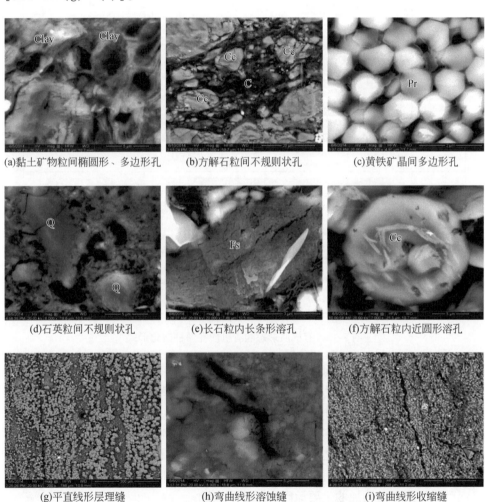

(a)黏土矿物粒间椭圆形、多边形孔　　(b)方解石粒间不规则状孔　　(c)黄铁矿晶间多边形孔

(d)石英粒间不规则状孔　　(e)长石粒内长条形溶孔　　(f)方解石粒内近圆形溶孔

(g)平直线形层理缝　　(h)弯曲线形溶蚀缝　　(i)弯曲线形收缩缝

图 5-14　泥页岩储集空间类型

2. 有机质孔

通过在场发射扫描电镜下对四个样品各个温度的 1000 多个观测视域的有机质形态和有机质孔的观察，发现随着温度的升高，有机质形态演化主要有两种形式，相应的产生有机质边缘孔和有机质内部孔两种孔隙类型（图 5-15）。这主要由干酪根类型及干酪根演化途径决定的。

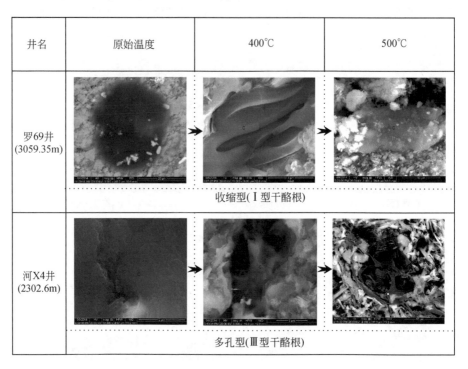

图 5-15　有机质形态和有机质孔两种演化形式

当干酪根类型为 I 型时，有机质边缘或内部出现啃食状，孔隙壁面光滑，干酪根体积收缩，以有机质边缘孔为主，属于收缩型［图 5-16（a）］；当干酪根类型为Ⅲ型时，有机质总体积基本不变，孔隙壁面粗糙，数量较多且大小不一，以有机质内部孔为主，属于多孔型［图 5-16（b）］；当干酪根类型为Ⅱ型时，有机质形态演化特征介于两者之间，有机质边缘孔和内部孔均发育。随着模拟温度的升高，有机质边缘孔和有机质内部孔不断增加，干酪根热解生烃产生的有机质孔是泥页岩储集空间增加的主要原因之一。

有机质的形态和有机质孔的演化特征与不同干酪根生烃演化途径密切相关。Ungerer（1990）在前人工作的基础上提出了干酪根演化生烃的两种途径：一种是干酪根先热解为以沥青和胶质等大分子为主的可溶有机产物，然后进一步分解为可溶小分子（油和气）的"解聚型"，属于相继反应机制，该过程中有机质各部分均匀快速反应，整体产生中间大分子而收缩［图 5-17（a）］，主要产生有机质边界孔（位于有机质与无机矿物之间）；另一种是在干酪根结构中的各种官能团按照键的强弱，随着演化程度的加深依次脱除、生成油气的"平行脱官能团型"，属于独立、依次反应机制，该过程中只有一部分官能团随着演化程度的升高依次从干酪根中直接脱除生烃，最后逐渐残余出惰性骨架［图 5-17（b）］，而主要产生有机质内部孔和有机质边缘孔（位于有机质内部和边部）。I 型干酪根的演化接近于"解聚型"，III 型干酪根的演化则接近于"平行脱官能团型"，II 型干酪根演化途径介于"解聚型"和"平行脱官能团型"之间，既可以产生有机质边界孔，又可以产生有机质内部孔和有机质边缘孔。有机质内部孔更有利于增大有机质比表面积，增强有机质颗粒对天然气的吸附能力。Loucks 等（2009）在研究 Barnett 页岩中的有机质孔时发现，有机质内部孔的数量明显多于边缘孔，有机质内部孔是页岩气储集的一类重要的孔隙类型，但在扫描电镜下观察到的沥青流动痕迹表明有机质边缘孔可以充当初次运移通道的作用。

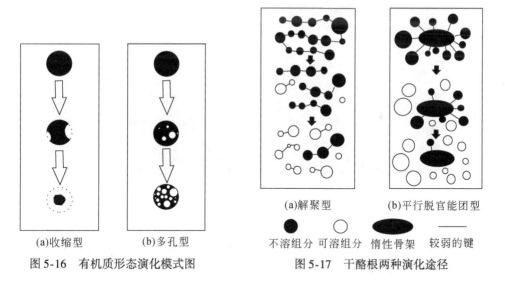

(a)收缩型　　(b)多孔型

图 5-16　有机质形态演化模式图

(a)解聚型　　　(b)平行脱官能团型

● 不溶组分　○ 可溶组分　⬮ 惰性骨架　— 较弱的键

图 5-17　干酪根两种演化途径

5.2.5　基于热模拟实验的成岩演化模式

针对碎屑岩储层成岩演化的研究已很成熟，在成岩阶段划分时，各学者采用镜质组反射率作为重要参考指标（姜在兴，2010），显然这对泥页岩成岩阶段的划分更有意义。结合有机质热解生烃研究成果（蒋有录和查明，2006），根据镜质组反射率将泥页岩成岩演化划分为五个阶段：早成岩阶段 A 期（$R_o<0.3\%$）、

早成岩阶段 B 期（0.3%<R_o<0.5%）、中成岩阶段 A 期（0.5%<R_o<1.0%）、中成岩阶段 B 期（1.0%<R_o<2.0%）、晚成岩阶段（R_o>2.0%）。各个阶段的特征大致与原始样品（300～380℃）、400℃样品、500℃样品和 600℃样品反映的特征一致。

(a)厚板状硬石膏　　　　　　　　　　　　(b)重晶石

(c)花状硅灰石　　　　　　　　　　　　(d)圆饼状方解石

图 5-18　热模拟实验过程中产生的矿物

　　早成岩阶段 A 期和 B 期对应于有机质演化的生物化学生气阶段。这一阶段沉积的有机质受生物作用和成岩作用影响，转化为干酪根，同时生成少量的生物甲烷；黏土矿物主要是蒙脱石，成岩作用强度较低（图 5-19）。

　　中成岩阶段 A 期对应有机质演化的热催化生油气阶段。在温度和黏土矿物催化剂作用下，干酪根演化达到生烃门限，大量生油；受温度的影响，蒙脱石开始脱水，并向伊利石演化，混层开始出现；有机质生烃作用导致局部介质环境的改变，促进了成岩作用的进程，不稳定矿物的溶蚀作用明显增强（图 5-19）。

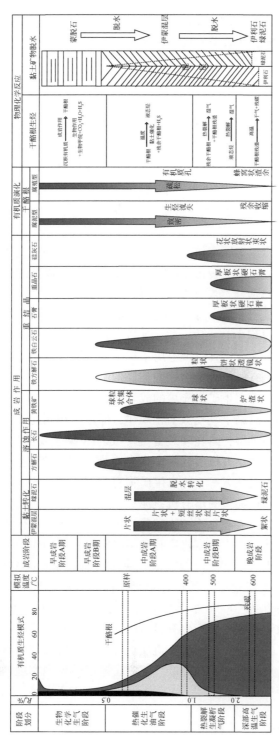

图5-19　基于热模拟实验的富有机质泥页岩成岩演化模式综合图

注：该成岩演化模式主要基于模拟实验结果绘制，实际应用中供参考。

中成岩阶段 B 期对应有机质演化的热裂解生凝析气阶段。在这一阶段干酪根的演化主要受到温度影响，残余干酪根和先前生成的液态烃在热力作用下裂解生成湿气；伊蒙混层大量出现，成岩作用强度在这一阶段达到高峰，开始大量出现铁方解石和少量厚板状硬石膏、重晶石、花状硅灰石等矿物 [图 5-18（a）~（c）、图 5-19]。

晚成岩阶段对应有机质演化的深部高温生气阶段。在这一阶段，残余干酪根在高温作用下发生芳构化作用，同时产生甲烷气；混层黏土絮状化，放射状硅灰石大量出现，产生大量圆饼状方解石 [图 5-18（d）、图 5-19]。

5.3　小　　结

泥页岩成岩作用类型包括压实作用、溶蚀作用、胶结作用、交代作用、白云石化作用、黏土矿物脱水收缩与转化作用和有机质热演化。以苏北盆地阜二段泥页岩为例，利用有机质热演化与黏土矿物转化相结合的方法划分泥页岩成岩阶段，结果表明该层段泥页岩主要位于中成岩 A 期，部分位于早成岩 B 期和中成岩 B 期。综合考虑成岩过程中有机质、黏土矿物、碎屑颗粒和碳酸盐矿物的成岩变化，建立了泥页岩成岩演化序列，即经历了早期蒙脱石层间坍塌缩水、中期伊蒙混层快速形成与转化、有机质大量生烃和不稳定组分溶蚀以及晚期裂缝产生并被石膏、石英或铁方解石等自生矿物充填的成岩演化序列。绘制了阜二段泥页岩成岩事件与孔隙演化图，总结了其孔隙演化规律，即原生粒间孔和矿物晶间孔是早成岩期的主要储集空间类型；溶孔和裂缝是中成岩 A 期主要的储集空间类型，有机质孔和矿物晶间孔次之；有机质孔是中成岩 B 期的主要储集空间类型，溶孔和裂缝往往被石膏、石英或铁方解石等自生矿物完全充填或半充填。在此基础上选取低成熟度、不同干酪根类型的富有机质泥页岩开展热模拟实验发现，实验过程中发生的成岩作用类型主要有黏土矿物转化、不稳定矿物溶蚀作用和重结晶作用，而干酪根热解生烃演化产生的有机质孔和不稳定矿物溶蚀作用产生的溶孔是储集空间增加的主要原因。不同干酪根的演化决定着有机质孔的演化特征差异，其中 I 型干酪根主要以"解聚型"的途径生烃，油气排出导致干酪根的体积收缩，以产生有机质边界孔为主。III 型干酪根主要是以"平行脱官能团型"的途径生烃，油气排出导致干酪根主要产生有机质内部孔和有机质边缘孔。II 型干酪根生烃途径介于两者之间，既可以产生有机质边界孔，也可以产生有机质内部孔和有机质边缘孔；以镜质组反射率为标准，建立了基于热模拟实验的综合成岩演化模式，各成岩阶段特征与原始样品、400℃样品、500℃样品和600℃样品反映的特征基本一致。

第 6 章　湖相泥页岩储集空间研究

近年来泥页岩储集空间已成为国内外学者的研究热点，主要包括泥页岩储集空间类型、大小及分布和储集空间影响因素等方面。与常规储层相比，泥页岩储层储集空间类型多样，以纳米级和微米级孔隙和裂缝为主，裂缝的发育程度对泥页岩的储集和渗流特征具有极其重要的影响。泥页岩纳米级储集空间比例明显大于常规储层，需要借助高精度的测试手段进行研究，推动了岩石微观测试技术的发展。本章以苏北盆地古近系和济阳拗陷东营凹陷、沾化凹陷沙四上亚段–沙三下亚段泥页岩为例，以岩心、薄片和扫描电镜观察为主要手段，借助热模拟实验和数字岩心三维重构技术，在泥页岩储集空间分类的基础上，重点研究有机质孔和自然流体压力缝的类型、特征、结构、影响因素和成因，以期达到对泥页岩储层有利储集空间的深入理解。

6.1　储集空间类型及特征

泥页岩储层储集空间类型丰富，本章依据泥页岩中储集空间发育特征，将其划分为两大类：孔隙和微裂缝。根据泥页岩中孔隙发育的位置，将孔隙划分为赋存在无机矿物内的晶（粒）间孔和晶（粒）内孔，以及赋存在有机质内有机质孔，并且根据成因进一步划分为原生和次生（表 6-1）；根据裂缝的成因，将裂缝划分为层理缝、构造缝、收缩缝、溶蚀缝和自然流体压力缝（表 6-1）。

表 6-1　泥页岩储集空间分类表

位置	无机矿物孔						有机质孔			构造缝	层理缝	收缩缝	溶蚀缝	自然流体压力缝
	晶(粒)间孔			晶(粒)内孔										
原生	长英质矿物粒间孔	黏土矿物晶(粒)间孔	碳酸盐矿物晶(粒)间孔	黄铁矿晶(粒)间孔	长英质矿物粒内孔	碳酸盐矿物晶内孔	有机质内部孔	机质边缘孔	有机质边界孔	一				
次生	长英质矿物粒间溶孔	黏土矿物、晶(粒)间(溶)孔	碳酸盐矿物晶(粒)间(溶)孔	黄铁矿晶(粒)间(溶)孔	长英质矿物粒内溶孔	碳酸盐矿物晶内(溶)孔				一				

6.1.1　晶 (粒) 间孔和晶 (粒) 内孔

　　晶 (粒) 间孔是发育在同类型或不同类型矿物颗粒、晶体之间的孔隙，主要是原始沉积作用形成的，包括长英质矿物粒间孔、黏土矿物晶 (粒) 间孔、碳酸盐矿物晶 (粒) 间孔和黄铁矿晶 (粒) 间孔等。长英质矿物粒间孔主要发育在长英质矿物富集的部位，呈多边形或近椭圆形，多为孤立分布 [图 6-1 (a)]。由于黏土矿物主要以集合体"颗粒"形式沉积，黏土矿物晶间孔包括集合体"颗粒"内部黏土矿物晶间孔和集合体"颗粒"之间黏土矿物晶间孔，平面形态呈房室状、长条形和三角形等 [图 6-1 (b)]。碳酸盐矿物晶间孔呈多边形或环形，发育于白云石、方解石等碳酸盐矿物晶体间 [图 6-1 (c)]。黄铁矿晶间孔呈多边形、椭圆形，多发育在草莓状黄铁矿晶体间 [图 6-1 (d)]。

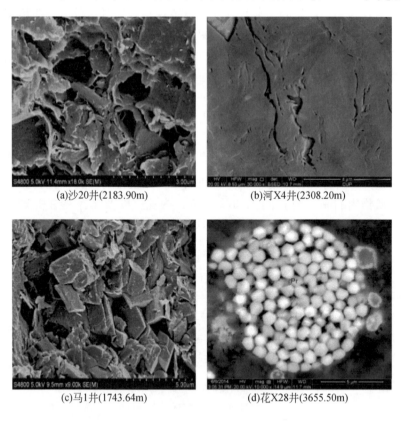

(a)沙20井(2183.90m)　　　　(b)河X4井(2308.20m)

(c)马1井(1743.64m)　　　　(d)花X28井(3655.50m)

图 6-1　晶 (粒) 间孔特征

　　泥页岩在埋藏过程中经历压实作用、溶蚀作用、黏土矿物转化、重结晶和自生矿物胶结等成岩作用改造，形成粒间溶孔、晶间溶孔以及改造的或新生的晶间孔，主要包括长英质矿物粒间溶孔、黏土矿物晶（粒）间（溶）孔、碳酸盐矿物晶（粒）间（溶）孔和黄铁矿晶（粒）间（溶）孔。长英质矿物和碳酸盐矿物溶蚀后形成的孔隙形态多样且不规则，碳酸盐矿物重结晶后通常具有规则的多边形形态，而绝大部分的黏土矿物晶间孔是经过压实、脱水并转化形成的。

　　泥页岩中颗粒细小，颗粒内发育的原生晶（粒）内孔则更小，通常不被关注。在扫描电镜下观察，出现最多的是不稳定组分中经过溶蚀改造、扩大的孔隙，包括岩屑粒内溶孔、长石粒内溶孔、方沸石粒内溶孔和碳酸盐矿物晶内溶孔［图 6-2（a）~（d）］。

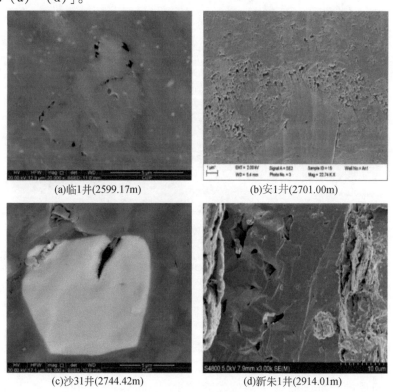

(a)临1井(2599.17m)　　　　　　　　(b)安1井(2701.00m)

(c)沙31井(2744.42m)　　　　　　　　(d)新朱1井(2914.01m)

图 6-2　溶蚀孔特征

6.1.2　有机质孔

6.1.2.1　有机质孔的类型

　　按照有机质孔的成因，可分为原生有机质孔和次生有机质孔两类。原生有机质孔为有机质中保留的生物原始格架中的孔隙，如丝质体中的孔隙；次生有机孔是指有机质在热演化过程中新产生的孔隙，是泥页岩中最重要的一类有机质孔。泥页岩中有机质孔常与黄铁矿和微体化石共生，对指示其生物成因有特殊意义［图6-3（a）~（c）］。

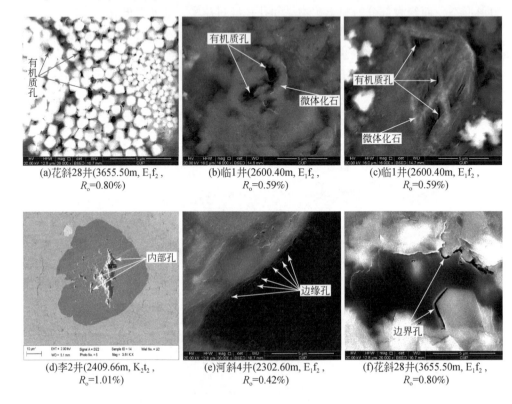

(a)花斜28井(3655.50m, E_1f_2, R_o=0.80%)　　(b)临1井(2600.40m, E_1f_2, R_o=0.59%)　　(c)临1井(2600.40m, E_1f_2, R_o=0.59%)

(d)李2井(2409.66m, K_2t_2, R_o=1.01%)　　(e)河斜4井(2302.60m, E_1f_2, R_o=0.42%)　　(f)花斜28井(3655.50m, E_1f_2, R_o=0.80%)

图6-3　苏北盆地古近系泥页岩中的有机质孔类型

按照有机质孔在有机质中发育的位置可分为有机质内部孔、有机质边缘孔和有机质边界孔三种［图6-3（d）~（f）］。通过扫描电镜观察发现，有机质孔主要分布在有机质的内部，而边缘部位发育较少。Loucks 等（2009）在研究 Barnett 页岩时也发现这一现象，并认为是由有机质内部和边缘的物理性质差异造成的。有机质边界孔位于有机质和无机矿物之间，受到有机质热演化和无机矿物成岩演化的双重影响，可以看作一种特殊的"粒间孔"或"粒间溶孔"，为了体现有机质的成孔作用，也将其归在有机质孔的范畴。

6.1.2.2　有机质孔的特征

1. 有机质孔的形态

有机质孔的形态通常需要借助扫描电镜进行观察，苏北盆地古近系泥页岩中的原生有机质孔发育较少，其形态样式主要呈蜂窝状和条形两种［图6-4（a）~（f）］。原生有机质孔的尺度较大，孔径为微米级，其规则的几何形态继承了原始有机质的主要结构特征。原生有机质孔中通常充填同沉积的无机矿物而形成铸模构造。

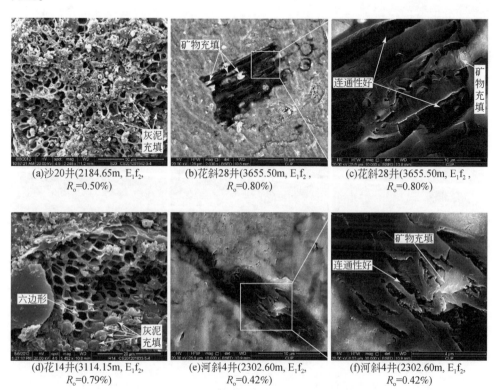

(a)沙20井(2184.65m, E_1f_2,
R_o=0.50%)

(b)花斜28井(3655.50m, E_1f_2,
R_o=0.80%)

(c)花斜28井(3655.50m, E_1f_2,
R_o=0.80%)

(d)花14井(3114.15m, E_1f_2,
R_o=0.79%)

(e)河斜4井(2302.60m, E_1f_2,
R_o=0.42%)

(f)河斜4井(2302.60m, E_1f_2,
R_o=0.42%)

图6-4　苏北盆地古近系泥页岩中原生有机质孔的形态特征

次生有机质孔是苏北盆地古近系泥页岩有机质孔中最重要的组成部分，孔隙尺度为纳米级，数目多且形态多样，主要有线状、泡沫状、片状、圆形或椭圆形、多边形和不规则状六种。线状有机质孔发育较少，主要发育在相对致密的有机质中［图6-5（a）］。泡沫状有机质孔为气泡形态的凹坑，多存在于沥青中［图6-5（b）］。片状有机质孔多沿着被有机质包裹或者与有机质相邻的矿物颗粒边缘发育，有时片状有机质孔出现在两个孔隙接触的喉道部位［图6-5（c）］。圆形或椭圆形和多边形有机质孔是有机质孔中最常见的一类［图6-5（d）、（e）］，孔隙内壁光滑，有机质的镜质组反射率为0.6%~0.9%，因此处于干酪根生油窗中。当有机质孔大量发育时，多个不规则形态的有机质孔相互连通，形成具有不规则形态的复杂孔隙网络［图6-5（f）］。

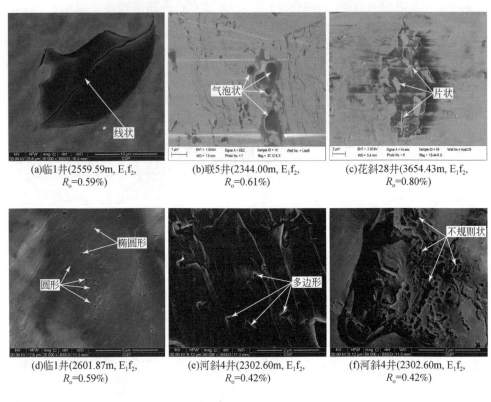

(a)临1井(2559.59m, E_1f_2,
R_o=0.59%)

(b)联5井(2344.00m, E_1f_2,
R_o=0.61%)

(c)花斜28井(3654.43m, E_1f_2,
R_o=0.80%)

(d)临1井(2601.87m, E_1f_2,
R_o=0.59%)

(e)河斜4井(2302.60m, E_1f_2,
R_o=0.42%)

(f)河斜4井(2302.60m, E_1f_2,
R_o=0.42%)

图6-5　苏北盆地古近系泥页岩中次生有机质孔的形态特征

2. 有机质孔的分布

有机质孔在有机质中的分布样式有离散型、定向型和密集型三种。当成熟度较低时，次生有机质孔数目少，孔径较小，彼此间孤立分布，呈离散型［图6-6（a）~（c）］，但是当有机质中存在某些原生有机质孔时，孔隙连通性变好［图6-6（d）~（f）］。由于有机质与黏土矿物接触或存在内部骨架等原因，其产生的有机质孔规则排列，通常表现为直线或弧线排列，呈定向型［图6-6（d）~（f）］。当有机质达到较高成熟度时，次生有机质孔数目变多，孔径变大，密集分布，甚至连通，呈密集型［图6-6（g）~（i）］。与此类似，某些原生有机质孔也具有密集型分布样式［图6-6（a）、（b）］。有机质孔的分布具有明显的非均质性。在同一泥页岩样品中，不同有机质颗粒中有的发育有机质孔，而有的不发育。即使在同一颗粒内，局部有机质孔密集分布，而局部致密无孔。

(a)安1井(2550.00m, E_1f_2, R_o=0.67%)

(b)安6井(3060.50m, K_2t_2, R_o=0.91%)

(c)李2井(2409.66m, K_2t_2, R_o=1.01%)

(d)黄158井(3114.28m, E_1f_4, R_o=0.85%)

(e)黄158井(3114.28m, E_1f_4, R_o=0.85%)

(f)河斜4井(2302.60m, E_1f_2, R_o=0.42%)

(g)联5井(2344.00m, E_1f_2, R_o=0.61%)

(h)临1井(2559.59m, E_1f_2, R_o=0.59%)

(i)河斜4井(2302.60m, E_1f_2, R_o=0.42%)

图6-6　苏北盆地古近系泥页岩中次生有机质孔的分布特征

3. 有机质孔的结构

单个有机质孔的三维几何形态通常是球体、椭球体或多面体，但在演化过程中，有机质孔数目不断增多、体积不断增大、形态弯曲直至接触连通［图6-7（a）、（b）］。当有机质演化到较高成熟度时，有机质内部结构逐渐呈现层状化和网络化趋势。同一层内，有机质孔的分布相对孤立，呈似蜂窝状或彼此连通呈网状；不同层间，发育平面和垂向通道沟通 ［图6-7（c）、（d）］。整个有机质内部结构是一个具有层状格架的似蜂窝状连通体，外表被相对致密的有机质包壳封闭。究其原因有两点：一是原始有机质固有的非均质结构，由惰性网络骨架和活性组分充填构成；二是似蜂窝状的网络结构具有比刚度和比强度高，隔热和隔振性能好的特点，并且蜂窝状封闭具有最好的稳定性（何立东等，2001；陈梦成等，2012）。在温度和压力较高的生油窗或生气窗内，有机质在封闭环境中快速生烃增压，使得烃类分子在有机质惰性骨架中运动，为了适应温度和压力影响而达到最稳定的状态和最有效的输导效果，有机质骨架调整为平面和垂向连通的似蜂窝状网络结构。

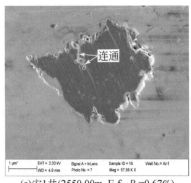
(a)安1井(2550.00m, E_1f_2, R_o=0.67%)

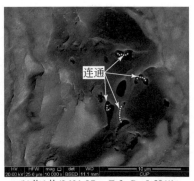
(b)临1井(2601.87m, E_1f_2, R_o=0.59%)

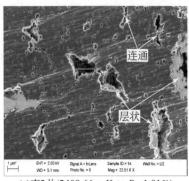
(c)李2井(2409.66m, K_2t_2, R_o=1.01%)

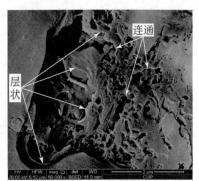
(d)河X4井(2302.6m, E_1f_2, R_o=0.42%)

图6-7　有机质孔的结构特征

6.1.2.3　有机质孔的影响因素

有机质孔的形成与保存是控制有机质演化的外部条件和内部因素共同作用的结果，将其简单理解为有机质发生的热化学反应，其中反应物是有机质，反应条

件是温度和压力，催化剂是无机矿物，而流体充当着反应物、反应条件、催化剂
和产物等多种角色。

1. 外部条件

1）温度和上覆岩层压力

在缓慢沉降的构造背景中，温度是促使有机质热演化的关键因素。上覆岩层
产生的压力一方面促进有机质热演化，有利于有机质孔的发育；另一方面产生的
压实作用导致有机质孔被压缩或坍塌，不利于有机质孔的保存。温度和上覆岩层
压力联合作用于有机质热演化的整个过程中，控制了有机质孔的形成、保存或破
坏，是影响有机质孔发育的最重要外部条件。

2）无机矿物影响

有机质分布于无机矿物之间，两者同时沉积，相互作用并共同演化。无机矿
物对有机质孔的影响主要体现在以下五个方面：第一，有机质分布于无机矿物格
架中，受到矿物颗粒的屏蔽作用，压实作用直接作用在矿物颗粒上，而有机质间
接受到的压实作用滞后或减小［图 6-8（a）］；第二，有机质与无机矿物接触的
边界为力学薄弱面，因受到应力作用或有机质自身收缩导致破裂而形成有机质边
界孔［图 6-8（b）］，由此作为烃类存储和初次运移的重要通道；第三，在泥页
岩埋藏演化过程中，无机矿物发生元素迁移，进入有机质边缘部位，两者相互融
合，形成比有机质内部更稳定的包壳，导致有机质边缘孔不容易发育［图 6-8
（c）、（d）］；第四，无机矿物中的黏土矿物、碳酸盐矿物、石英和黄铁矿等对干
酪根热解生烃具有催化作用（张景廉和张平中，1996；陶伟等，2008；刘会平
等，2008），通过降低热解反应的表观活化能或增加热解反应的视频率因子，加
快热解反应速率，有利于有机质孔的形成［图 6-8（d）~（i）］；第五，无机矿物
的导热率不同也可能是有机质孔演化差异的潜在影响因素，导热率相对较高的矿
物累积热流大（Mctavish，1998），有利于将外部热量传递至与之相邻的有机质，
促进有机质孔演化。

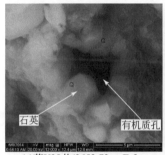 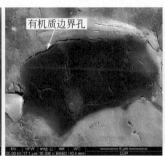 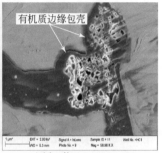

(a)花X28井(3652.73m, E_1f_2, R_o=0.80%) (b)临1井(2600.40m, E_1f_2, R_o=0.59%) (c)河参1井(3103.76m, E_1f_2, R_o=0.75%)

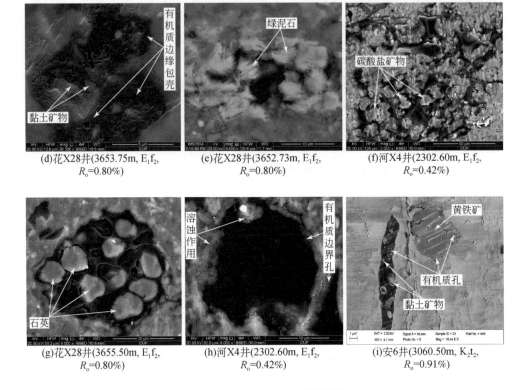

图 6-8　无机矿物对有机质孔的影响

3）流体

黏土矿物脱水转化和有机质热演化生烃等导致泥页岩孔隙中富含地层水或烃类流体，成为有机质和无机矿物相互作用的重要桥梁，并通过物理作用和化学性质影响有机质孔发育。

流体对有机质孔的物理影响主要体现在剩余流体压力的保孔和造缝作用。泥页岩中普遍发育流体超压，特别是在干酪根大量生烃过程中，烃类在干酪根中生成并存储在有机质孔中，干酪根体积快速膨胀，由此导致内部流体压力增加。与砂岩中流体超压对孔隙的保存原理一致，干酪根中的流体压力可以抵消部分上覆岩层压力，阻止干酪根被压实，有机质孔被保留下来。除此之外，如果干酪根中流体压力增加到一定程度，不仅能够在干酪根内部形成微裂缝，而且可以改变岩石原有的应力状态，激活干酪根和无机矿物接触的边界，形成有机质边界孔，特别是当达到岩石破裂极限时，会在干酪根尖端或边缘起裂，形成生排烃缝（Gale et al.，2007；骆杨等，2015）。

流体对有机质孔的化学影响主要表现为在流体中的无机盐或微量元素对干酪

根热解生烃的催化作用以及在生烃过程中产生的有机酸对干酪根周围无机矿物的溶蚀作用 [图 6-8 (h)]。泥页岩流体中的硫酸镁、碳酸氢钠等无机盐和镍、锌等微量元素对干酪根热解反应具有催化作用已得到确认（李术元等，2002；陈中红和查明，2007），催化作用使得干酪根生烃门槛降低，从而有利于有机质孔的发育。在有机质热演化过程中会产生乙酸、琥珀酸和酒石酸等有机酸，不可避免地对相邻的无机矿物产生溶蚀影响。当无机矿物为方解石或长石等不稳定组分时，有机酸的溶蚀作用明显，有机质边界孔和有机质边缘孔发育。同时，无机矿物对有机酸的消耗会进一步促进有机质的热演化和有机质孔的发育。

2. 内部因素

1）有机质类型

苏北盆地古近系泥页岩中部分有机质孔的形态及分布与生物组织的细胞结构具有相似性。原生有机质孔的存在和次生有机质孔分布的非均质性均表明有机质孔发育受有机质本身的性质影响，而有机质的性质主要由有机质的类型决定。

泥页岩中的有机质类型包括干酪根、沥青和焦质沥青三类。干酪根是指沉积岩中不溶于氧化性酸、碱和有机溶剂的分散有机质，它是经历了成岩作用保存下来的有机质组分。沥青是指沉积岩中能溶于有机溶剂的那部分有机质，它在泥页岩中的状态可以是固态，也可以是液态。焦质沥青又称作"固体沥青"，是有机质原位裂解后的残渣，也属于一种不溶组分，通常在高成熟度下才会出现。严格地讲，沥青应该属于储集对象，而不应作为储集体来研究，充填于无机矿物之间的沥青中的孔隙是假有机质孔。在三类有机质中，干酪根是有机质孔发育的最重要载体。按照腐泥组、壳质组、镜质组和惰质组等有机质显微组分的比例构成，通常将干酪根划分为Ⅰ型、Ⅱ₁型、Ⅱ₂和Ⅲ型四种类型。由此来看，有机质显微组分是决定有机质孔的基本单元。与无机矿物一样，有机质显微组分多种多样，故将其看作特殊的"有机矿物"，而干酪根则是"有机矿物"的组合。

不同有机质显微组分的组成不同，由此产生的有机质孔形态各不一样。有机质显微组分中常含有木质素和纤维素等热稳定的惰性骨架，在热演化过程中，惰性骨架因不能转化为烃类而残留下来，有机质孔的形态、尺寸和分布在一定程度上体现了惰性骨架的特点。丝质体不具备生烃能力，但含有微米级的原生有机质孔，在扫描电镜下常见规则圆形和椭圆形的孔隙，部分被无机矿物充填。角质体、木栓质体、表皮体、结构镜质体以及丝质体都具有海绵状、蜂窝状或网格状的内部结构，除丝质体外，内部结构中多被树脂体、无定形体或无结构镜质体填充。圆形、椭圆形和多边形的有机质孔及其有序性排列与这一类显微组分相关。孢粉体虽然没有海绵状、蜂窝状或网格状的内部结构，但是往往存在微裂隙，线状有机质孔可能与之有关。与焦质沥青一样，树脂体和无结构镜质体没有明显的内部结构，均质性相对较强。这一类显微组分在热演化生烃过程中受内部结构限制小，由此形成的有机质孔形态不规则，分布杂乱。无定形体和藻类体相对较软，容易变形，泡沫状有机质孔可能与之相关。

由不同有机质显微组分构成的干酪根具有不同的碳骨架、官能团和空间构型，导致其生烃机制和演化途径不同，表现为不同的生烃过程，产生不同的有机质孔（董春梅等，2015b）。Ⅰ型干酪根主要显微组分为腐泥组，具有高的原始H/C原子比和低的O/C原子比，富含脂肪结构，芳香结构和杂原子键含量低；在生烃过程中主要表现为有机质各部分均匀快速反应，整体产生大分子而收缩，有利于产生有机质边界孔。Ⅲ型干酪根显微组分主要为镜质组和惰质组，具有较低的原始H/C原子比，而O/C原子比高，由大量多芳香核、酮及羧酸基团组成，只含有少量的甲基和短链脂族结构，但不含酯基团；在生烃过程中主要表现为一部分官能团随着演化程度的升高依次从干酪根中直接脱除生烃，最后逐渐残余出惰性骨架，有利于产生有机质内部孔和有机质边缘孔。Ⅱ型干酪根显微组分主要为壳质组，具有较高的H/C原子比和较低的O/C原子比，酯键丰富，含大量脂族结构，主要是中等长度的链和环系；生烃过程介于两者之间，有机质边界孔、有机质内部孔和有机质边缘孔均可发育。

2）有机质成熟度

有机质在热解生排烃完成后总质量亏损，体积最终会降低（Chalmers et al.，2012），有机质孔的产生与成熟度有必然的联系（张景廉和张平中，1996；Mctavish，1998；刘会平等，2008）。在低成熟度时，有机质生成的烃类少，缺乏有机质孔，而在成熟的样品中有机质孔大量发育（骆杨等，2015）。马塞勒斯（Marcellus）页岩中总有机碳–有机质孔隙度–成熟度关系表明，对于一定含量的有机质，随着成熟度增加，生气窗内的页岩比生油窗内的页岩有机质孔更发育。图6-9（a）中两条曲线的截距代表无机矿物的孔隙度，通过向下平移消除无机矿物孔隙度近似得到有机质孔隙度［图6-9（b）］，由此看出同一总有机碳对应的有机质孔隙度，生气窗（$R_o = 2.1\%$）的样品较生油窗（$R_o = 1.0\%$）的样品更高，尤其在总有机碳较高的情况下影响更明显。

有机质孔开始大量出现时，成熟度R_o为$0.8\% \sim 1.3\%$，处于生油窗后期或生气窗初期（李术元等，2002；Gale et al.，2007）。与之相符，苏北盆地古近系泥页岩中有机质孔大量出现时，成熟度R_o约为0.8%。在生油窗前期，产生的烃类溶解到干酪根中，或生成的大分子可溶有机质及部分液态烃滞留于有机孔隙中，会堵塞产生的有机孔，造成有机质孔不发育（陈中红和查明，2007）。

实际上，并非成熟度越高越有利于有机质孔的发育，当有机质处于过成熟阶段时，强压实作用和缩聚反应会导致有机质发生石墨化。此外，在有机质显微组

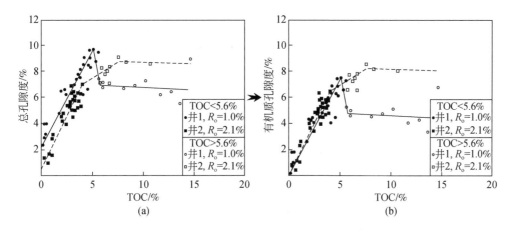

图 6-9　Marcellus 页岩孔隙度–总有机碳–成熟度关系

分复杂的泥页岩中，有机质的类型对有机孔的影响比有机质成熟度更大。

3）有机质含量

总有机碳是表征泥页岩中有机质含量的一个常用参数，与有机质孔数目、孔径、面孔率和有机质孔隙度均存在良好的相关性。

有机质孔主要出现在有机质内部，显然有机质含量增加会加大有机质孔发育的可能性。在相同放大倍数的扫描电镜下，统计苏北盆地古近系不同总有机碳的泥页岩样品中有机质孔的数目，两者呈正相关关系，表明总有机碳越高，有机质孔数目越多 ［图 6-10（a）］。

泥页岩中存在宏孔（>50nm）、介孔（2～50nm）和微孔（<2nm）三种尺度的孔隙，其中较小的介孔和微孔在扫描电镜下难以观察到，而宏孔和较大的介孔相对容易观察到。通常采用高压压汞、氮气吸附和二氧化碳吸附三种方法分别获得宏孔、介孔和微孔数据（田华等，2012）。苏北盆地古近系泥页岩中介孔和微

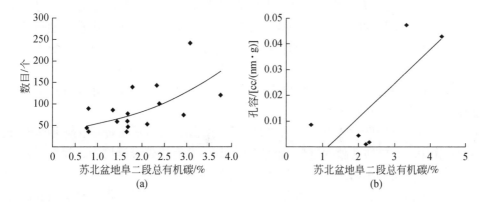

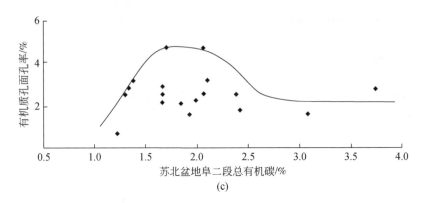

图 6-10　总有机碳对有机质孔的影响

孔含量之和与总有机碳有很好的线性关系［图 6-10（b）］。在 Marcellus 页岩中同样存在类似关系，总有机碳与较小的介孔和微孔所占的比例呈正相关关系，并与宏孔和较大的介孔的平均孔径呈负相关关系。因此，随着总有机碳增加，在扫描电镜下难以观察到的较小的介孔和微孔所占的比例上升，导致有机质孔的平均孔径降低。

　　有机质孔面孔率或有机质孔隙度与总有机碳之间的关系更加复杂。随着总有机碳增加，苏北盆地古近系泥页岩中有机质孔面孔率和 Marcellus 页岩中有机质孔隙度均表现出先快速增加，后变缓或降低，最终稳定的趋势［图 6-10（c）］。分析认为，总有机碳增加对有机质孔隙度的影响有积极作用和消极作用两方面。

　　总有机碳包括两部分：一部分是具有生烃潜力的有机碳，被称为"活碳"（Pepper，1991）或"可热解碳"（Larter，1984）；另一部分是不具有生烃潜力或生烃潜力很弱的有机碳，被称为"死碳"或"惰性碳"（Cooles et al.，1986）。两种类型有机碳生烃潜力的不同本质上是含氢量的差异。活碳含氢量高，生烃潜力大，在热演化过程中能够产生更多的有机质孔；而死碳含氢量低，生烃潜力低，产生有机质孔的能力也弱。总有机碳增加势必会增加活碳的含量，通过热演化生烃产生有机质孔，直接增加有机质的孔隙度。然而，总有机碳增加导致泥页岩塑性增强，抗压实能力减弱，有机质孔因压实作用而缩小或闭合，由此间接降低了有机质孔隙度。因此，有机质生烃增孔作用和压实减孔作用相互叠加决定了总有机碳与有机质孔隙度的关系。

　　当总有机碳较低时，由于无机矿物的屏蔽作用，有机质生烃增孔作用大于压实减孔作用，有机质孔隙度近似线性快速增加。总有机碳继续增加，泥页岩塑性增强，压实作用影响明显增大，有机质孔隙度缓慢增加或降低。特别当总有机碳增加到一定值时，有机质生烃增孔作用和压实减孔作用达到平衡，有机质孔隙度保持稳定。在不同地区不同层位的泥页岩中，由于埋藏过程、有机质类型、有机质成熟度和岩石组构等因素影响，达到平衡时的总有机碳不同，苏北盆地古近系泥页岩中 R_o = 0.4% ~ 0.9% 的样品达到平衡时，TOC = 2.5% ［图 6-10 (c)］；而 Marcellus 页岩 R_o = 1.0% 的样品达到平衡时，TOC = 5.6%；R_o = 2.1% 的样品达到平衡时，TOC = 7% ［图 6-9 (b)］。对于同一地区同一层位的 Marcellus 页岩来讲，有机质类型和岩石组构相似，平衡时的总有机碳主要受有机质成熟度影响，随着成熟度增加，有机质和无机矿物脆性增大，页岩抗压能力增强，压实减孔作用被削弱，平衡时总有机碳增大 ［图 6-9 (b)］。

6.1.2.4　有机质孔演化规律

有机质孔的影响因素分析表明，有机质类型是决定有机质性质的基础，其中有机质显微组分的类型及含量（即干酪根类型）是关键。不同的有机质类型，热演化规律不同。当有机质类型一定时，有机质所处的外部条件是有机质孔演化的原因。温度、压力、无机矿物和流体等的变化引起有机质组构、有机质成熟度和有机质含量的变化，最终导致有机质孔的变化。

苏北盆地古近系泥页岩的有机质类型主要为Ⅱ型干酪根，利用场发射扫描电镜观察实际样品，发现随着层位变老、成熟度增加，有机质孔的数目、形态、尺寸和分布发生阶段性演化 ［图 6-11 (a)］。同时，选取Ⅱ型干酪根低成熟度样品开展高压釜热模拟实验，模拟温度分别设置为 400℃、500℃和 600℃，并对实验后的样品进行氩离子剖光和场发射扫描电镜观察，其中有机质孔的变化特征与实际样品相似 ［图 6-11 (b)］。在未成熟−低成熟阶段，实际样品和热模拟样品中有机质孔均不发育；在中成熟阶段（生油窗），实际样品和热模拟样品中有机质孔数目增多，形态以圆形或椭圆形为主，孔隙内壁光滑，孔径为纳米级，密集分布于有机质内部，并且生油窗晚期较早期表现更突出；在高成熟阶段（生气窗），实际样品中有机质孔数目继续增加，形态不规则，边缘参差不齐，孔隙内壁粗糙，为孔径微米−纳米级，孔隙连通性变强且具有层状化和网络化趋势，而在热模拟样品中明显表现为复杂似蜂窝状连通体；在过成熟阶段，实际样品和热模拟样品中有机质均为少量残余，有机质孔数目明显减少，孔径以纳米级为主，局部残留微米级有机质边界孔。

有机质孔的阶段性演化特征与干酪根热解生烃过程中的组构演化和生烃机制密切相关 ［图 6-11 (c)］。在生物化学生气阶段，含氧、含硫或含氮等杂原子官能团的分解造成 O/C 值迅速下降，H/C 值略有降低，其演化产物主要是 CO_2、H_2O 及沥青质和胶质，由此在干酪根结构中形成微孔级的有机质孔。在热催化生油气阶段，H/C 值和 O/C 值均快速下降，脂族结构中的长链断裂形成大量的液态烃

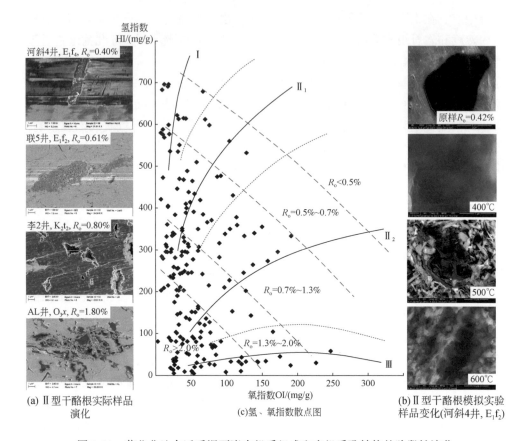

图 6-11　苏北盆地古近系泥页岩有机质组成和有机质孔结构的阶段性演化

类从干酪根结构中脱除，由此形成众多圆形、椭圆形或多边形，且孔壁光滑的纳米级有机质孔。在热裂解生凝析气阶段，以 H/C 值迅速下降，而 O/C 值缓慢下降为特征，由于脂族结构中的短侧链断裂脱除或芳构化形成稳定化合物，生成大量天然气，不仅在干酪根中产生大量纳米级有机质孔，而且改造已经存在的有机质孔，使之孔壁粗糙、形态不规则或相互沟通成网。同时，压实作用和芳构化作用使得干酪根中芳环开始具有共面的排列趋势，造成有机质孔呈层状分布特征。在深部高温生气阶段，H/C 值和 O/C 值均很低且趋于稳定，高温和高压下芳烃的脱氢与缩合、稠环化和碳化作用导致干酪根产生芳核的层片并向石墨化或无定形碳方向发展，其主要产物是甲烷，在干酪根中发育微孔级的有机质孔或残留微米–纳米级的有机质边界孔。

6.1.3　自然流体压力缝

泥页岩中的裂缝类型有层理缝、构造缝、溶蚀缝、收缩缝和自然流体压力缝五种类型。层理缝是在薄弱的沉积层理界面上发育的裂缝，主要受原生沉积成因控制，镜下形态为连续-不连续线型，多为半充填有机质和黏土矿物；构造缝是岩石承受构造应力后产生的裂缝，具有张剪性、高角度和充填石膏或方解石的特征，其平面形态可为锯齿状、雁列状和平直状；在灰质、云质等易溶组分含量高的岩相中溶蚀缝发育，呈蛇曲状或港湾状，多被方解石、石膏或硅质充填；收缩缝是岩石在受热、脱水或黏土矿物收缩等因素作用下产生的，其平面形态为环绕型或网络状，多被黏土矿物充填；自然流体压力缝是一种主要由流体压力作用而形成的裂缝，对流体运移和存储具有重要影响（马存飞等，2016）。富有机质泥页岩储层普遍发育超压，流体压力对岩石骨架产生作用，并改变岩石骨架所处的应力状态而形成自然流体压力缝。自然流体压力裂缝在富有机质泥页岩中最为发育，包括早期泄水缝、顺层脉状裂缝和生排烃缝，对泥页岩油储集和运移最重要，因此重点对其类型、特征及成因开展详细论述。

6.1.3.1　早期泄水缝

早期泄水缝主要产生于埋藏早期，即泥页岩尚未完全固结时，在欠压实作用下流体（主要是地层水）不能有效排出，导致局部流体压力增大，流体纵向撕裂沉积物向上运移，由此产生裂缝作为泄水通道。裂缝呈蛇曲形态 [图 6-12 (a) ~(f)]，整体垂向延伸，但当与其他裂缝、层理相交时发生拐弯或发育分支 [图 6-12 (a)、(b)]，一般被沥青、方解石、黄铁矿或泥质等完全充填 [图 6-12 (b) ~(f)]。特别是当超压流体携带黏土质向上运移时，由于泄压作用导致黏土质在裂缝中卸载，造成黏土质发生穿层运移但仍与供给层相连 [图 6-12 (f)]。早期泄水缝以其粗糙且极不规则的蛇曲形态区别于构造缝和层理缝等。当未被完全充填时，裂缝中存在一定的储集空间，不仅可以增大泥页岩垂向渗透率，也为后期溶蚀作用提供到了条件。同时，裂缝内部充填沥青表明早期泄水缝

(a)在水平裂缝处发生拐弯，发育两条分支(樊页1井，3352.44m)　　(b)在层理处发生拐弯，沥青充填(牛页1井，3409.05m)　　(c)方解石充填裂缝(樊页1井，3228.43m)

(d)黄铁矿充填裂缝　　　　　(e)泥质充填裂缝　　　　　(f)泥质充填裂缝
(樊页1井，3074.60m)　　　　(庄3井，1714.95m)　　　　(牛页1井，3429.75m)

图 6-12　早期泄水缝特征

可以作为烃类初次运移的通道［图 6-12（b）］。

6.1.3.2　顺层脉状裂缝

顺层脉状裂缝在全球沉积盆地内的富有机质泥页岩中广泛发育，并与充填在裂缝中的纤维状矿物具有共生组合关系。由于上下两排纤维状矿物相对生长，晶体延长方向与裂缝壁面垂直且对称分布，形似牛排，故国外常用"beef"来代指被纤维状矿物充填的顺层脉状裂缝（Cobbold et al.，2013）。

1. 纤维状方解石脉结构特征

中国东部古近系富有机质泥页岩中的顺层脉状裂缝以（铁）方解石充填最为常见。裂缝开度从几微米到几厘米，长度从几毫米到几十厘米，整体呈透镜状、板状或羽状［图 6-13（a）~（d）］，具有明显的张性特征［图 6-13（a）~（c）］，部分具有张剪性［图 6-13（d）］。方解石脉中间多发育一条暗色条纹线，呈断续直线状、锯齿状或正弦波状［图 6-13（e）~（g）］。暗色条纹线两侧方解石晶体紧密排列，垂直于裂缝壁面相对生长并终止于暗色条纹线。整个方解石脉的内部结构相对于中间暗色条纹线大致对称分布。部分方解石脉的内部结构复

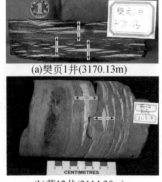
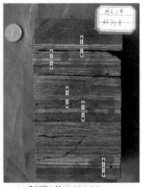

(a)樊页1井(3170.13m)

(b)花12井(3114.30m)　　　　(c)利页1井(3599.80m)　　　　(d)樊页1井(3195.30m)

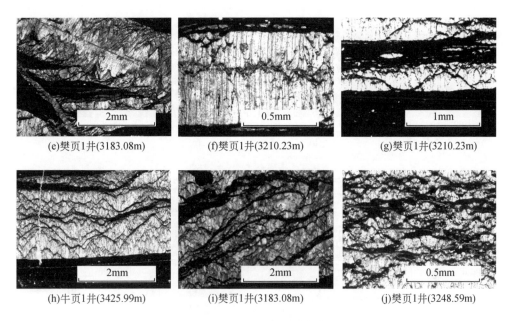

(e)樊页1井(3183.08m)　　(f)樊页1井(3210.23m)　　(g)樊页1井(3210.23m)

(h)牛页1井(3425.99m)　　(i)樊页1井(3183.08m)　　(j)樊页1井(3248.59m)

图 6-13　顺层脉状裂缝与纤维状方解石脉

（a）、（b）为纤维状方解石脉整体呈透镜状，顺层平行排列，张性特征；（c）为纤维状方解石脉整体呈板状，沿页理密集分布，张性特征；（d）为纤维状方解石脉整体呈羽状，主体具有共轭关系，内部发生"S"变形或派生分支，表明其形成经历过剪切作用影响；（e）为纤维状方解石脉暗色条纹线呈断续的直线状，两侧方解石晶体大致镜像对称；（f）为纤维状方解石脉暗色条纹呈锯齿状，两侧方解石晶体大致镜像对称；（g）为纤维状方解石脉暗色条纹呈正弦波状，两侧方解石晶体大致中心对称；（h）~（j）为纤维状方解石脉发育多条杂乱的暗色条纹线

杂，含有多条杂乱的暗色条纹线 [图 6-13（h）~（j）]，是两排方解石晶体多期竞争生长或多个方解石脉拼合的痕迹（Elburg et al.，2002；Hilgers and Urai，2002；刘立等，2004；王淼等，2015）。

大多数纤维状方解石脉暗色条纹线的组分是富含有机质的泥质或泥页岩碎片 [图 6-14（e）~（j）]，少数是黏土矿物和黄铁矿（图 6-14）。在扫描电镜下观察纤维状方解石脉，组成暗色条纹线的矿物具有灰色丝缕状和白色点状形态特征 [图 6-14（a）]，而微区元素面扫描和线扫描技术联合证实组成灰色丝缕状矿物的元素主要含 Si 和 O，其次是 Al 和 K，贫 Ca 和 C，据此判断属于黏土矿物 [图 6-14（b）~（f）、（j）~（n）]；白色点状矿物主要含 Fe 和 S 元素，因此是黄铁矿 [图 6-14（g）~（h）]。

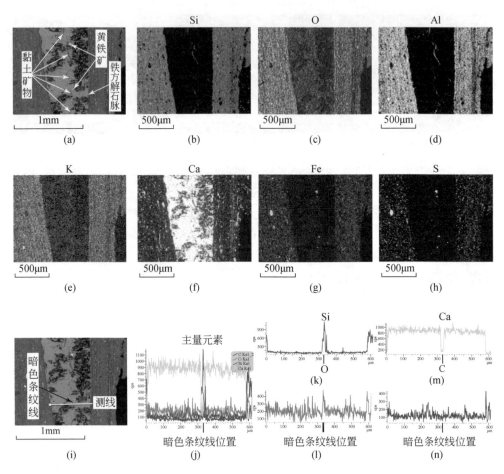

图 6-14　纤维状方解石脉暗色条纹线矿物组成和元素组成（樊页 1 井，3211.53m）

（a）扫描电镜，暗色条纹线呈丝缕状，断续分布，其矿物组成为黏土矿物和黄铁矿；（b）~（f）微区元素面扫描，暗色条纹线中灰色丝缕状矿物主要含 Si、O、Al 和 K 元素，贫 Ca 元素；（g）、（h）微区元素面扫描，暗色条纹线中白色点状矿物主要含 Fe 和 S 元素；（i）微区元素线扫描测线位置，横穿方解石脉，与暗色条纹线相交；（j）~（n）微区元素线扫描，暗色条纹线中灰色丝缕状矿物富 Si 和 O，贫 Ca 和 C

2. 纤维状方解石脉与有机质

　　纤维状方解石脉与有机质之间存在密切关系。捷克布拉格盆地、阿根廷内乌肯盆地、英格兰南部威塞克斯盆地、美国巴奈特盆地和国内四川盆地大巴山前陆构造带龙马溪组泥页岩中均发现被有机质浸染的纤维状方解石脉（Dobes et al.，1999；Parnell et al.，2000；Suchy et al.，2002；Rodrigues et al.，2009；Zanella and Cobbold，2011；李荣西等，2013；Zanella et al.，2014）。在东营凹陷、沾化凹陷古近系沙三下亚段–沙四上亚段和苏北盆地古近系阜二段–阜四段厚层泥页岩中，纤维状方解石脉紧邻富有机质黏土纹层，包裹生物成因及成岩改造的胶磷矿，夹杂富含有机质的泥页岩碎片，充填沥青，捕掳烃类包裹体和存储原油［图6-15（a）~（k）］。选取不发育的纤维状方解石脉和低成熟度富有机质泥页岩样品开展地层条件下的热模拟实验，在扫描电镜下观察模拟实验后的样品，发现沥青和方解石晶体共生演化现象。两排方解石小晶体正在发育，紧密围绕沥青生长，整体呈透镜状［图6-15（1）］。纤维状方解石脉普遍与有机质紧密共存，部分学者将其作为干酪根生烃和油气初次运移的重要证据（Conybeare and Shaw，2000；Barker et al.，2006；李荣西等，2013）。

(a)樊页1井(3180.33m)

(b)利页1井(3631.75m)

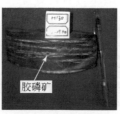
(c)河130井(3269.40m)

(d)花14井(3114.25m)

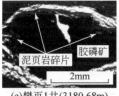
(e)樊页1井(3180.68m)

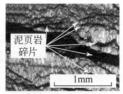
(f)牛页1井(3425.99m)

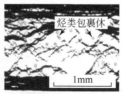
(g)樊页1井(3178.51m)

(h)牛页1井(3432.17m)

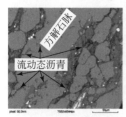
(i)罗69井(3048.10m)

(j)罗69井(3048.10m)

(k)罗69井(3048.10m)

(l)罗69井(3059.35m)

图6-15　纤维状方解石脉与有机质共存现象

（a）~（c）为方解石脉包裹胶磷矿；（d）为方解石脉存储原油；（e）为方解石脉包裹胶磷矿和夹杂泥页岩碎片；（f）为方解石脉夹杂泥页岩碎片；（g）为方解石脉捕掳烃类包裹体；（h）、（i）为方解石脉充填沥青；（j）为方解石脉与富有机质黏土纹层紧邻；（k）为在含有纤维状方解石脉的富有机质泥页岩实际样品中，两排结晶完好的方解石晶体之间充填沥青；（1）为不含纤维状方解石脉的低成熟度富有机质泥页岩样品经过热模拟实验后出现与实际样品（K）特征相似的方解石脉，沥青两侧为排列紧密、正在生长的方解石小晶体，热模拟实验温度250℃

3. 成因

各学者对于顺层脉状裂缝和纤维状方解石脉的共生成因一直争论不休。Taber（1916，1918）提出了纤维状矿物的结晶力是改变岩石局部应力状态的重要因素，Means 和 Li（2001）、Keulen 等（2001）、Gratier 等（2012）相继从理论和实验方面对矿物的结晶力进行了研究，其中 Keulen 等（2001）通过实验测定了硬石膏水合作用的结晶力大约是 11MPa，这远不足以抗衡地下几千米深处的静岩压力而形成水平张裂缝。Cobbold 和 Rodrigues（2007）认为泥页岩中由于孔隙流体超压作用产生的顺层脉状裂缝是形成纤维状方解石脉的关键原因，当孔隙流体压力大于上覆岩层压力与岩石骨架垂向抗张强度之和时，岩石将产生水平张性裂缝。

本书认为裂缝的产生并不是流体压力单独作用的过程，而是流固相互作用的结果。流体压力通过与岩石骨架相互作用，改变岩石应力状态，达到岩石骨架破裂极限形成裂缝，而当率先达到岩石垂向抗张强度或水平抗剪切强度时，顺层脉状裂缝产生（图 6-16）。裂缝的形成为方解石提供了结晶空间，而方解石的充填可以支撑和保留裂缝。裂缝的发育伴随着方解石的结晶，两者相互促进、紧密共生。

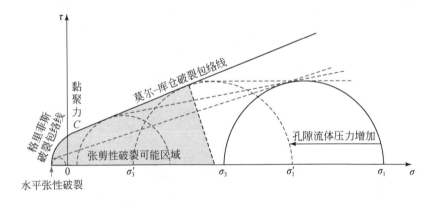

图 6-16　孔隙流体压力对岩石破裂影响示意图

顺层脉状裂缝和纤维状方解石脉在厚层富有机质泥页岩中普遍发育，是因为泥页岩的组成和结构满足裂缝产生所需的四个条件。

第一，厚层富有机质泥页岩容易产生和保存超压。泥页岩超压产生的原因多样，但主要有三种：构造作用（构造压实或抬升）、成岩作用（矿物脱水转化）和有机质生排烃作用。构造压实超压主要发生在埋藏早期，泥页岩快速被压实，流体不能被及时排出而产生；构造抬升超压是由于地层抬升泄压，流体压力得不到及时释放而产生。成岩作用过程中矿物脱水以及干酪根生排烃都会导致流体体积快速增加，进而产生超压。特别是黏土矿物脱水转化与干酪根热解生烃基本发生于同一阶段，而泥页岩极低的渗透率保证了流体超压得以积累和保存。第二，富有机质泥页岩中黏土矿物和有机质含量大、黏聚力小、抗剪强度低、塑性强，导致泥页岩容易发生塑性张剪性破裂或流动变形破坏（孙广忠，1983；张年学等，2011）。第三，富有机质泥页岩页理发育，具有明显的抗张强度和各向异性，并且垂向抗张强度最弱（Cosgrove，1995，2001；Lash and Engelder，2005），最容易沿着页理薄弱面发生张性破裂。第四，富有机质泥页岩成分复杂多样、颗粒细小，对温度和压力反应敏感，因此成岩作用类型多样（Lazar et al.，2015）。当灰质等不稳定组分被溶蚀、饱和流体运移至裂缝中时，流体浓度梯度或水力梯度发生变化，导致方解石等矿物沉淀结晶，充填支撑并保留裂缝。

如图 6-16 所示，流体压力增大，导致岩石最大主应力和最小主应力不同程度降低，通常最小主应力降低量小于最大主应力，因而莫尔圆圆心左移，同时半径减小，最终达到岩石骨架破裂极限，发生张剪性破裂。如果流体压力足够大，而岩石抗张强度或黏聚力很小，那么流体对岩石破裂影响更加明显。

因此，泥页岩中超压产生垂向的渗流压力梯度，特别是在超压中心附近，流体压力可以大大影响岩石原始应力状态，而当达到泥页岩垂向抗张强度时，会产生沿页理延伸的顺层脉状裂缝。裂缝产生后，饱和碳酸钙的流体充满裂缝，随着流体排出，发生流体压力降低和温度变化，方解石结晶充填并保留裂缝。超压机制重新启动，前期保留的裂缝被激活继续发育，方解石晶体再次生长。方解石结晶的多期次性反映了流体超压演化的幕式性和裂缝发育的阶段性。

6.1.3.3　生排烃缝

1. 生排烃缝特征

生排烃缝在济阳拗陷沙四上亚段–沙三下亚段富有机质页岩中普遍发育。裂缝与干酪根紧密共生，沿着单个扁平干酪根的中间、边缘或尖端起裂［图 6-17（a）~（c）］，部分裂缝与生物成因相关的胶磷矿（Dorozhkin，2009）和微体化石相连［图 6-17（d）、（e）］。裂缝开度几微米到几十微米不等，长度为数微米到数厘米，壁面参差不齐，其内部多被沥青充填［图 6-17（f）~（l）］。两个干酪根产生的裂缝相互靠近可以连接成线或形成菱形结环［图 6-17（b）、（i）］，而多个干酪根形成的裂缝通常连接成线或呈雁列方式排列［图 6-17（j）、（k）］，具有张性或张剪性特征。大多数裂缝呈水平延伸，是沿平行于层理的方向分布的，但部分裂缝尾端发生弯曲，拐向另一条裂缝［图 6-17（l）］。

(a)裂缝从扁平干酪根中间，沿长轴方向穿过

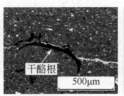
(b)裂缝从扁平干酪根边缘穿过

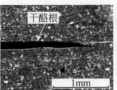
(c)裂缝从扁平干酪根边缘和尖端穿过

(d)裂缝从胶磷矿边缘和尖端穿过

(e)裂缝从微体化石尖端、中间或边缘穿过

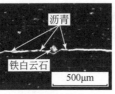
(f)裂缝绕过铁白云石颗粒，充填沥青

(g)裂缝充填沥青

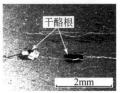
(h)裂缝连接两个干酪根，干酪根附近充填沥青

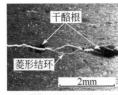
(i)两条裂缝尾端弯曲靠近形成菱形结环，干酪根附近充填沥青

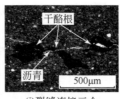
(j)裂缝连接三个干酪根，充填沥青

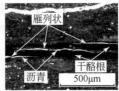
(k)裂缝呈雁列式排列，充填沥青

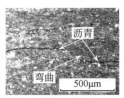
(l)裂缝末端相互靠近，发生弯曲

图 6-17　实际泥页岩样品中生排烃缝特征

2. 生排烃缝热模拟实验

1）实验样品及实验设备

实验样品取自济阳拗陷沾化洼陷沙河街组沙三下亚段，其岩性为灰褐色油页岩，干酪根类型为Ⅰ型，生烃指标好，为低成熟度的优质烃源岩（表6-2）。

表6-2　样品信息

样品基本信息		干酪根显微组分		生烃指标	
凹陷	沾化凹陷	腐泥组/%	97.3	S_1/（mg/g）	0.55
井名	罗69井	壳质组/%	0.3	S_2/（mg/g）	14.06
深度/m	3053.1	镜质组/%	2.3	T_{max}/℃	444
层位	沙三下亚段	惰质组/%	0.1	TOC/%	4.37
岩性	灰褐色油页岩	干酪根类型	Ⅰ型	R_o/%	0.60

　　与本书第 5 章采用的热模拟装置不同，本实验装置由高压釜、温度控制系统和压力控制系统三部分组成，其中高压釜釜体材质为哈氏合金，最大容积为 1000mL，最高耐受温度为 350℃，最高耐受压力 50MPa。温度控制系统由热电偶、温度传感器和 AI-518P 型人工智能温度控制器组成，可实现对加温过程的精确控制，而压力控制系统由压力传感器和 GBS-STA100 型气体增压系统组成。

　　2）实验方案

　　实验前，将一块新鲜的页岩样品沿垂直纹层面方向切割成 4 组规则的块状实验样品，其中每组包含 6 个实验样品，并利用天平和螺旋测微仪分别测量每个实验样品的质量和高度。实验采用加蒸馏水的热模拟方法，用水量为 200mL。实验共设置四组不同的实验温度和压力，其中初始温度为 25℃，实验温度分别是 150℃、200℃、250℃和 300℃，对应的压力依次设置为 15MPa、20MPa、25MPa 和 30MPa，相当于地下 1500m、2000m、2500m 和 3000m 的地层压力。在加热过程中，采用先匀速升温后恒温的方式，其升温时间为 4h，恒温时间为 48h（表 6-3）。

表 6-3　模拟实验方案

样品组号	样品编号	起始温度/℃	升温时间/h	实验温度/℃	恒温时间/h	压力/MPa	加水量/mL
Ⅰ	Ⅰ-1 ~ Ⅰ-6	25	4	150	48	15	200
Ⅱ	Ⅱ-1 ~ Ⅱ-6	25	4	200	48	20	200
Ⅲ	Ⅲ-1 ~ Ⅲ-6	25	4	250	48	25	200
Ⅳ	Ⅳ-1 ~ Ⅳ-6	25	4	300	48	30	200

　　3）实验结果

　　实验后，利用氯仿洗涤实验样品中残留烃并置于通风橱中风干，然后再次测量每个实验样品的质量和高度（表 6-3）。

　　由于实验过程中样品生成并排出烃类和孔隙水等流体而造成质量亏损，根据实验前后实验样品的质量变化，通过式（6-1）计算质量损失率作为实验样品的排液率（表 6-3）；由于实验过程中实验样品发生热膨胀并产生裂缝而造成高度增加，根据实验前后实验样品的高度变化，通过式（6-2）计算实验样品高度的增长率作为实验样品的扩张率（表 6-4）。

$$D = (M_{pre} - M_{post})/M_{pre} \times 1000‰ \tag{6-1}$$

$$E = (H_{post} - H_{pre})/H_{pre} \times 100\% \tag{6-2}$$

式中，D 为排液率，‰；M_{pre} 为实验前样品质量，g；M_{post} 为实验后样品质量，g；E 为扩张率，%；H_{post} 为实验后样品高度，mm；H_{pre} 为实验前样品高度，mm。

表 6-4　模拟实验后小样品排液率和扩张率计算

样品组号	样品编号	实验前质量/g	实验后质量/g	排液率/‰	实验前高度/mm	实验后高度/mm	扩张率/%
I	I -1	1.62	1.61	6.2	9.225	9.300	0.8
	I -2	2.43	2.42	4.1	7.303	7.343	0.5
	I -3	3.48	3.46	5.7	8.212	8.265	0.6
	I -4	4.84	4.83	2.1	11.887	11.967	0.7
	I -5	15.37	15.34	1.9	16.560	16.612	0.3
	I -6	10.79	10.76	2.8	17.441	17.480	0.2
II	II -1	1.61	1.6	6.2	9.122	9.142	0.2
	II -2	1.64	1.62	12.2	8.222	8.522	3.6
	II -3	3.86	3.83	7.8	9.041	9.170	1.4
	II -4	5.11	5.08	5.9	12.340	12.690	2.8
	II -5	12.75	12.68	5.5	20.050	20.620	2.8
	II -6	18.71	18.66	2.7	20.160	20.284	0.6
III	III -1	1.1	1.09	9.1	6.660	6.900	3.6
	III -2	1.26	1.24	15.9	7.230	7.270	0.6
	III -3	2.65	2.62	11.3	7.930	8.150	2.8
	III -4	3.03	2.98	16.5	7.222	7.650	5.9
	III -5	9.03	8.96	7.8	14.292	14.870	4.0
	III -6	9.09	9.01	8.8	9.422	9.748	3.5
IV	IV -1	1.32	1.28	30.3	6.760	7.211	6.7
	IV -2	2.01	1.97	19.9	13.006	13.618	4.7
	IV -3	3.25	3.16	27.7	9.664	10.210	5.6
	IV -4	3.33	3.27	18.0	12.100	12.754	5.4
	IV -5	6.3	6.19	17.5	12.010	12.610	5.0
	IV -6	9.4	9.28	12.8	12.300	12.916	5.0

通过体视显微镜和环境扫描电镜对实验后的样品进行观察，发现生排烃缝大量形成，并与实际样品中的生排烃缝具有相似的特征。多组裂缝平行延伸，呈雁列式分布［图6-18（a）~（c）］，部分裂缝末端发生弯曲［图6-18（a）］；裂缝

通常沿干酪根尖端和边缘起裂或扩展［图6-18（d）～（f）］，并往往被沥青充填［图6-18（g）～（h）］；单条裂缝容易沿着黏土矿物纹层和碳酸盐矿物纹层的接触界面延伸［图6-18（i）］，或绕过刚性的长英质矿物和碳酸盐矿物延伸［图6-18（j）、（k）］；两条裂缝在延伸过程中末端发生弯曲或分叉［图6-18（l）～（n）］，相互靠近［图6-18（m）、（n）］，最终相交［图6-18（o）］。

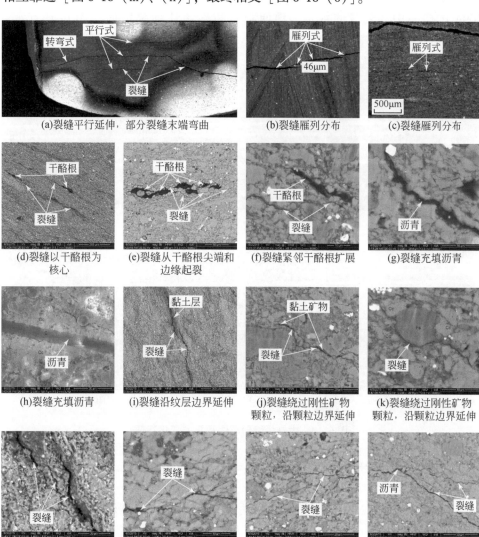

(a)裂缝平行延伸，部分裂缝末端弯曲　(b)裂缝雁列分布　(c)裂缝雁列分布

(d)裂缝以干酪根为核心　(e)裂缝从干酪根尖端和边缘起裂　(f)裂缝紧邻干酪根扩展　(g)裂缝充填沥青

(h)裂缝充填沥青　(i)裂缝沿纹层边界延伸　(j)裂缝绕过刚性矿物颗粒，沿颗粒边界延伸　(k)裂缝绕过刚性矿物颗粒，沿颗粒边界延伸

(l)两条裂缝在相互靠近的过程中发生弯曲、分叉　(m)两条裂缝末端弯曲靠近　(n)两条裂缝末端弯曲靠近　(o)两条裂缝相交

图6-18　热模拟实验后样品中生排烃缝特征

实验后，随着温度和压力升高，生排烃缝发育程度逐渐增强。在实验前的原始样品中可见分散状的干酪根颗粒，但未发育裂缝 [图6-19（a）]；在150℃的样品中，裂缝开始出现，但开度小且横向延伸短，彼此相互孤立 [图6-19（b）]；在200℃的样品中，裂缝明显以干酪根为核心，开度增加且延伸距离增大 [图6-19（c）]；在250℃的样品中，不同裂缝末端开始连通 [图6-19（d）]；在300℃的样品中，裂缝的数量、延伸距离和连通性继续增加 [图6-19（e）、（f）]。

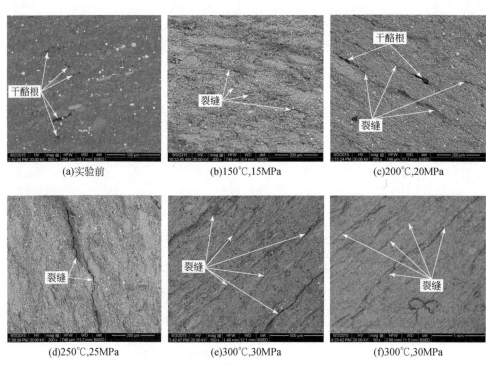

(a)实验前 (b)150℃,15MPa (c)200℃,20MPa

(d)250℃,25MPa (e)300℃,30MPa (f)300℃,30MPa

图6-19 生排烃缝随温度和压力变化特征

4）生排烃缝形成影响因素

A. 孔隙流体压力

在实验过程中，油页岩在温度和压力作用下生成油气并形成生排烃缝（孟巧荣等，2010）。主要由裂缝产生造成的扩张率和由烃类生成造成的排液率均随着温度增加而呈指数关系增加 [图6-20（a）]，同时两者具有线性变化关系 [图6-20（b）]。因此，油页岩扩张率和排液率的共生变化关系表明生排烃缝的形成与烃类的生成密切相关。干酪根热解生烃增压是泥页岩中流体超压形成的主要动力来源（郭小文等，2011），而生排烃缝的分布通常与地层超压发育部位吻合，据此推断由干酪根生烃增压作用产生的孔隙流体压力是形成生排烃缝的主要因素。在一定的应力场中，孔隙流体压力可以改变岩石骨架所处的应力状态，进而达到岩石破裂强度，产生自然流体压力裂缝（Engelder and Lacazette，1990）。

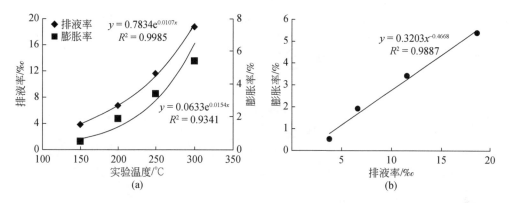

图 6-20　膨胀率、排液率和温度的相互关系

B. 岩石破裂强度

岩石产生裂缝需要达到其破裂强度，如抗张强度或抗剪强度。泥页岩中碎屑颗粒细小、富含黏土矿物且定向性强，特别是发育纹层等薄弱面（Gallant et al.，2007），由此决定了岩石力学性质具有强的非均质性，表现为平行于纹层方向的破裂强度小于垂直纹层方向的破裂强度（Chenevert and Gatlin，1965；Schmidt and Huddle，1977）。当孔隙流体压力增大，率先达到泥页岩平行于纹层方向的破裂强度时，顺层裂缝产生。

岩石组构是决定岩石破裂强度的关键。泥页岩物质组成复杂，主要包括有机质、黏土矿物、长英质矿物和碳酸盐矿物，其中有机质是干酪根热解生烃增压的物质保证，也是生排烃缝形成的必要条件之一。在相同条件下，有机质含量越高，生烃量越大，孔隙流体超压形成的可能性越大，则越有利于生排烃缝的产生。有机质和无机矿物在页岩中存在分散状、半连续和连续三种分布样式［图6-21（a）～（f）］，普遍具有顺纹层定向分布特征，有利于生排烃缝顺层延伸（Přikryl，2001）。在加热过程中，由于各组分热膨胀系数存在差异，在受热过程中变形程度不同，会在不同矿物的边缘处产生热应力，故有机质与无机矿物以及无机矿物相互之间的接触边界也是力学性质薄弱部位，生排烃缝容易沿颗粒边界顺层扩展。因此，泥页岩中有机质为生排烃缝提供了动力来源和起裂点，而有机质与无机矿物的定向分布和接触边界为裂缝顺层扩展提供了条件。

5）生排烃缝起裂和扩展机理

当岩石在埋藏到一定阶段后，由于碎屑颗粒之间的成岩固结作用，岩石表现

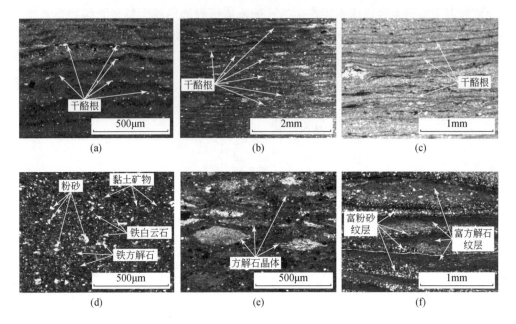

图 6-21　泥页岩中有机质和无机矿物分布样式

出多孔弹性介质特征，孔隙流体压力通过岩石骨架的弹性响应而改变岩石局部受力状态，从而影响岩石的破裂方式。孔隙流体压力对岩石骨架应力状态的影响可以通过式（6-3）表达（Engelder and Fischer，1994；Yassir and Bell，1994；Hillis，2001；Goulty，2003）。

$$S_h = \frac{v}{1-v}(S_v - \alpha P_p) + \alpha P_p \tag{6-3}$$

式中，S_h 为水平主应力；S_v 为垂向主应力；v 为泊松比；P_p 为孔隙流体压力；α 为毕奥特系数。

　　在上覆岩层压力不变的条件下，水平主应力会随孔隙压力的增大而增大。在岩石四周边界通过形变保持总应力不变的条件下，孔隙流体压力的增加会导致应力莫尔圆向左平移，从而与莫尔包络线相切产生剪切破裂（图 6-16）。在实际地层条件下，由于岩石在应力作用下的横向和纵向变形量不同，当孔隙流体压力增加时，水平有效主应力减小速率低于垂向主应力减小速率，最大有效主应力与最小有效主应力差值越来越小，最终导致岩石水平破裂，产生水平张裂缝（Cobbold and Rodrigues，2007；Cobbold et al.，2013）。

　　干酪根热解生烃过程是分子量减小、分子数增多和体积增加的过程，因此，在埋藏进入生油窗后，有机质相态的转变带来体积增加，由于泥页岩相对封闭的细小孔隙和极低的渗透率，无法及时排烃导致干酪根周围孔隙压力大大增加。同时，在压实作用下，干酪根的扁平状形态会造成超压形成的张应力在尖端聚集，对于水平微裂缝的起裂具有重要作用（Özkaya，1988）。为了研究干酪根形态与顺层微裂缝起裂条件之间的关系，Özkaya（1988）建立了一个符合线性弹性条件的各向同性烃源岩模型，将干酪根看作孤立的扁平状颗粒，并以干酪根横向和纵向宽度比（K）来表示不同的干酪根形态，且干酪根周围基质渗透率为零，由此得到了干酪根形态与生排烃缝起裂的关系［式（6-4）］。

$$\Delta P_{\mathrm{p}} > \frac{S_{\mathrm{v}}(2-R)+T}{2K-1} \tag{6-4}$$

式中，ΔP_{p} 为干酪根颗粒生烃过程中产生的流体超压；S_{v} 为垂向主应力；R 为水平方向与垂直方向主应力之比；T 为抗张强度；K 为干酪根颗粒横后和纵向宽度比。

　　根据式（6-4），干酪根越扁平，水平方向与垂直方向主应力之比越大，岩石抗张强度越小，生排烃缝越容易开裂。富有机质页岩纹层发育，但不同纹层间物质组成不同，黏结力较弱，而同一纹层内部，黏土矿物、碎屑颗粒和碳酸盐矿物等定向分布，导致页岩力学性质具有明显的各向异性，其中垂向抗张强度低于水平方向抗张强度（Schmidt，1977）。因此，干酪根在尖端起裂后，更容易沿着破裂强度更低的纹层方向扩展。裂缝在扩展过程中，随着能量消耗，孔隙流体压力降低，抵抗垂向应力的能力减弱，导致裂缝开度降低，并选择绕过颗粒的低断裂韧性的路径延伸（Ovid'Ko，2007）。如果裂缝末端应力强度因子的方向发生变化，那么裂缝会发生转向（Erdogan and Sih，1963；Rice，1968；Plank and Kuhn，1999）。此外，由不同干酪根产生的两条裂缝在延伸过程中，当孔隙流体压力在裂缝末端形成的压力场发生叠加而相互影响时（Potluri et al.，2005；Misra et al.，2009），裂缝末端发生弯曲，形成纵向连通裂缝。

　　6）生排烃缝发育模式

　　泥页岩中的扁平状干酪根在温度和压力作用下快速向烃类转化而体积增加［图 6-22（a）、（b）］；由于页岩孔喉细小，渗透率极低，烃类无法有效向外运移，造成干酪根内部及其附近孔隙流体压力上升［图 6-22（c）］；应力在干酪根尖端和边缘集中，直至达到岩石骨架破裂强度，裂缝在干酪根尖端或边缘起裂并被烃类充填，生排烃缝形成［图 6-22（d）］；生排烃缝通常顺纹层方向延伸，开度不断变小，且在延伸过程中优先选择颗粒边缘、纹层界面或早期裂缝等阻力小的薄弱路径扩展［图 6-22（e）］；不同生排烃缝末端弯曲靠近，最终相互连通成裂缝网络［图 6-22（f）］。

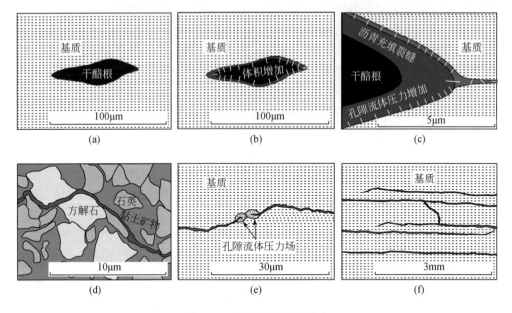

图 6-22　生排烃缝发育模式

6.2　储集空间构成

6.2.1　储集空间类型组成

通过在相同放大倍数的扫描电镜下统计各类储集空间数量，泥页岩储集空间以孔隙为主，约占总储集空间数量的 92%，泥页岩裂缝发育较少，约占总储集空间的 8%，但对泥页岩储集和渗流能力起到重要的作用。孔隙以晶（粒）间溶孔最为发育，约占一半（图 6-23）。晶（粒）间孔约为 39%，以黏土矿物晶间孔为主（主要发育伊利石和伊蒙混层晶间孔），方解石和白云石晶间孔次之，发育部分长英质矿物粒间孔，可见少量其他矿物颗粒晶（粒）间孔，如黄铁矿晶间孔、岩屑/化石粒间孔和石膏晶间孔等（图 6-23）。有机质孔总体含量较少，仅占总储集空间的 2%（图 6-23）。

6.2.2　储集空间大小及分布

泥页岩储集空间复杂多变，储集空间大小及分布是控制岩石物性的关键参数，常用的孔隙结构测试方法包括压汞法和气体吸附法（钟太贤，2012），但由于不同测试方法的测试原理不同，所能反应的孔隙结构特征亦存在较大差异。

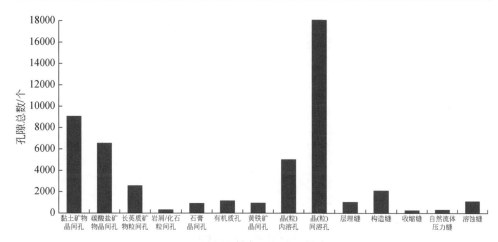

图 6-23　泥页岩储集空间类型数量分布

压汞法是利用压汞仪将汞在不同压力下压入多孔固体介质以获取样品孔隙特征的方法，所能测量的最小孔径值取决于最大工作压力，理论探测范围为 7.5nm ~ 75μm。泥页岩具有孔喉细小，以及孔隙度和渗透率极低的特征，常规压汞法难以满足泥页岩孔隙结构测试的需求，高压压汞法虽能满足泥页岩测试的压力需求，但压力过高可能会导致人为裂缝的产生，从而破坏样品的原始孔隙结构特征，且泥页岩孔喉结构复杂，与压汞实验的基本假设条件存在一定误差。但由于压汞法能获取泥页岩孔隙度、孔径分布和比表面积等多种孔隙结构特征参数，当进汞压力保持在一定的范围内，其测得的数据仍较为可靠，本次利用高压压汞法测量泥页岩中大于 50nm 的宏孔分布。

气体吸附法采用氮气（N_2）或二氧化碳（CO_2）为吸附质气体，恒温下逐步升高气体分压，测量泥页岩样品对吸附质气体的吸附量，用吸附量对分压作图，可得到页岩样品的吸附等温线；反过来逐步降低分压，测定相应的脱附量，用脱附量对分压作图，则可得到对应的脱附等温线。依据吸附等温线和脱附等温线可求得在不同分压下所吸附的吸附质体积，对应于相应尺寸孔隙的体积，进一步求取孔径分布。CO_2 气体吸附法与 N_2 气体吸附法相比，可测定的孔喉半径范围更小，本次利用 CO_2 气体吸附法测量泥页岩中小于 2nm 的微孔分布，利用 N_2 气体吸附法测量介于 2 ~ 50nm 的介孔分布。

为了更全面地反映泥页岩孔喉分布特征，将多种方法相结合进行综合表征。压汞法和气体吸附法孔径表征范围存在明显的差异，对孔喉重叠部分进行优选处理，用高压压汞法、N_2 气体吸附法和 CO_2 气体吸附法分别表征泥页岩中宏孔、介孔和微孔的分布特征（图 6-24）。依据宏孔、介孔和微孔的相对含量，泥页岩中宏孔体积大于介孔体积，介孔体积大于微孔体积。

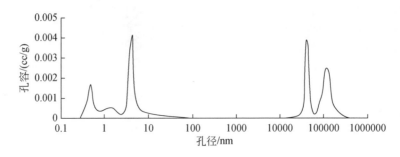

图 6-24　泥页岩中宏孔、介孔和微孔分布

6.3　储集空间结构

由于泥页岩储集空间包含宏孔、介孔和微孔，至少跨越纳米至微米四个数量级，具有典型的多尺度特征。岩心、薄片、场发射扫描电镜和聚焦离子束扫描电镜四种观察手段能够从平面到三维表征泥页岩储集空间的多尺度特征。

6.3.1　平面结构特征

肉眼观察泥页岩岩心通常只能识别到毫米级别，因此观察到的储集空间类型是裂缝，主要包括构造缝、层理缝、顺层脉状裂缝和早期泄水缝，裂缝水平或呈一定的角度离散分布。光学显微镜最大通常能放大 500 ~ 3000 倍，但对泥页岩来讲变得很模糊，仅可以识别到微米尺度，因而观察到的储集空间类型为微裂缝和微米级孔隙，主要包括生排烃缝、顺层脉状裂缝和大的晶（粒）间孔［图 6-25（a）~（c）］。薄片下观察到的微裂缝为离散分布，而晶（粒）间孔较连续，微裂缝起着沟通微孔隙的作用，特别是生排烃缝的末端演变为晶（粒）间孔［图 6-25（d）~（f）］。场发射扫描电镜的观察尺度包括了光学显微镜的识别范围，且分辨率能达到纳米级，因而是研究泥页岩储层的最有力手段。在场发射扫描电镜下能够清晰地展示储集空间的多尺度特征，低放大倍数下，裂缝离散分布于泥页岩基质中；随着放大倍数增加，更多的生排烃缝、晶（粒）间孔增多，且与尺度更小的晶（粒）间孔连接；在高放大倍数下，晶（粒）间孔之间彼此连接，连续分布；有机质孔主要分布在有机质内部和边缘，并通过有机质边界孔与晶（粒）间孔连通［图 6-26（a）~（c）］。因此，泥页岩储集空间在平面上具有多尺度、逐级连接成网的结构特征，尺度大的储集空间通过尺度小的储集空间连通、汇聚，这决定了泥页岩油最终聚集在大的储集空间中。根据泥页岩储集空间的多尺度特征得出，在整个相互连通的复杂储集空间网络中存在一条以某个尺度的孔径作为最大连通孔喉的路径，代表流体在渗流过程中需要克服阻力最小的路径，这对泥页岩油突破运移有关键作用。

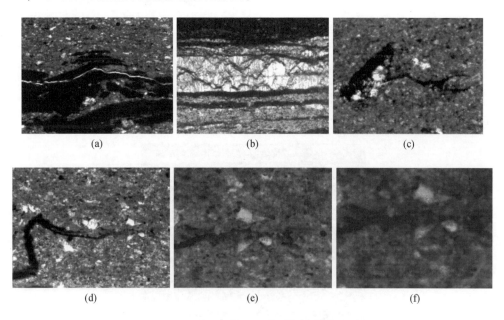

图 6-25　光学显微镜下观察到的储集空间类型

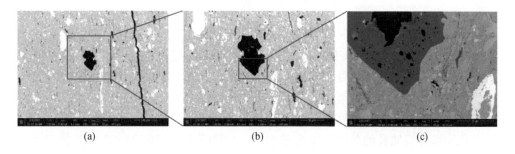

图 6-26　场发射扫描电镜下观察到的有机质孔的多尺度特征（花 X28 井）

6.3.2　三维结构特征

　　薄片和扫描电镜表现的储集空间结构是三维储集空间网络的一个截面特征，为了表征储集空间的三维特征，通常利用 CT 扫描和 FIB-SEM 资料，采用数字岩心技术进行三维重构。受制于 CT 扫描分辨率，即使是纳米 X 射线显微镜（Nano-CT）对泥页岩纳米级孔隙也很难有效识别，故本次选用 FIB-SEM 资料，利用 Avizo 数字岩心建模软件对泥页岩储集空间进行三维重构。考虑到样品尺寸小、晶（粒）间孔与无机矿物灰度差异小和有机质孔的重要性，本次重点对阜二段泥页岩中的有机质孔进行三维重构，确定有机质孔的空间结构。

6.3.2.1　数字岩心建模流程

1. 数据的导入

将 FIB-SEM 扫描得到的 554 张扫描电镜图片导入 Avizo 数字建模软件中，软件会自动对这些图片进行图像配准处理，包括切片排列、剪切校正和黑点校正。通过三维视图即可还原岩心的真实面貌（图 6-27）。

图 6-27　未经处理的原始图像

2. 提取体积元

对于大容量数据或大型曲面可视化的三维视图的展现提取数据在很大程度上取决于显卡的能力。图像处理算法的运行在很大程度上取决于计算机处理器的性能。由于计算机显卡和处理器的限制，需要从中提取一个体积元。然而，在体积元选取时，既要考虑到计算机的显卡和处理器，还要考虑该体积元能代表岩心中的有机质和有机质孔的分布。综合考虑，本次建模选择 256×256×256 的体积元。

3. 降噪滤波

因 FIB-SEM 扫描过程中存在系统噪声或者伪影，需要通过图像滤波器来降噪滤波以增强图像的显示。常用的滤波方法有中值滤波、双边滤波、索贝尔（Sobel）滤波和非局部均值滤波。本次滤波采用非局部均值滤波，这种滤波方法不仅能保存图像边缘，而且去除白噪声效果很好。

4. 阈值分割

FIB-SEM 扫描时，因为不同组分对电子的导电能力不同，最后得到的图像的灰度也会不同。通过分析图像灰度分布直方图，选取灰度值 72 和 84 两个阈值，把图像分为三部分，其中灰度值在 72 ~ 84 表示有机质，其他的表示有机质孔。

　5. 界面渲染

　　通过对分割好的模型进行界面渲染，表面会生成平滑的曲面多边形，最终获得有机质和有机质孔的静态三维模型（图6-28）。

图6-28　有机质和有机质孔静态三维模型

6.3.2.2　有机质孔空间结构

　　根据重构后的有机质孔三维模型视图，有机质孔主要呈球状、椭球状或不规则柱状分散在有机质内（图6-29），数量众多，孔径变化大，介于 20nm ~ 3μm，孔径小于 50nm 的有机质孔占 90% 以上（图6-30）。整体上，有机质孔相对孤立，但孔径大的有机质孔内部存在一个或多个小的孔道彼此沟通，形成复杂的似蜂窝

图6-29　有机质孔三维模型视图

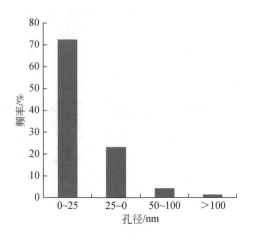

图 6-30　有机质孔孔径分布

状的孔喉网络，这与实际样品和热模拟实验样品中观察到的有机质孔结构相吻合。有机质孔的结构容易形成封闭的微环境，当泥页岩油大量产生时，有机质内部异常流体压力会造成与之相邻的泥页岩骨架破裂，形成生排烃缝。

6.4　小　　结

按照成因，有机质孔包括原生有机质孔和次生有机质孔两类；按照分布，有机质孔包括有机质内部孔、有机质边缘孔和有机质边界孔三种。有机质孔的分布具有非均质性，包括离散型、定向型和密集型三种分布样式。当达到一定的成熟度时，有机质内部结构是一个具有层状格架的似蜂窝状网络连通体，并被相对致密的有机质包壳封闭。有机质孔的发育受有机质所处的外部条件和有机质本身的内部因素共同作用。外部条件包括温度、上覆岩层压力与无机矿物和流体三种；内部因素包括有机质类型、有机质成熟度和有机质含量三种。外部条件主要通过影响有机质生烃或压实作用间接影响有机质孔的发育。内部因素是影响有机质孔发育的根本，其中有机质类型是基础，有机质显微组分决定了有机质的性质；通常当有机质类型一定，随着有机质成熟度增加，有机质孔越发育，但过成熟阶段有机质孔发育程度降低；有机质含量对有机质孔影响复杂，随着总有机碳增加，有机质孔数目增多、平均孔径变小，而面孔率和有机质孔隙度表现为先快速增加，后变缓或降低，最终稳定的趋势。有机质类型不同，热演化规律不同。在中国东部古近系富有机质泥页岩中，自然流体压力缝包括早期泄水缝、顺层脉状裂缝和生排烃裂缝三种类型。泥页岩埋藏早期，因欠压实作用而产生的早期泄水缝以蛇曲形态为典型特征；纤维状方解石脉充填顺层脉状裂缝，并与有机质密切共存；干酪根在生烃增压和岩石破裂极限共同控制下造缝排烃，在最大压力梯度和最小阻力路径的联合约束下连接成缝网。孔隙是泥页岩储集空间的主要组成部分，裂缝对泥页岩储集和渗流能力起到重要作用。常用的孔隙测试方法包括压汞法和气体吸附法，不同方法对不同孔隙的适应性存在差异，需要将多种方法结合起来进行综合表征。利用岩心、薄片、场发射扫描电镜和聚焦离子束扫描电镜四种观察手段能够从平面到三维对泥页岩储集空间的多尺度特征进行表征。

第 7 章 湖相富有机质泥页岩中方解石脉体形成机制及成因模式

7.1 基于 X 射线衍射的方解石脉体应力状态分析

纤维状方解石脉体在沉积盆地内的富有机质页岩中广泛发育，目前对于脉体的力学成因机制认识存在争议，通常认为脉体是方解石晶体充填顺层裂缝形成的（Meng et al., 2017；Ukar et al., 2017），其理论基于有效应力和莫尔-库仑准则的断裂力学。因此，顺层裂缝的成因是揭示纤维状方解石脉体形成的关键。

7.1.1 残余应力测试原理

由于顺层裂缝和纤维状方解石脉体具有共生组合关系（马存飞等，2016），顺层裂缝产生所需要的构造应力和流体压力与方解石脉体受到的构造应力和流体压力是一致的，其合力最终记录在方解石晶体的生长过程中而成为残余应力。目前，X 射线衍射（X-ray diffraction，XRD）技术在材料残余应力测试中应用普遍（Gänser et al., 2019），并且正在越来越多地应用于晶体的微观应力-应变研究中（Zhang et al., 2015；Ming et al., 2016），这为测试方解石脉体中的残余应力、揭示顺层裂缝和纤维状方解石脉体的耦合成因机制提供了有力手段。一般情况下，残余应力是指在晶体内保留的宏观应力，其在 X 射线衍射谱上往往造成峰位偏移。当存在残余压应力时，晶面间距变小，导致衍射峰向高角度方向偏移；反之，当存在残余拉应力时，晶面间的距离被拉大，导致衍射峰位向低角度方向偏移。因此，通过测量样品衍射峰的偏移情况，可以定量计算残余应力大小。

X 射线衍射法是利用应力作用下多晶体晶面间距的变化来计算残余应力的。当波长为 λ 的 X 射线以布拉格角（θ）入射到方解石脉体内的方解石晶体上时，会被方解石晶面间距为 d 的平行晶面组内的原子散射。根据波动光学原理，X 射线会在衍射角为 2θ 的位置上发生衍射［图 7-1（a）］，其中，X 射线的波长、衍射晶面间距和布拉格角之间满足布拉格方程（Bragg, 1913）。

$$2d \cdot \sin\theta = n\lambda \tag{7-1}$$

式中，d 为晶面间距；θ 为布拉格角，又称为掠射角，是衍射角的一半；n 为衍射级数，为正整数；λ 为 X 射线波长。

当方解石脉体中无残余应力时，方解石的晶面间距没有变化，发生布拉格衍射时与纯方解石的衍射峰位一致，衍射角 2θ 为 $29.4°$（Higuchi et al.，2014）。当方解石脉体中存在残余应力时，方解石的晶面间距将会发生变化，发生布拉格衍射时，衍射峰位也将随之移动，即衍射角 2θ 会相应改变为 $\Delta 2\theta$［图 7-1（b）］，并且衍射峰位偏移距离的大小与应力大小相关，满足胡克定律。

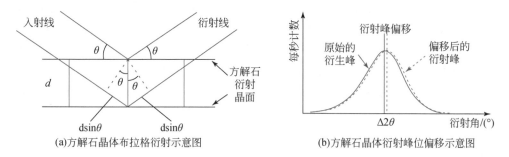

(a)方解石晶体布拉格衍射示意图　　(b)方解石晶体衍射峰位偏移示意图

图 7-1　方解石脉体 X 射线衍射残余应力测试原理示意图

因此，只要知道方解石脉体表面上某衍射方向上衍射峰位的偏移量（$\Delta 2\theta$），即可根据布拉格方程的微分形式计算方解石晶面间距的相对变化量，从而获得垂直于衍射晶面方向上的应变，进而根据胡克定律求得该方向上的应力［式（7-2）~ 式（7-4）］（陈玉安和周上祺，2001）。

$$\frac{d-d_0}{d_0}=-\cot\theta_0 \cdot \Delta\theta \tag{7-2}$$

$$\varepsilon = \frac{d-d_0}{d_0} \tag{7-3}$$

$$\sigma = E \cdot \varepsilon \tag{7-4}$$

式中，d_0 为无应力状态下的晶面间距；θ_0 为无应力状态下的布拉格角；$\Delta\theta$ 为衍射角变化；ε 为材料的应变；σ 为材料受到的应力，符号压应力为正，拉应力为负；E 为材料的杨氏模量。

7.1.2　残余应力测试方法

基于布拉格定律和宏观弹性理论提出的 X 射线衍射应力测定 $\sin^2\psi$ 法［式（7-5）~ 式（7-7）］，促使残余应力测试的实际应用向前推进了一大步（Macherauch and Müller，1961；陈玉安和周上祺，2001；吕克茂，2007）。

$$K=-\frac{E}{2(1+\nu)} \cdot \cot\left(\theta_0 \cdot \frac{\pi}{180°}\right) \tag{7-5}$$

$$M = \frac{\partial 2\theta}{\partial \sin^2\psi} \tag{7-6}$$

$$\sigma = K \cdot M \tag{7-7}$$

式中，K 为应力系数；ν 为泊松比；ψ 为衍射晶面方位角；2θ 为对应于各 ψ 角的衍射角；M 为 2θ 对 $\sin^2\psi$ 的变化率，代表晶面间距随衍射晶面方位角的变化趋势和急缓程度。

对于同一衍射晶面，用波长为 λ 的 X 射线，先后数次以不同的布拉格角（掠射角）入射到样品表面，测出相应的衍射角（2θ）（图7-2）（Fitzpatrick et al.，2005），求出 2θ 对 $\sin^2\psi$ 的直线斜率 M，再结合应力系数 K 便可计算出应力 σ［式（7-5）~式（7-7）］。此外，当 $M>0$ 时，衍射角 2θ 随 $\sin^2\psi$ 的增大而增大，说明晶面间距 d 随之减小，指示压应力；当 $M<0$ 时，衍射角 2θ 随 $\sin^2\psi$ 的增大而减小，说明晶面间距 d 随之增大，指示拉应力；当 $M=0$ 时，指示无应力存在。

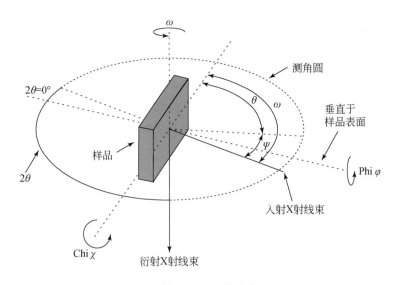

图7-2　方解石脉体 X 射线衍射残余应力测试方法

按照上述测试方法，依次将制备好的方解石脉体的平剖面和纵剖面放入 Rigaku D/MAX2500PC 设备中，采用固定 ψ 法进行 X 射线衍射扫描（吕克茂，2007）。在测试过程中，将脉体与探测器 θ-2θ 联动，依次设置 $\psi=0°$、15°、30° 和45°进行测试。具体来讲，当 $\psi=0$ 时，与常规使用衍射仪的方法一样，将探测器放在纯方解石的衍射角 $2\theta=29.4°$ 处，然后将样品与探测器按 θ-2θ 联动，在 $2\theta=29.4°$ 附近扫描获得方解石的 X 射线衍射图谱。当 $\psi\neq0$ 时，将衍射仪测角台的 θ-2θ 联动分开，使样品顺时针转过 ψ 角度后，而探测器仍处于0，然后联上 θ-2θ 联动装置，在 $2\theta=29.4°$ 附近扫描获得方解石的 X 射线衍射图谱。

7.1.3 残余应力样品测试实例

7.1.3.1 纤维状方解石脉体的 X 射线衍射参数

将样品沿纤维状方解石脉体的平剖面和纵剖面精细剖光。根据 X 射线宏观残余应力测试原理,用波长 λ 的 X 射线,先后数次以不同的入射角照射到样品上,测出相应的衍射角 2θ,求出 ψ 对 $\sin^2\psi$ 的斜率 M,便可算出应力 σ。在测试应力时,将样品与探测器 θ-2θ 联动,属于固定 ψ 法。通常在 $\psi = 0°$、$15°$、$30°$ 和 $45°$ 时分别测量数次,然后作 2θ-$\sin^2\psi$ 的直线,最后按应力表达 $\sigma = K \cdot \Delta 2\theta / \sin^2\psi = K \cdot M$ 求出应力值。

当 $\psi = 0$ 时,与常规使用衍射仪的方法一样,将探测器放在理论算出的衍射角 2θ 处,此时入射线及衍射线相对于样品表面法线呈对称放射放置。然后使样品与探测器按 θ-2θ 联动。在 2θ 处附件扫描得到指定的 HKL 射线的图谱。

当 $\psi \neq 0$ 时,将衍射仪测角台的 θ-2θ 联动分开,使样品顺时针转过一个规定的 ψ 角后,使探测器仍处于 0。然后,联上 θ-2θ 联动装置,在 2θ 处附近进行扫描,得出同一条晶面指数（hkl）衍射线的图谱。利用 Rigaku D/MAX2500PC 设备,在获得 X 射线衍射数据后,利用 Jade 6.5 软件按照数据导入、进入计算、输入 ψ 角、曲线拟合、参数设置和数据保存等步骤实现宏观残余应力的计算,获得不同 ψ 角度下方解石脉体平剖面和纵剖面上的 X 射线衍射参数（表 7-1）。

表 7-1　不同 ψ 角度下方解石脉体平剖面和纵剖面上的 X 射线衍射参数

参数 剖面类型	$\psi/(°)$	$\sin^2\psi$	$2\theta/(°)$	$d/\text{Å}$	$(d-d_0)/d_0$
平剖面	0	0	29.268	3.0488	—
	15	0.067	29.264	3.0493	0.00014
	25	0.179	29.264	3.0492	0.00013
	35	0.329	29.265	3.0492	0.00013
	45	0.5	29.266	3.0491	0.00007
纵剖面	0	0	29.419	3.0336	—
	15	0.067	29.424	3.0331	-0.00017
	25	0.179	29.414	3.0341	0.00016
	35	0.329	29.434	3.0321	-0.00051
	45	0.5	29.425	3.0330	-0.00020

7.1.3.2　纤维状方解石脉体的有效应力

根据表7-1，按照式（7-5）～式（7-7）可以计算出残余应力值。具体来讲，首先将方解石的杨氏模量（$E=7.58\times10^4$ MPa）、泊松比（$\nu=0.32$）和无应力状态下的布拉格角（$\theta_0=14.7°$）代入式（7-5）（Peselnick and Robie，1963），获得方解石的应力系数（$K=-1.094\times10^5$ MPa）。然后，利用方解石脉体平剖面和纵剖面上 X 射线衍射的 ψ、2θ 和 d，获得 $\sin^2\psi$ 和 $(d-d_0)/d_0$ 之间的线性相关关系［图7-3（a）、（b）］，进而根据式（7-6）确定两者之间的斜率 M 分别为 -1.501×10^{-4} 和 -5.388×10^{-4}。最后，将应力系数 K 和斜率 M 代入式（7-7），分别获得方解石脉体平剖面和纵剖面上的残余应力为 16MPa 和 59MPa。

由于 X 射线衍射测试是针对方解石晶体骨架的，获得的应力大小是方解石晶体受到的所有应力的综合结果，即有效应力。因此，方解石脉体平剖面上的有效应力代表水平有效应力，而纵剖面上的有效应力代表垂向有效应力。根据残余应力计算结果可知，方解石脉体处于三向挤压的空间应力状态中，并且垂向有效应力是水平有效应力的约 3.7 倍。

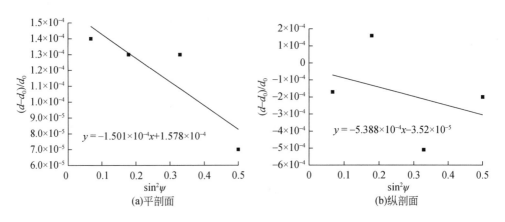

图7-3　方解石脉体不同剖面上 $\sin^2\psi$ 和 $(d-d_0)/d_0$ 之间的相关关系

7.2　基于电子背散射衍射的方解石脉体晶体学分析

近年来，由方解石重结晶作用控制脉体形成的观点屡被提及（王冠民等，2005；Zhang et al.，2016b），其中纤维状矿物的结晶动力是改变岩石局部应力状态的重要因素（Taber，1916，1918；Shovkun and Espinoza，2018），这可能代表了一种新的纤维状方解石的成脉机制，与方解石晶体生长密切相关，有待深入研究。

7.2.1　电子背散射衍射技术发展现状

随着岩矿分析测试技术的发展，岩石薄片、FE-SEM 和电子背散射衍射（electron back-scatteringdiffraction，EBSD）等多种岩矿分析测试技术被综合应用于纤维状方解石脉体研究中，电子背散射衍射技术正越来越多地应用在方解石脉体的物相鉴定、晶体结晶取向和微观应力–应变信息研究中（Villert et al.，2009；Zhang et al.，2015；Ming et al.，2016），这为研究顺层裂缝和纤维状方解石脉体的耦合成因机制提供了切入点和有力手段（Wilkinson et al.，2009；黄亚敏和潘春旭，2010）。

EBSD 技术广泛应用于工业领域，特别是材料方向，其典型的应用包括晶粒尺寸、宏观织构、微区织构、再结晶、应变分析（Keshavarz and Barnett，2006；靳丽等，2008）、晶界表征、CSL 晶界、相鉴定、相分布、相变过程和失效分析（Nowell and Wright，2005；Azpiroz et al.，2007）。在地球科学领域，EBSD 技术迅速得到应用，主要包括矿物物相鉴定、晶体的晶体学取向与生长方向分析、双晶律和组构分析等（Prior et al.，1999；Zaefferer and Wright，2007；刘俊来等，2008）。目前，EBSD 技术广泛应用于构造地质学领域，研究岩石矿物的微观构造特征，揭示变形机制（Heidelbach et al.，2000；Lloyd，2000；Mainprice et al.，2004；Toy et al.，2008；许志琴等，2009）。

7.2.2　电子背散射技术测试原理

电子背散射探头是安装在扫描电镜上的重要附件，而电子背散射衍射技术是基于对扫描电镜中电子束在倾斜样品表面激发出并形成的衍射菊池带的分析，从而确定样品的晶体结构、晶体取向及相关信息的方法。其原理是当电子束轰击70°倾斜的样品表面时，一部分电子发生背散射，背散射电子穿越晶体中周期性排列的晶面，满足布拉格衍射条件的电子发生衍射，并在空间产生一对衍射圆锥面（图7-4）。衍射圆锥被磷屏截取，就得到了一对衍射带，叫作菊池带。由于晶体中有很多晶面，在磷屏上可以产生一系列的菊池带。电子信号被磷屏转换为光信号，并被高灵敏度以电荷耦合器件（charge-coupled device，CCD）相机采集，经过数字转换最终传输至计算机软件中进行菊池花样标定和计算，从而输出相和取向结果（图7-5）。电子背散射衍射仪探头扫描完一个网格后，保存数据，自动地移动到另一个网格，重复上述步骤，直到采集完所有网格数据，从而获得整个样品的微观结构信息（Michael et al.，2003）。

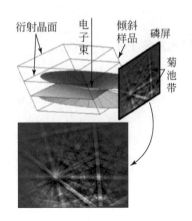

图 7-4　电子背散射衍射测试示意图

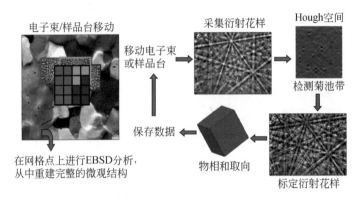

图 7-5　电子背散射衍射数据自动采集过程

7.2.3　方解石脉体特征与样品制备

方解石脉体发育在富有机质页岩中，在纵剖面上方解石脉体长几毫米到几十厘米，厚度为几微米到几厘米，主要呈板状或透镜状 [图 7-6（a）、（b）]。方解石脉体内通常发育一条暗色中间线，主要由泥质构成，呈直线状或波状 [图 7-6（c）、（d）]，中间线两侧的方解石晶体对称排列，晶体间捕掳页岩基质碎屑。

用小刀将页岩样品中方解石脉体取下来后，挑选两个小块，一个用于方解石脉体剖面测试，另一个用于方解石脉体平面测试。首先，依次用 400 目、800 目、1500 目、2000 目和 2500 目的砂纸进行机械打磨，初步实现方解石脉体表面平整，然后用 Leica 仪器进行机械抛光，进一步实现方解石脉体表面平整和整洁，继而用 Gatan 697 Ilion Ⅱ仪器进行氩离子抛光，去除方解石脉体表面的应变层，

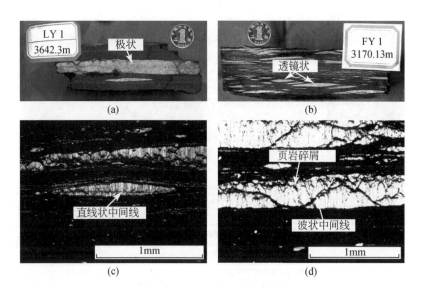

图 7-6　方解石脉体特征

最后在氩离子抛光后的方解石脉体表面镀一层 10nm 厚的碳膜，并采用扫描电镜背散射探头进行观察检验，避免荷电效应。

7.2.4　方解石脉体测试结果

按照电子背散射衍射测试及数据采集流程，分别对方解石脉体的纵剖面和平剖面进行扫描测试。测试是在环境扫描电镜上配置的电子背散射衍射仪上进行的，其工作条件为加速电压 20kV，束流 6nA，样品倾斜角 70° 以及工作距离 25mm。

7.2.4.1　花样质量图

花样质量图能够表征菊池花样的质量，亮度越高，花样质量越好。方解石脉体纵剖面花样质量图较清晰地显示了方解石晶体纵向延伸 [图 7-7（a）]，而平剖面花样质量图显示了方解石晶体在平剖面上呈他形粒状 [图 7-7（b）]。同时，花样质量图也反映了方解石脉体的制备情况良好。

7.2.4.2　相图

采用扫描电镜上与电子背散射探头联用的能谱探头，可以快速地实现方解石脉体的纵剖面和平剖面物相鉴定。能谱扫描结果显示识别出的方解石物相达到 94.5%（红色），而未识别出的物相占 5.5%（黑色），通常属于方解石晶体生长

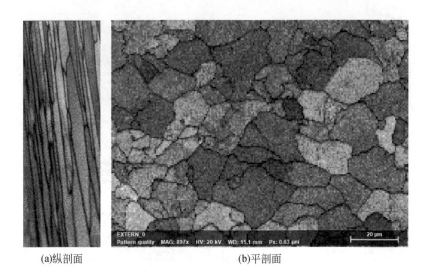

(a)纵剖面　　　　　　　　　　　　(b)平剖面

图7-7　方解石脉体花样质量图

过程中捕获的非晶体，如页岩碎片、泥质或有机质（图7-8）。

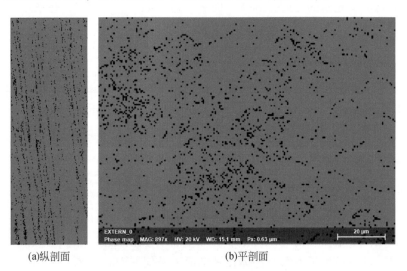

(a)纵剖面　　　　　　　　　　　　(b)平剖面

图7-8　方解石脉体物相鉴定

7.2.4.3　晶粒分布图

晶粒分布图用于描述分析区域内晶粒的形状、尺寸、晶界等信息，包括晶粒个数、平均晶粒尺寸、每一相的平均晶粒尺寸、晶粒长轴与短轴的比值的分布状况、晶粒长轴方向的集中程度等。由于方解石脉体在纵剖面上呈柱状延伸，而在平剖面上呈他形粒状，受制于样品扫描面积大小限制，在纵剖面上不能很好地度量晶粒大小，故在平剖面上测量晶体大小（图 7-9），统计结果显示在平剖面上方解石晶粒平均大小为 17.6μm（图 7-10）。

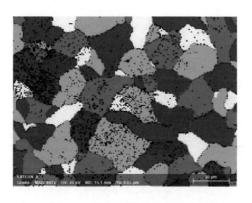

图 7-9　方解石脉体晶粒大小

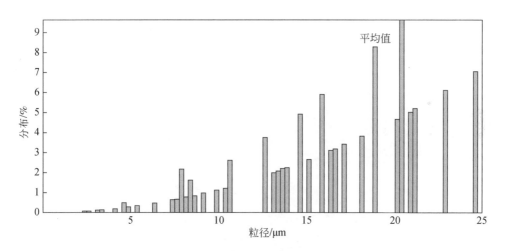

图 7-10　方解石脉体晶粒大小统计

7.2.4.4　欧拉图

电子背散射衍射测试在处理过程中涉及两个坐标系，一个是表示样品空间位置的坐标系，通常采用测试样品表面为 X 轴和 Y 轴，垂直于样品表面为 Z 轴（图 7-11）；而另一个是用于晶体定向的晶体坐标系，采用相应晶系的晶体坐标系建立方法，其中除了三方晶系和六方晶系采用（$hikl$）四轴定向外，其他晶系采用（*hkl*）三轴定向（图 7-11）。欧拉图即欧拉角指数的分布，通常用 phi1、PHI、phi2 表示，用于表示晶体坐标系相对于样品坐标系的空间排列，欧拉图为实现研究晶体取向奠定了理论基础。方解石脉体中每一个晶体都存在一个晶体坐标，经过欧拉角的三次旋转转换后可以获得晶体在样品坐标系中的位置（图 7-12）。

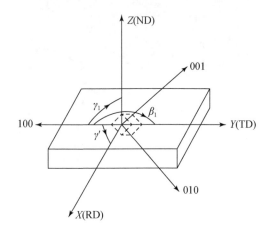

图 7-11　样品坐标系和晶体坐标系

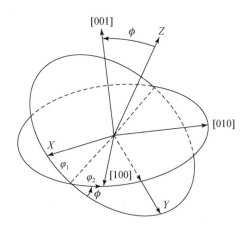

图 7-12　欧拉角表示晶体取向

由于同一个晶粒的生长规律是一定的，形成的晶体空间方位是相同的，其欧拉角指数是一样的。因此，在方解石脉体的纵剖面欧拉图上，纵向延伸的同一个晶粒内具有相同的欧拉角指数，表明具有相同的晶体取向（图 7-13）；而在平剖面欧拉图上，同一个晶粒内具有相同的欧拉角指数，不同的晶粒间也可能具有相同的欧拉角指数，这表明同一个晶粒内具有相同的晶体取向，而不同晶粒也可以具有相同的晶体取向（图 7-13）。除了获取晶体取向信息外，电子背散射衍射技术还可以计算晶胞参数，图 7-14 表明方解石脉体中的晶体为尖菱面体晶胞。

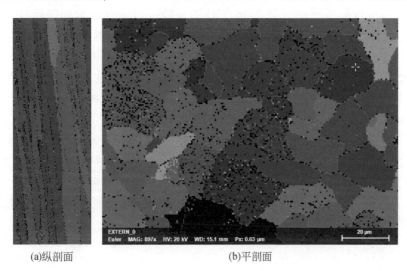

(a)纵剖面　　　　　　　　　　　　　(b)平剖面

图 7-13　方解石脉体纵剖面晶体欧拉图

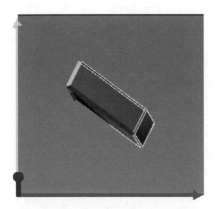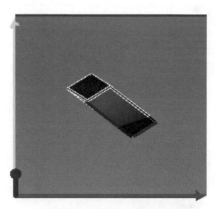

(a)纵剖面某位置上的晶胞及其欧拉角　　　　(b)平剖面某位置上的晶胞及其欧拉角
phi1, PHI, phi2:(46.9；72.0；304.6)　　　　phi1, PHI, phi2:(270.5；28.1；104.4)

图 7-14　方解石脉体中晶胞及其位置

7.2.4.5　晶粒取向差

欧拉图解决了任一晶体在晶体坐标系和样品坐标系中的转换问题，确定了晶体的取向，因此通过统计可以进一步确定任意两点间的取向差，从而获得所有晶体的取向差分布。

　　图 7-15（a）所示为方解石脉体纵剖面上两点，位于相邻的两个晶体上，其中一个晶体的取向接近 0°［图 7-15（b）］，而另一个晶体的取向接近 80°［图 7-15（b）］，两个晶体的取向差约为 70°。依此统计，整个纵剖面上晶体取向差分布在 0°～100°［图 7-15（c）］，其中有两个优势的取向差，分别为 12°和 69°［图 7-15（c）］，这说明方解石脉体在纵剖面上的晶体中主要有两组优势的生长方向，其中一组的取向差为 12°，另一组的取向差为 69°。图 7-16（a）所示为方解石脉体平剖面上两点，位于相邻的两个晶体上，其中一个晶体的取向接近 0°［图 7-16（b）］，而另一个晶体的取向接近 55°［图 7-16（b）］，两个晶体的取向差约为 55°。同理依此统计，整个平剖面上晶体取向差分布在 0°～100°［图 7-16（c）］，各个方向分布较均匀，但其中有一组相对优势的取向差，为 64°［图 7-16（c）］，这说明方解石脉体在平剖面上的晶体取向不明显，但有一组相对优势的生长方向，两者的取向差为 64°。

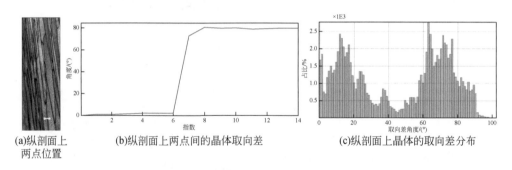

(a)纵剖面上　　　　(b)纵剖面上两点间的晶体取向差　　　　(c)纵剖面上晶体的取向差分布
两点位置

图 7-15　方解石脉体纵剖面的晶体取向

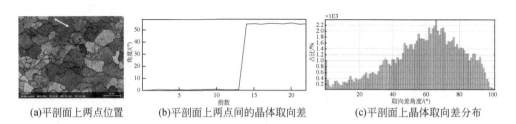

(a)平剖面上两点位置　　　(b)平剖面上两点间的晶体取向差　　　(c)平剖面上晶体取向差分布

图 7-16　方解石脉体平剖面的晶体取向

7.2.4.6 极图

把放置在投影球心的多晶样品中每一个晶粒的某一晶面法线与投影球面的交点，都投影在标明了样品宏观方向的赤道平面上，把极点密度相同的点连线，形成等极密度线，这便形成了可表示出织构强弱和漫散程度的极图。由于在这个投影图上只投影了特定晶面（hkl）的极点，其他晶面并未投影出来，因此这个极图便是该特定晶面（hkl）的极图。极图可以反映样品中的择优取向，一般采用低指数晶面的极图表示。

在方解石脉体纵剖面上，在晶面（0001）的极图上，极点集中分布在两个位置［图7-17（a）］，表明方解石脉体中各晶体的晶面（0001）生长方位相对稳定，主要有两个优势取向。而在晶面（$21\bar{1}0$）和晶面（$01\bar{1}0$）极图上，极点呈两个条带相交分布［图7-17（b）、（c）］，表明方解石脉体中各晶体的晶面（$21\bar{1}0$）近平行排列，构成两个晶带，晶面（$01\bar{1}0$）同样如此。

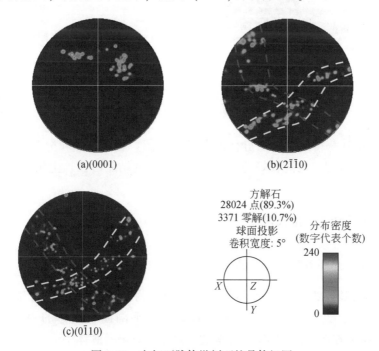

(a)(0001)

(b)($2\bar{1}\bar{1}0$)

(c)($0\bar{1}10$)

方解石
28024点(89.3%)
3371零解(10.7%)
球面投影
卷积宽度: 5°

分布密度
(数字代表个数)
240

0

图7-17 方解石脉体纵剖面的晶体极图

在方解石脉体平剖面上，在晶面（0001）极图上，极点呈分散状分布，表明方解石脉体中各晶体在平剖面上生长方向多样，择优取向不明显［图7-18

（a）]。然而，在（$21\bar{1}0$）和（$01\bar{1}0$）极图上，能大致看到一些极点构成三角形晶带 [图 7-18（b）]和菱形晶带 [图 7-18（c）]，锐夹角大约为 60°。

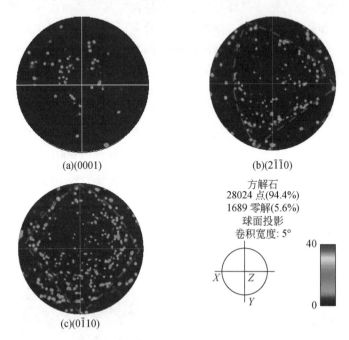

（a）(0001)　　　　　　　　　　　　（b）(2$\bar{1}\bar{1}$0)

方解石
28024 点(94.4%)
1689 零解(5.6%)
球面投影
卷积宽度: 5°

（c）(0$\bar{1}$10)

图 7-18　方解石脉体平剖面的晶体极图

基于 EBSD 获得的方解石脉体的花样质量图、相图、晶粒分布图、欧拉图、晶粒取向差和极图，均能较好地表征方解石脉体的结晶习性、生长方向、形成温度和应力特征。

7.2.5　方解石脉体的生长习性

7.2.5.1　方解石脉体的结晶特征

在方解石脉体纵剖面上晶体的一组取向差为 12°，接近平行，而另一组为 69°，接近 60°，剖面形态近似菱形。同时，在平剖面上晶体的一组取向差为 64°，同样接近 60°，剖面形态近似等边三角形。方解石脉体中纵剖面和平剖面的晶体取向特征符合三方晶系尖菱面体型空间格子，方解石脉体宏观延伸结构受晶体微观生长规律约束。

此外，与方解石脉体纵剖面的取向差结论一致，在方解石脉体纵剖面中晶体的晶面（0001）、（$21\bar{1}0$）和（$01\bar{1}0$）极图中，极点分布集中或构成两条相交的晶带，说明方解石脉体在纵剖面上具有择优取向。同时，方解石脉体平剖面中晶体的晶面（0001）极图中极点分布分散，而在晶面（$2\bar{1}\bar{1}0$）和（$01\bar{1}0$）极图中，极点大体上构成三角形晶带或菱形晶带，表明方解石脉体在平剖面上不具有明显的择优取向，但整体上具有呈三角形或菱形排列的趋势。因此，方解石脉体中的晶体生长符合三方晶系沿高级晶轴一向生长延伸、其他方向对称分布的特征，方解石脉体纵剖面和平剖面的宏观取向特征受三方晶系晶体微观生长规律约束。

　　由于方解石脉体中方解石晶体呈尖菱面体，且晶体纵向延伸，可以推断方解石脉体主要是由尖菱面体形方解石晶体沿着对称轴垂向上叠加而成 [图 7-7（a）]。鉴于三方晶系和六方晶系通常可以转换，三个菱面体可以组成一个六方柱，因此方解石脉体平剖面上呈他形粒状，实际上，理想的完整形态为六边形、菱形或三角形。然而，受结晶速度、结晶空间等地下结晶条件的限制，最终导致六边形、菱形、三角形发育不完全，边界凹凸，呈他形粒状 [图 7-7（b）]。

7.2.5.2　方解石脉体生长方向

　　方解石脉体中的尖菱面体晶体沿着对称轴（或光轴）的方向柱状延伸，且方解石晶体为一轴晶负光性（$Ne<No$）[图 7-19（a）]。在方解石脉体的纵剖面上，主要切到或接近切到方解石晶体光率体的 Ne 轴和 No 轴，具有最大的双折射率，产生最大光程差，由此在正交光下产生最大干涉色，称之为高级白干涉色 [图 7-19（b）]。方解石脉体纵剖面上的相邻晶粒之间存在取向差，因此在纵剖面上切到的晶粒的双折射率存在差异，导致产生的高级白干涉色不纯，实际上是蓝、绿、黄、橙、红、紫等颜色构成的斑杂色调 [图 7-19（b）]。另外，晶粒之间取向差的存在，造成光率体方位存在差异，进而切到的光率体的 Ne 轴和 No 轴方位存在差异，由此导致有的晶粒中光的偏振方向与 Ne 轴或 No 轴平行时产生全消光，而有的晶粒具有干涉色 [图 7-19（b）]。但是，在同一个方向生长延伸的晶粒之间，晶体取向差变化不大，通常具有一致的消光特征 [图 7-19（b）]。在方解石脉体平剖面上，主要切到或接近切到方解石晶体光率体的 No 轴和 No 轴，双折射率为零或近似为零，产生最小光程差，因此在正交光下表现为全消光或一级灰白干涉色 [图 7-19（c）]。

　　大部分方解石脉体发育中间线，而中间线同一位置上两侧的方解石晶体不具有一致的干涉和消光特征，且不完全一致，有错动 [图 7-20（a）]，代表了两侧方解石晶体在结晶生长过程中取向差不同。这说明方解石晶体是由两侧向中间线进行结晶生长的，图 7-20（b）展示了正在重结晶生长的方解石脉体，还能看到早期他形粒状方解石晶体的残余。因此，基于电子背散射衍射获得的方解石晶体取向差，是方解石晶体在正交光下干涉色和消光产生差异的原因，而方解石脉体

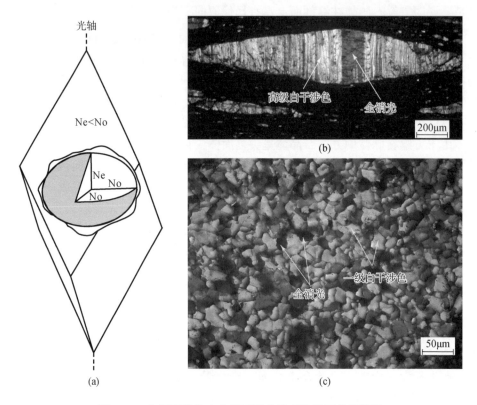

图 7-19　方解石脉体中方解石晶体光率体及正交光特征

中间线同一位置上两侧的晶体干涉和消光特征不同，表明方解石脉体的生长方向是由两侧指向中间，属于向生式生长方向（Bons and Montenari，1997）。

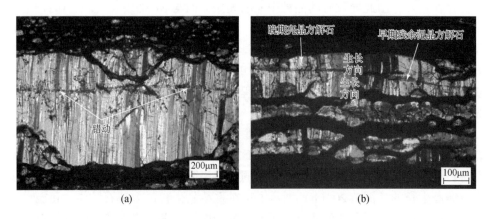

图 7-20　方解石脉体晶体正交光干涉特征及生长方向

7.2.5.3　方解石脉体形成的温度

晶体形貌、结构与化学成分可以反映其成岩流体中的成分、介质温度与压力、pH、水–岩体积比以及固–液或液–液等界面表面特征（Jones and Renaut，1996；钱一雄等，2009）。因此，通过晶体形貌的观察研究，可以获得晶体结构和生长环境两方面的信息，主要包括流体的温度和 pH，特别是温度。方解石的晶体形态多样，与其形成的温度密切相关。随着形成时温度的降低，其晶形有从板状、钝角菱面体为主的晶形向复三方偏三角面体、六方柱为主及锐角菱面体晶形演化的趋。据 M. H. 什卡巴拉研究，具有（0001）和（10$\bar{1}$1）形态的方解石是热液早期的产物，形成温度在 250～350℃以上，（10$\bar{1}$0）和（01$\bar{1}$2）聚形方解石形成温度范围为 150～250℃，尖菱面体方解石形成温度为 25～75℃（李荣清，1994）。此外，一般认为六方柱晶形出现在较低温的结晶环境。研究区方解石脉体中晶体形态为尖菱面体，部分具有六方柱形态，指示其初始形成时的温度较低，这与有机质生物化学生气阶段晚期和热催化生油气阶段早期吻合，大约为 75℃。

7.2.5.4　方解石脉体的应力特征

方解石脉体的形态通常呈透镜状，充填于裂缝中。以往认为裂缝是在张剪应力条件下形成的，因此方解石脉体也应该是在张剪应力条件下发育的。但是，本次电子背散射衍射测试获得的晶粒平均取向差表明，方解石脉体是在三向挤压条件下发育的。晶粒平均取向差是用来描述晶粒内部某一晶体取向值与此晶粒内部所有晶体取向平均值之间的差值。它表征的是晶粒内部晶体取向的变化，反映晶粒内部应力集中的程度。方解石脉体纵剖面和平剖面晶粒平均取向差表明晶粒内部及晶粒间平均取向差是不均匀的，小晶粒比大晶粒的应力集中［图 7-21（a）、（b）］。这说明方解石脉体中的晶体是在有限的空间内竞争生长的，大晶粒生长速度快，且优先占据主要空间，而小晶粒受到挤压只能在大晶粒之间的空间内充填生长，造成小晶粒挤压应力集中。同样地，在大晶粒生长过程中也会受到小晶粒的挤压作用。最终，方解石脉体在平剖面上的晶粒发育不完全，呈他形粒状。此外，在纵剖面上，同一方向延伸的晶粒，尽管整体取向大致相同，但晶粒平均取向差不同，表明晶体在垂向挤压环境下，生长过程中早期晶粒和晚期晶粒存在相互影响，造成有的晶粒应力集中，从而在晶粒内部或晶界部位断裂，产生一系列的断裂纹（图 7-22）。

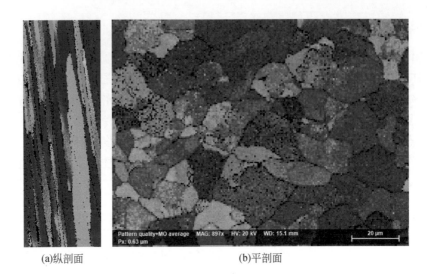

(a)纵剖面　　　　　　　　　　　　　(b)平剖面

图 7-21　方解石脉体晶粒平均取向差

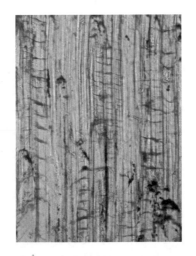

图 7-22　方解石脉体中晶体内部或晶界处发育的断裂纹

7.3　方解石脉体成因分析

7.3.1　研究方法

含方解石脉体的页岩样品取自三口钻井,并通过普通偏光显微镜和阴极发光显微镜对样品薄片进行岩石学研究。制作双面剖光的岩石薄片（80um）开展包裹体显微测温，采用 Linkam THMSG600 冷热台，在原生两相盐水包裹体均一温度测温过程中，在室温至80℃阶段时，升温速率为10℃/min；在80℃以上阶段时，升温速率为5℃/min。

采用慢速微钻分别对纤维状方解石和棕色粒状方解石进行取样，富灰质泥岩（不含脉体）被直接磨成粉末。粉末样品在惰性气体中与超纯正磷酸在25℃下进行反应，产生的 CO_2 由氦气携带通过色谱柱进入 ThermoFisher DELTA V Plus 同位素质谱仪，在质谱仪中发生电离并测得其同位素比例。所有测试结果转换为维也纳 PeeDee 箭石标准（VPDB），并根据 Craig（1957）介绍的方法对氧同位素进行校正。

7.3.2　脉体岩石学特征

包含"beef"和"cone-in-cone"结构的纤维状方解石脉体在富有机质纹层状页岩的平行层理中产出，从延伸远席状（dm~m）［图7-23（a）］到延伸小的透镜状（mm~cm）［图7-23（c）、（d）］均有发育。在脉体中间或者一侧发育

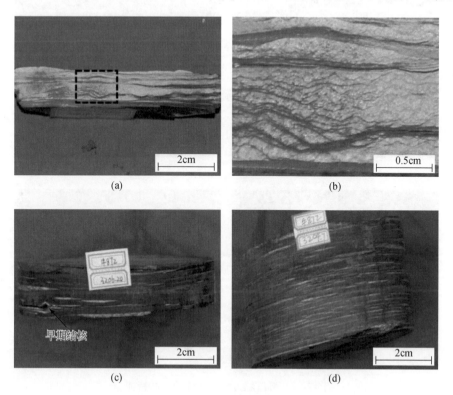

图 7-23　纹层状黑色页岩中方解石脉体

由棕色粒状方解石包裹的围岩颗粒和草莓状黄铁矿构成的"中间线"［图 7-24、图 7-26（c）］。从中间线到两翼，棕色粒状颗粒与纤维状晶体无缝连接［图 7-24（b）］。单个黄铁矿草莓状体形状规则，直径为 0.8～10μm［图 7-24（c）］。纤维状方解石晶体在中间线上是光学连续的，其取向近似垂直于脉壁［图 7-24（a）、（b）］。具有光滑晶界的单个方解石纤维宽 10～200μm，长 30～2000μm。

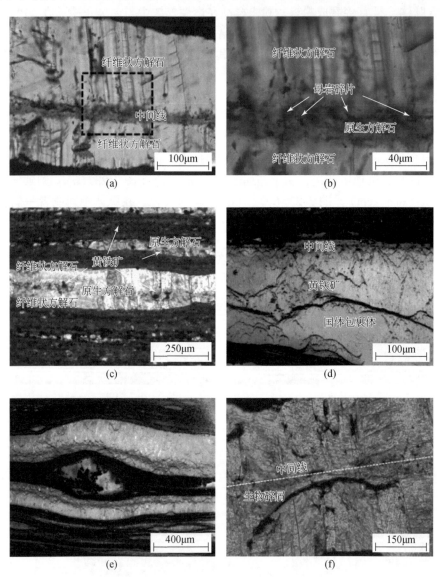

图 7-24　纤维状方解石脉体的显微特征

"Cone-in-cone"中包含大量来自围岩的固体包裹体（图7-25），不同于前人报道的平行于脉体壁面的分布样式（Ramsay，1980；Cox and Etheridge，1983；Cox，1987；Fisher and Brantley，1992），呈楔状或呈正弦曲线状，宽度在数毫米到1cm，且具有可识别的与围岩相同的构造特征［图7-25（a）、（b）］。大部分固体包裹体与脉壁斜交排列［图7-25（a）］，部分与围岩纹层横向连续［图7-25（b）］。正弦曲线状分布的固体包裹体经历过明显的塑性变形，且其一端与围岩相连［图7-25（a）、（b）］，并将"cone-in-cone"分割为多个"beef"［图7-25（d）］。部分围岩中的黄铁矿随固体包裹体卷入脉体中［图7-24（d）］，在荧光下，富含沥青的固体包裹体发黄色荧光［图7-26（b）］。

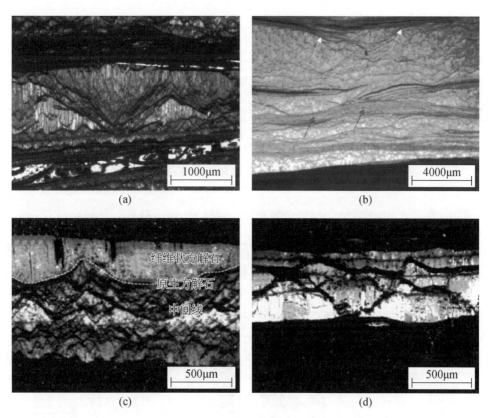

图7-25　方解石脉中固体包裹体的显微图片

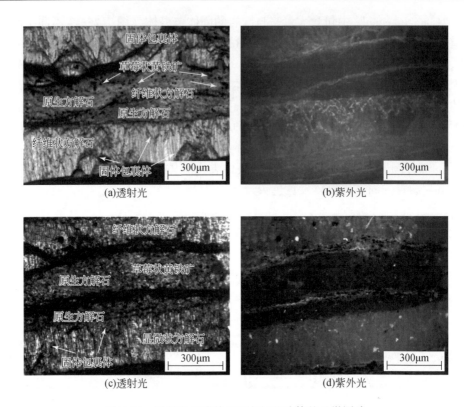

图 7-26　透射光和紫外光下方解石脉体的显微图片

在阴极发光下，纤维状方解石晶体呈现里亮黄色，中间线的粒状方解石与围岩中分散装的粒状方解石呈现相同的暗黄色（图 7-27）。褐色粒状方解石呈层状或随机分布于纤维状方解石脉［图 7-27（d）~（f）］附近。粒状方解石粒径从数毫米到数百毫米，有的呈透镜状集合体分布，有的岩层理面呈线状分布［图 7-27（f）］。

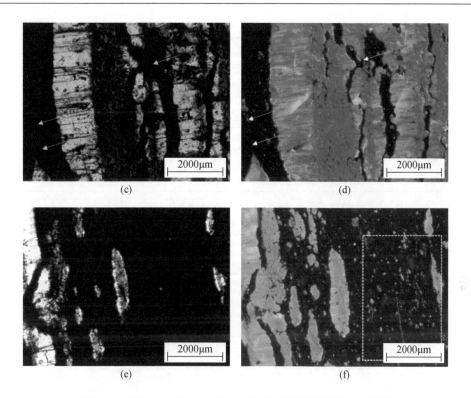

图 7-27　透射光（左）和 CL（右）下方解石脉体的显微图片

7.3.3　流体包裹体显微温度学

纤维状方解石中的原生流体包裹体 [图 7-29（a）~（d）] 多呈三角形，小于 6μm，以气液两相包裹体为主，气相体积分数为 3% ~ 10%，多呈单个出现。两相包裹体显示出从 86.4 ~ 117.4℃ [表 7-2，图 7-29（e）] 的宽范围 T_h。熔点 （T_m）数据范围为 −7.7 ~ −4.6℃，计算的成岩流体盐度范围为 7.6% ~ 11.2% [图 7-29（f）]。在随机分布的方解石纤维 [图 7-28（a）~（d）] 中也观察到黄绿色荧光和多边形形状的原生烃类包裹体。

表 7-2　沙四上亚段–沙三下亚段黑色页岩中纤维状方解石显微测温汇总统计

井名	深度/m	n	T_h（δ）	T_m（δ）	盐度/%	矿物
NY1	3375.10	7	91.4 ~ 115.0	−7.7 ~ −6.2	9.4 ~ 11.2	纤维状方解石
			102±8.35	−7.0±0.50	10.5±0.59	

井名	深度/m	n	T_h（δ）	T_m（δ）	盐度/%	矿物
NY1	3295.35	5	88.7 ~ 108.4	−6.7 ~ −4.7	7.6 ~ 10.1	纤维状方解石
			95.9±7.98	−5.7±0.75	8.9±0.93	
N872	3206.00	7	94.6 ~ 117.4	−6.2 ~ −4.6	7.9 ~ 9.4	纤维状方解石
			103.6±7.89	−5.4±0.60	8.4±0.86	
N872	3206.40	7	86.4 ~ 112.3	−6.1 ~ −5.2	8.1 ~ 9.4	纤维状方解石
			99.0±8.00	−5.7±0.35	8.8±0.47	

注：91.4 ~ 115.0 为最小值 ~ 最大值，余同；102+8.35 为平均值±偏差，余同。

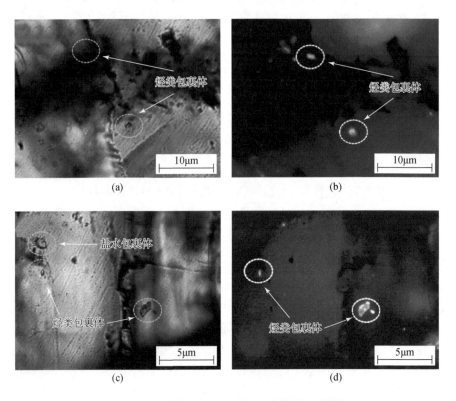

图 7-28　纤维状方解石中两相包裹体的显微特征

7.3.4　稳定同位素地球化学特征

本次研究测定了纤维状方解石、粒状方解石和全岩（微晶方解石）碳氧同位素组成（表 7-3，图 7-30）。脉体中纤维状方解石的 $\delta^{13}C_{VPDB}$ 值为 +1.8‰ ~

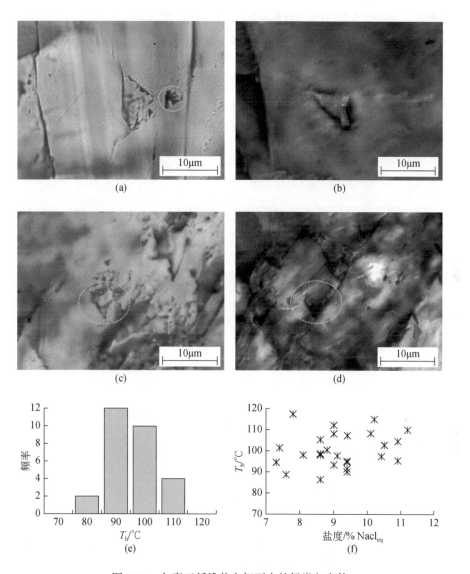

图 7-29　包裹于纤维状方解石中的烃类包裹体

+5.0‰（+3.49‰±1.13‰），δ^{18} O$_{VPDB}$ 值为 −13.7‰ ~ −11.4‰（−12.67‰ ± 0.68‰）。粒状方解石 δ^{13} C$_{VPDB}$ 值为 −0.2‰ ~ +1.4‰（+0.65‰ ± 0.70‰），δ^{18} O$_{VPDB}$ 值为 −8.4‰ ~ −7.7‰（−8.05‰±0.31‰）。微晶方解石 δ^{13} C$_{VPDB}$ 值为 +3.2‰ ~ +6.3‰（+4.75‰±0.82‰），δ^{18} O$_{VPDB}$ 值为 −10.1‰ ~ −7.2‰（−8.1‰± 0.59‰）。纤维状方解石与围岩中微晶方解石 δ^{13} C 组成非常接近，但 δ^{18} O 明显负偏。粒状方解石 δ^{18} O 与围岩微晶方解石相似，但 δ^{13} C 明显负偏。

表7-3　沙四上亚段-沙三下亚段黑色页岩中三种方解石的碳、氧同位素组成统计

相位	n	$\delta^{13}C_{VPDB}/‰$	$\delta^{18}O_{VPDB}/‰$
纤维状方解石	10	$\dfrac{1.8 \sim 5.0}{3.49 \pm 1.13}$	$\dfrac{-13.7 \sim -11.4}{-12.67 \pm 0.68}$
粒状方解石	4	$\dfrac{-0.2 \sim 4}{0.65 \pm 0.70}$	$\dfrac{-8.4 \sim -7.7}{-8.05 \pm 0.31}$
围岩（泥晶方解石）	10	$\dfrac{3.7 \sim 6.3}{4.75 \pm 0.82}$	$\dfrac{-9.1 \sim -7.2}{-8.10 \pm 0.59}$

注：分数线之上为最小值~最大值；分数线之下为平均值±偏差。

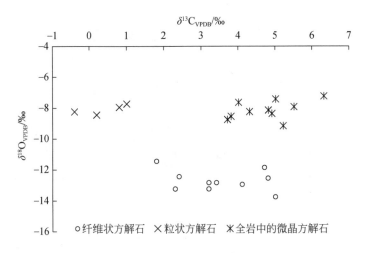

图7-30　碳氧同位素散点图

7.3.5　方解石脉体形成时间

暗色页岩中的方解石脉得到前人广泛报道，热解生烃作用被认为是其形成的普遍诱因（Cobbold et al., 2013；Zhang et al., 2016a）。在此次研究中，来自岩相学和流体包裹体的证据为其形成时间提供约束。

（1）脉体中固体包裹体相对原始状态发生塑性变形，表明脉体形成于岩石半固结状态［图7-23（b）、图7-24（d）、图7-25］；

（2）脉体被充填沥青的裂缝切割，表明形成时间早于烃类的初次运移［图7-26（c）、（d）］；

（3）草莓状黄铁矿存在于中间线和固体包裹体中，表明颗粒方解石在微生物的硫酸盐还原过程中形成，而纤维状方解石发生在微生物的硫酸盐还原之后；

（4）脉体中包含的烃类包裹体指示脉体形成于生油窗内［图7-28（a）~

(d)];(Parnell and Carey,1995;Parnell et al.,2000);

(5)原生两相盐水包裹体均一温度指示脉体形成温度在86.4~117.4℃，表明位于生油窗内。

综上所述，纤维状方解石脉体形成于生油窗早期，而作为中间线的粒状方解石（可能作为脉体的"核"）可能形成于微生物的硫酸盐还原过程。

7.3.6 成脉方解石来源

7.3.6.1 来自 $\delta^{13}C$ 的约束

稳定碳同位素在深部循环过程中能够保持稳定，因此可以用于追踪碳来源（Talma and Netterberg，1983；Siegel et al.，2004；Cao et al.，2018）。研究区目的层位为富含有机质的暗色页岩地层，排除了大气降水携带富 ^{12}C（$\delta^{13}C<-7‰$）（Aggarwal et al.，2004）二氧化碳侵入的可能性。沉积有机质是沉积盆地中一个重要的碳库，且在有机质演化的不同阶段会释放不同碳同位素组成的 CO_2（Irwin et al.，1977）。细菌硫酸盐还原（bactria sulfate-reducing，BSR）阶段释放的 CO_2 继承了有机质的轻碳特征，因此由其参与形成的胶结物碳同位素负化明显（Irwin et al.，1977；McLane，1995）。在 BSR 之下的发酵带释放具有重碳特征的 CO_2（$\delta^{13}C_{VPDB}\approx0~15‰$）（Raiswell，1987；Wolff et al.，1992）。在热解生烃阶段，有机质产生具有轻碳同位素组成的 CO_2（$-23‰~8‰$）（Sensuła et al.，2006）。在原生碳酸盐的重结晶过程并不能造成碳同位素组成发生明显变化（Myrttinen et al.，2012），因此其产生相对较重的 CO_2（$+3.2‰~+6.3‰$）。

纤维状方解石碳同位素组成范围几乎落在围岩中微晶方解石的范围，且略有负偏，这表明纤维状方解石脉沉淀所需物质主要来自于围岩中的微晶方解石溶解，同时也受到来自有机质的含轻碳的 CO_2 的参与。而粒状方解石碳同位素明显负化，这与其形成于 BSR 阶段的结论一致。

7.3.6.2 来自 $\delta^{18}O$ 的约束

胶结物中的氧同位素组成取决于温度和成岩流体氧同位素组成（Azmy et al.，2008；Boggs，2009；Dietzel et al.，2009；Zheng，2011；Azomani et al.，2013；Hou et al.，2016）。粒状方解石与围岩中微晶方解石在氧同位素组成方面的相似性表明其形成于浅埋阶段。纤维状方解石氧同位素出现明显负偏，这与其形成于进一步埋藏过程中的较高温度下有关。图7-31展示了基于温度的方解石-水平衡关系（Al-Aasm et al.，1993）。假设围岩中微晶方解石形成于20~30℃，可以推测初始湖水氧同位素组成为-7‰~-3‰VSMOW，这与前面报道的-5‰VSMOW

（Yuan et al.，2015）一值非常相似。根据纤维状方解石氧同位素组成及 T_h，计算出纤维状方解石从氧同位素组成为 −1.0‰ ~ +3.1‰VSMOW 的成岩流体中析出，这一数值与前人计算的中古近系砂岩中成岩阶段孔隙水氧同位素组成一致（Han et al.，2012；郭佳等，2014；Wang et al.，2016a）。

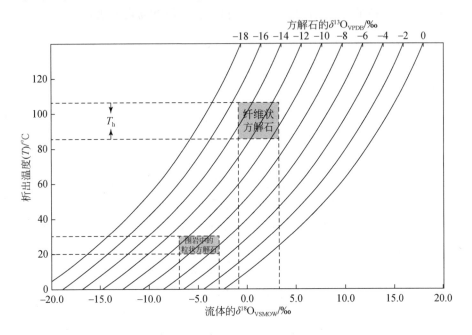

图 7-31　方解石不同 $\delta^{18}O$ 值的温度（T）与 $\delta^{18}O$ 的关系

7.3.7　方解石生长机制

由于特殊的晶体形态和潜在的岩石变形动力学信息，顺层纤维状方解石脉的开启机制一直是一个争论不休的研究热点（Durney and Ramsay，1973；Cox，1987；Urai et al.，1991；Means and Li，2001）。目前已经形成了两种完全不同的解释模型：①裂缝填封（crack-seal）模型（Ramsay，1980）；②无裂缝模型（Durney and Ramsay，1973；Fisher and Brantley，1992）。

在第一个模型中，超压被认为是裂缝开启的动力（Zanella and Cobbold，2011；Cobbold et al.，2013）。超压导致裂缝产生，裂缝形成造成压力释放，在压力释放过程中，方解石从孔隙流体中析出，裂缝被胶结，超压再次发育，脉体在这一过程中不断增生。Crack-seal 模型可以解释脉体中的纤维状或延伸状晶体、锯齿状的晶体边缘，以及记录脉体增生轨迹的包裹体（Ramsay，1980；Cox，1987；Dunne and Hancock，1994），然而这些特征在本次研究的样品中并不存在。

在第二个模型中，脉体在晶体结晶力的作用下持续增生（Fletcher and Merino，2001；Means and Li，2001；Wiltschko and Morse，2001），在这种情况下，方解石纤维在层理缝处沉淀而不破裂，将围岩推回。这一模型可以解释脉体中的"cone-in-cone"结构（Wiltschko and Morse，2001；Hilgers and Urai，2005）。

顺层超压裂缝只有在压力系数达到 2.5 时才能产生（岩石平均密度为 2.5g/cm³）（刘晓峰和谢习农，2003），虽然目前所知的东营凹陷超压系数在各个历史时期均不超过 2.0（李阳等，2008；Guo et al.，2010），但考虑到目前超压数据均来自于砂岩，泥岩中超压程度可能高于砂岩（Guo et al.，2010），以及泥岩本身非均质性等因素（Hunt，1990），仍不能排除超压产生顺层裂缝的可能性。然而与裂缝形成相关的 crack-seal 模型不能解释脉体中的正弦状包裹体及光滑的晶体边界（Bons and Jessell，1997；Hilgers and Urai，2005）。

晶体从过饱和溶液中析出时会产生结晶力（Maliva and Siever，1988），且结晶力可能通过热力学平衡来表达（Maliva and Siever，1988；Wiltschko and Morse，2001）：

$$P_{fe} = \ln\Omega \frac{RT}{-\Delta V} \tag{7-8}$$

式中，P_{fe} 为结晶力；Ω 为过饱和程度；R 为气体常数；T 为温度；ΔV 为物质固态和溶液的摩尔体积差。

结晶力与温度及溶液中溶质浓度具有正相关性，根据 Dewers 和 Ortoleva（1990）的数据，在 70℃（343.15K）时，方解石从两倍过饱和溶液中析出时能够产生 53.78MPa 的结晶力。

结晶力形成的前提是存在结晶核，然而部分脉体中没有发生作为结晶核的粒状方解石 [图 7-24（d）、图 7-25（a）]，这说明可能存在结晶力之外的其他因素参与到了脉体增生中。初始裂缝可能存在于棕色粒状方解石与围岩的接缝处，或在流体超压及其他作用力下的纹层内。亚临界裂缝的扩展在脉体连续扩展过程中可能起到重要作用。纤维状方解石的形成表明竞争可能抑制了结晶过程，也表明生长的晶体在任何时候都与相对的围岩保持接触，结晶的作用力很可能有助于裂缝的生长（图 7-32）。

脉体中正弦曲线状分布的包裹体来自于原先平直的围岩纹层 [图 7-23（b）、图 7-25（b）]，在脉体增生过程中，夹在两个脉体之间的围岩纹层被裹挟进来，最终形成具有"cone-in-cone"结构的复合脉体。因此，固体包裹体不同的位移状态记录了脉体的增生过程。假设总生长速率（同一纵截面各点生长速率之和）不变，本次研究基于固体包裹体的分布样式建立了脉体增生的 antiaxial 模型（图 7-33）。在这一模型中，中间线始终不发生变形，初始裂缝在结晶力推动下发生

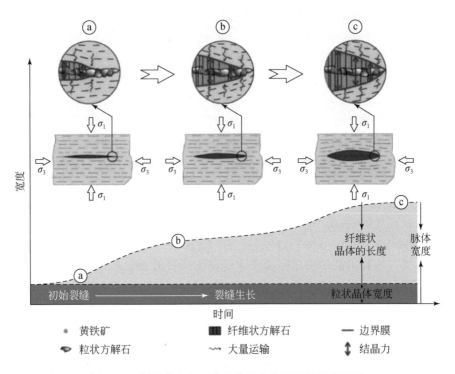

图 7-32　纤维状方解石脉在结晶力作用下的形成过程

亚临界扩展。正弦曲线状包裹体分布样式的本质是晶体生长速率的差异，导致围岩物质被推拉到不同位置，这也是三维空间中 "cone-in-cone" 结构的形成。纹层黏附力的差异性可能是造成包裹体不同部位生长速率不同的原因，此外晶体生长的自组织性对其也有影响（Hilgers and Urai，2005）。

　　基于以上研究，我们重建了脉体的生长过程（图 7-34）。整个过程开始于沉积物–水界面以下的几百米范围内，在松软的富有机制的暗色泥当中发生如下 BSR 反应：

$$CH_2O + SO_4^{-2} \longrightarrow HS^- + 2HCO_3^- + H^+ \tag{7-9}$$

$$4FeOOH + 4SO_4^{2-} + 9CH_2O \longrightarrow 4FeS + 9HCO_3^- + 6H_2O + H^+ \tag{7-10}$$

$$2Fe_2O_3 + 8SO_4^{2-} + 15CH_2O \longrightarrow 4FeS_2 + 15HCO_3^- + 7H_2O + OH^- \tag{7-11}$$

　　有机质生物降解产生 CO_2 及反应 [式（7-10）和式（7-11）] 带来的体系碱度增加，造成了粒状方解石的沉淀。

　　随着硫酸盐的还原消耗，甲烷菌开始发挥作用，这一过程一直持续到地层温度达到 75℃：

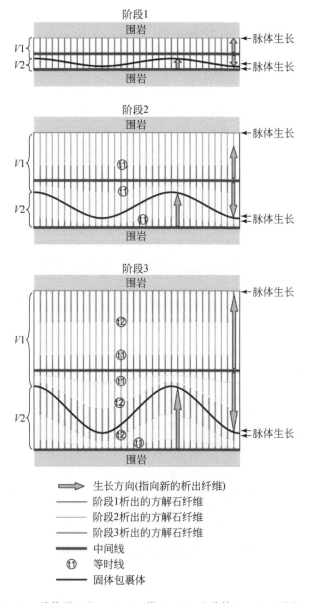

图 7-33　脉体增生的 antitaxial 模型（V1 为脉体 1，V2 为脉体 2）

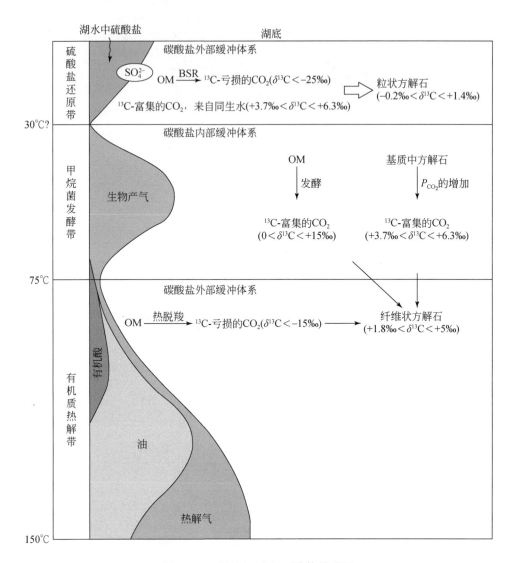

图 7-34　平行层理方解石脉体的碳源

$$2CH_2O \longrightarrow CH_4 + CO_2 \tag{7-12}$$

在此过程中释放了碳同位素值正偏的 CO_2。在内缓冲碳酸盐体系中，可能由于 P_{CO_2} 增加导致 pH 降低，导致碳酸盐溶解。中间体 $\delta^{13}C$ 的碳酸氢盐继承了其组成来自不同来源的混合碳。

碳酸盐体系的 pH 在"生油窗"初期受到羧酸根离子的外部缓冲。因此，高 P_{CO_2} 条件下有机质的脱羧反应会增强碳酸盐胶结物的沉淀。方解石由于与围岩的黏附性较低，沿先前形成的粒状方解石（充当晶种）优先从过饱和孔隙流体中析出。在超压腔中，纤维状方解石在结晶力的作用下楔入围岩中生长，并生长出平行的层状纤维状方解石脉。

7.4　方解石脉体油气地质意义

在东营凹陷、沾化凹陷古近系沙三下亚段–沙四上亚段厚层泥页岩中，纤维状方解石脉紧邻富有机质黏土纹层［图7-35（a）］，包裹生物成因及成岩改造的胶磷矿，夹杂富含有机质的泥页岩碎片，充填沥青［图7-35（b）］，捕捞烃类包裹体和存储原油。纤维状方解石脉普遍与有机质紧密共存，将其作为干酪根生烃和油气初次运移的重要证据［图7-35（c）］。

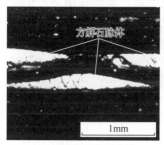
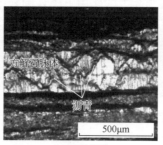
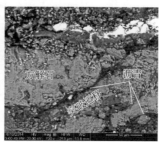

(a)与富有机质纹层共生　　　　(b)沥青充填　　　　(c)沥青运移

图7-35　方解石脉体与油气的关系

富有机质泥页岩沉积于古地形相对低洼部位，而湖盆古地形横向凹凸不平、不连续，造成富有机质泥页岩横向不连续，且相变快。湖盆沉积环境受事件性影响显著，且垂向演化频繁，造成富有机质泥页岩和贫有机质泥页岩薄互层出现。由此形成三明治型或土豆状的相对封闭的成岩环境，利于流体超压形成和保存，形成泥页岩油藏。油藏内部沥青在流体压力作用下多尺度运聚。纤维状方解石脉体在页岩油运聚网络中充当重要的储集空间或运移路径。

7.5　小　　结

基于布拉格衍射定律和宏观弹性力学的 X 射线衍射残余应力测试技术在确定纤维状方解石脉体定型时的有效应力具有较好的效果。在测试实例中采用固定 ψ 法进行 X 射线衍射扫描，利用 $\sin^2\psi$ 法计算了纤维状方解石脉体的垂向有效应力为 59MPa，水平有效应力为 16MPa，方解石脉体处于三向挤压的空间应力状态中。基于电子背散射衍射技术获得方解石脉体的花样质量图、相图、晶粒分布图、欧拉图、晶粒取向差和极图，能较好地表征方解石脉体的结晶习性、生长方向、形成温度和应力特征。方解石脉体中的方解石晶体属于三方晶系的尖菱面体型空间格子构造，生长方向属于由脉体的边界指向脉体中间的向生式，初始形成时的温度较低，形成于三向挤压的应力环境中。纤维状方解石母质成岩流体的 $\delta^{18}O_{VSMOW}$ 为 $-1.0‰ \sim +3.1‰$，表明黑色页岩埋藏过程中 ^{18}O 富集。纤维状方解石的母体碳酸氢盐溶液的碳同位素组成来源于无机碳和有机碳的混合来源，$\delta^{13}C_{VPDB}$ 值为 $+1.8‰ \sim +5.0‰$（$+3.49‰\pm1.13‰$）。

平行层理纤维状方解石脉生长经历了两个阶段：①颗粒状方解石在 BSR 阶段中沉淀，具有 $\delta^{13}C$ 负偏特征，以"中间线"的形式出现；②在粒状方解石"中间线"的基础上，在"油窗"早期从过饱和孔隙水中析出纤维状方解石。在超压腔中，纤维状方解石在结晶力的作用下楔入围岩中生长，并生长出平行的层状纤维状方解石脉。

第8章 湖相泥页岩油藏特征研究

泥页岩油在美国巴肯（Bakken）页岩取得了成功开发，而在国内东部古近系泥页岩中的生产效果并不理想（宁方兴，2015）。广义的泥页岩油是指以游离、吸附及溶解态等多种形式赋存于有效生烃泥页岩地层层系中且具有勘探开发意义的非气态烃类，其赋存的主体介质为泥页岩，但也包含邻近或夹有的薄层致密砂岩、碳酸盐岩或火山岩（张金川等，2012；姜在兴等，2014）；狭义的泥页岩油是指储存于富含有机质，且以纳米级孔径为主的泥页岩中的石油，而不包括致密砂岩或致密灰岩等的致密油气（邹才能等，2013）。本章采用狭义的泥页岩油定义，综合利用岩心和多种分析测试资料，借助热模拟实验手段，以沙四上亚段–沙三下亚段泥页岩油藏为例，系统总结其生储盖特征和油气运聚特征，深入分析陆相湖盆沉积环境对泥页岩油成藏要素的控制作用并建立泥页岩油藏模式，以期为湖相泥页岩油藏的勘探开发提供一定的指导。

8.1 泥页岩油藏生储盖特征

8.1.1 生油性

泥页岩油生产实践表明能够产油的岩相中富含有机质，且有机质含量越高越有利（杨华等，2013），因而研究泥页岩生油性是研究泥页岩油成藏的基础。前人对济阳拗陷沙四上亚段–沙三下亚段泥页岩的生烃属性做了大量研究（朱光有和金强，2003；侯读杰等，2008），烃源岩主要形成于半咸水–咸水湖盆环境中，有机质类型以 I 型和 II_1 型为主，水生浮游生物是其主要有机质来源，镜质组反射率（R_o）为 0.5% ~ 1.0%，处于生油窗中。由于泥页岩岩相类型众多，不同岩相的烃源岩质量差异大，东营凹陷樊页 1 井沙三下亚段–沙四上亚段试油资料表明产油段的岩相类型主要为油泥（页）岩，其热解参数指标位于优质烃源岩范畴，其中总有机碳含量（TOC）介于 4.03% ~ 12.8%，平均值为 6.41%；游离烃含量（S_1）介于 1.03 ~ 10.8mg/g，平均值为 4.57mg/g；热解烃含量（S_2）介于 17.59 ~ 78.59mg/g，平均值为 41.28mg/g；生烃潜量（S_1+S_2）介于 18.97 ~ 82.65mg/g，平均值为 45.85mg/g。油泥（页）岩中长英质矿物、黏土矿物和碳酸盐矿物含量变化大，但在通常情况下碳酸盐矿物含量最多，多大于 50%，长英质矿物含量为 0 ~ 33.33%，且大于黏土矿物。由于富含有机质，颜色普遍较深，微观层理样式表现为纹层状或定向性，并往往发育方解石脉体［图 8-1 (a)、(b)］。全矿物扫描显示油泥岩中碳酸盐含量约占 81.4%，其中方解石占 77%，其次为长英质矿物，分散在碳酸盐矿物中，约占 10%［图 8-1 (c)］。因此，泥页岩油藏中油泥（页）岩富含有机质和碳酸盐矿物，本身即烃源岩或优质烃源岩，具备大量生油能力，具有自生属性。

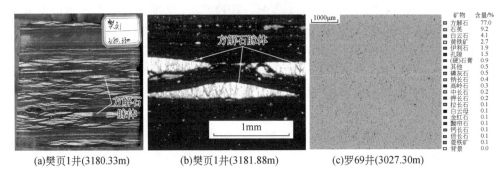

(a)樊页1井(3180.33m)　　(b)樊页1井(3181.88m)　　(c)罗69井(3027.30m)

图 8-1　油泥（页）岩岩石学特征

8.1.2　储集性

　　泥页岩颗粒组分细小，类型复杂，决定了储集空间类型多样，且微孔隙特别发育，包括粒间孔、粒间溶孔、晶间孔、晶间溶孔、晶内孔、晶内溶孔和有机质孔。此外，泥页岩中还发育多种类型的裂缝，如构造缝、层理缝、收缩缝和自然流体压力缝。其中，由于沙四上亚段–沙三下亚段油泥（页）岩富含碳酸盐矿物，孔隙主要呈离散样式分布在碳酸盐矿物构成的基质中［图 8-2 (a)］。全矿物分析统计和扫描电镜显示碳酸盐矿物主要与石英、伊利石接触［图 8-2 (b)］，而孔隙主要与方解石、白云石和伊利石紧邻［图 8-2 (b)］，因此孔隙发育与碳酸盐矿物密切相关，孔隙类型主要为原生或次生晶（粒）间孔，如碳酸盐矿物晶间（溶）孔、长英质矿物粒间（溶）孔、黏土矿物晶间孔以及碳酸盐矿物与长英质矿物、黏土矿物之间的粒间（溶）孔［图 8-2 (c)］。与美国 Bakken、Barnett 和 Marcellus 页岩不同，沙四上亚段–沙三下亚段泥页岩中有机质内部孔和有机质边缘孔发育少而有机质边界孔较多［图 8-2 (c)］，这与有机质类型及其热解生烃过程中的组构演化和生烃机制密切相关（董春梅等，2015b）。

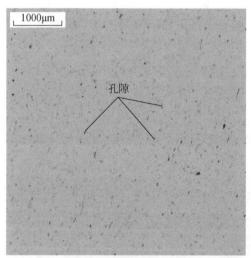

(a)孔隙分布(罗69井，3027.30m)

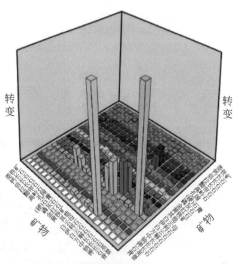

(b)组分接触关系(罗69井，3027.30m)

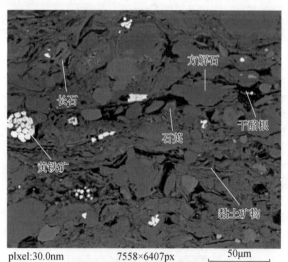

plxel:30.0nm　　　7558×6407px　　　50μm

(c)微观特征(罗69井，3048.10m)

图 8-2　油泥岩岩石组分分布

　　尽管泥页岩中储集空间类型多样且数目众多，但是在观察泥页岩实际样品和热模拟实验样品时发现，并不是所有的储集空间都存储沥青，而是主要充填在有机质孔 [图 8-3 (a)]、与有机质紧邻且尺度较大的晶（粒）间孔 [图 8-3 (b) ~ (g)] 和裂缝 [图 8-3 (h) ~ (l)] 等有效储集空间中，特别是生排烃缝和顺层脉状裂缝 [图 8-3 (h) ~ (k)]。油泥（页）岩中含有大量的晶（粒）间孔和有

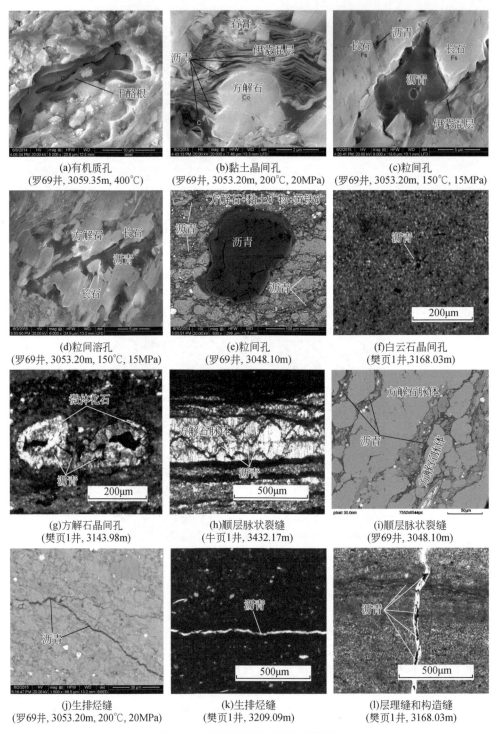

图 8-3　泥页岩有效储集空间类型

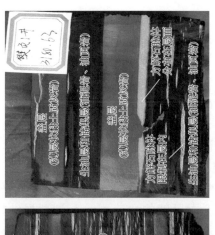

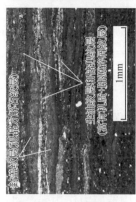

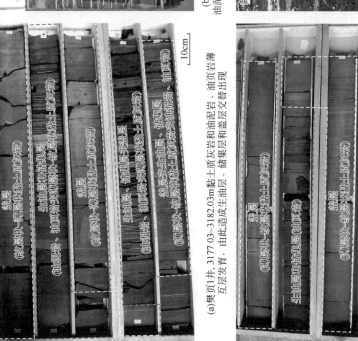

(a)樊页1井, 3177.03~3182.03m黏土质灰岩和油泥岩、油页岩薄互层发育, 油页岩薄夹黏土质灰岩以层状夹黏土质灰岩交替出现, 由此造成生油层、储集层和储集层和盖层交替发育

(b)樊页1井, 3201.50m薄层状黏土质黏土质灰岩、油页岩构成 "三明治" 型生储盖组合

(c)樊页1井, 3180.63m生储盖组合内, 方解石脉体被限制层内或分布在层面发育

(d)利页1井,3766.61~3769.61m黏土质灰岩作为盖层、油泥岩、油页岩作为生油层和储集层、构成 "三明治" 型生储盖组合

(e)牛页1井, 3345.29m泥晶方解石纹层作为封盖纹层, 富有机质+陆源碎屑纹层作为生油纹层和储集纹层, 两者交替发育

(f)牛页1井, 3390.10m封盖纹层、生油层和储集纹层交替出现, 构成微小 "三明治" 型生储盖组合

图8-4 泥页岩中不同尺度的 "三明治" 型生储盖组合

机质边界孔，且发育顺层脉状裂缝和生排烃缝，因此泥页岩油藏自身具备储集能力，具有自储属性。

8.1.3 封闭性

由于无机矿物和有机质组分的差异性，泥页岩中发育的各类岩相具有不同的力学强度和物性特征（王冠民等，2016b），其中富含碳酸盐矿物的岩相力学强度大而难被破坏，且物性差、封闭能力强，而富含黏土矿物或有机质的岩相力学强度小，容易被超压流体破坏而产生自然流体压力缝（马存飞等，2016）。由于陆相湖盆沉积环境频繁演化，富含碳酸盐矿物的岩相和富含黏土矿物或有机质的岩相在垂向上交替出现，形成一套或多套不同尺度的"三明治"型地层结构（图8-4），其中最典型的是顶底两套黏土质灰岩相作为顶板、底板而中间夹一套油泥（页）岩的样式［图8-4（a）、（d）］。由于顶底板强度大且物性差而充当盖层，油泥（页）岩富含有机质且发育多种有效储集空间而成为生油层和储集层，构成"三明治"型生储盖组合。该种地层结构有利于形成封闭体系，沥青被限制在内部而不断积累，最终形成孔隙流体超压，这与泥页岩油藏普遍发育流体超压相吻合（宁方兴，2015）。同时，方解石脉体被限制在油泥（页）岩层内或顺层分布在层面上发育而不能突破或切穿黏土质灰岩的现象也是良好的佐证［图8-4（b）、（c）］。此外，由强软岩相构成的"三明治"型地层结构刚柔相济，抵御外部的构造应力作用强，可以自我调节形变而不被破坏，使得流体超压长时间保存，有利于泥页岩油气保存，因而四川盆地龙马溪组产气段以及东营凹陷和沾化凹陷沙四上亚段–沙三下亚段产油段均发育顶底板。因此，泥页岩油藏自身发育的"三明治"型地层结构，决定了其具有很好的自封闭性。

8.2 泥页岩油藏运聚特征

8.2.1 泥页岩油赋存状态

泥页岩油气在储集空间中的赋存状态是各学者关注的问题（张林晔等，2010；Cardott et al.，2015），而目前通常认为沥青呈游离态、吸附态和溶解态三种形式（张金川等，2012）。本书利用环境扫描电镜在低真空条件下观察泥页岩实际样品和热模拟实验后样品发现，沥青主要呈游离态形式存在［图8-5（a）~（i）］，其次呈吸附态［图8-5（j）~（l）］，这与O'Brien等（2002）开展的泥页岩热模拟实验结果相符。游离态沥青主要分布在有机质孔、尺度较大的晶（粒）间孔、生排烃缝、顺层脉状裂缝、层理缝和构造缝中（图8-3），且表现出明显的流动痕迹［图 8-5（g）~（i）］，吸附态沥青主要分布在黏土矿物晶间孔中［图 8-5（j）~（l）］。

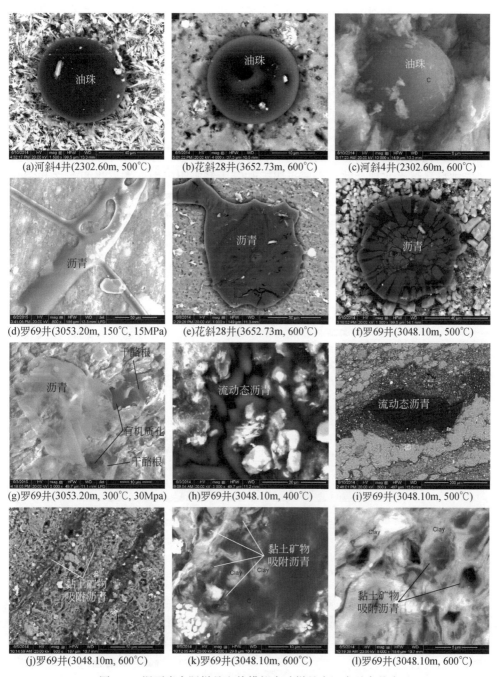

(a)河斜4井(2302.60m, 500℃)　(b)花斜28井(3652.73m, 600℃)　(c)河斜4井(2302.60, 600℃)

(d)罗69井(3053.20m, 150℃, 15MPa)　(e)花斜28井(3652.73m, 600℃)　(f)罗69井(3048.10m, 500℃)

(g)罗69井(3053.20m, 300℃, 30Mpa)　(h)罗69井(3048.10m, 400℃)　(i)罗69井(3048.10m, 500℃)

(j)罗69井(3048.10m, 600℃)　(k)罗69井(3048.10m, 600℃)　(l)罗69井(3048.10m, 600℃)

图 8-5　泥页岩实际样品和热模拟实验样品中沥青赋存状态

8.2.2　泥页岩油运移阻力及动力

沥青从干酪根内部排出进入邻近储集空间以及在储集空间中沿着水平方向运移时需要排替孔隙水，属于油水两相渗流过程。泥页岩中无机矿物表面原始状态是亲水的，在沥青排水运移过程中毛细管力是阻力之一。泥页岩中长英质矿物和碳酸盐矿物颗粒细小，以细粉砂或细晶级别为主，并且含有大量黏土矿物或有机质组分，比表面积大，吸附能力强；泥页岩中发育微米-纳米级孔喉网络，其中喉道类型主要是黏土矿物晶间孔或黏土矿物集合体与碎屑颗粒之间的粒间孔，孔喉迂曲度大，连通性弱，束缚水饱和度高，物性极差，由此造成泥页岩孔喉中的流体受到孔喉壁面吸附阻力的影响（吕延防等，2000；张林晔等，2010）。因此，沥青排替孔隙水实现运移至少要克服毛细管力和吸附阻力，本书将两者之和定义为泥页岩的排替压力（图 8-6）。根据动力和阻力平衡关系，沥青自身的流体压力是其运移的主要动力，而当沥青垂向运移时，运移的动力还应当考虑浮力。

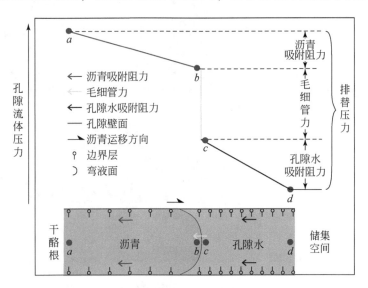

图 8-6　沥青运移过程中动力及阻力示意图

8.2.3　泥页岩油运移方式

热解生烃作用是孔隙流体增压主要的形成机制（郭小文等，2011），而泥页岩细小的孔喉和极低的渗透率造成流体排出困难，故干酪根生烃量和生烃速度是孔隙流体压力积累的重要因素，其中干酪根生烃速度对孔隙流体压力影响更显著（Bredehoeft et al.，1994）。当生烃量一定时，生烃速度越快越有利于烃类积累，进而导致孔隙流体压力增大。在通常情况下，岩石破裂强度大于其排替压力，如果生烃速度很小，生烃量不足，孔隙流体压力小于排替压力，并且不能达到岩石破裂强度，那么烃类将滞留在孔隙中 [图 8-7 (a)-ⓐ、图 8-8 (a)]；如果生烃速度中等，孔隙流体压力大于排替压力但小于岩石破裂强度，那么烃类发生"孔隙式"运移 [图 7-7 (a)-ⓑ、图 7-8 (b)]，直到生烃量与烃类渗流量达到平衡；如果生烃速度很大，生烃量大于烃类渗流量，那么烃类不断累积，孔隙流体压力不断增加，超过排替压力直至岩石破裂强度而产生生排烃缝，由此发生"活塞式"运移 [图 8-7 (a)-ⓒ、图 8-8 (c)]。特别是当泥页岩有机质含量特别高、纹层异常发育或岩石骨架非常致密但脆性很强时，岩石破裂强度小于排替压力，孔隙流体压力很快达到岩石破裂强度，则生排烃缝更容易形成，烃类主要发生"活塞式"运移（郝石生等，1994；王新洲等，1994；Kobchenko et al., 2011）[图 8-7 (b)-ⓑ、(b)-ⓒ、图 8-8 (c)]。

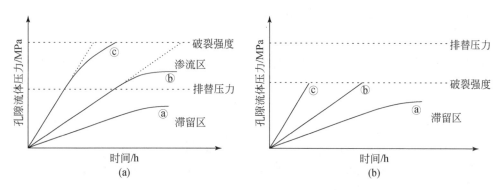

图 8-7　泥页岩生烃速度和烃类运移方式关系示意图

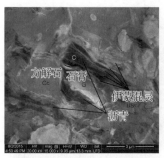
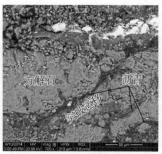

(a)沥青滞留在黏土矿物晶间孔中　(b)沥青在方解石晶间孔中突破运移　(c)以干酪根为中心，生排烃缝形成
（罗69井，3053.20m，200℃，20Mpa）　（罗69井，3048.10m）　（罗69井，3053.20m，200℃，20Mpa）

图 8-8　泥页岩中烃类运移方式

8.2.4　泥页岩油运聚模式

泥页岩储集空间研究表明储集空间具有多尺度、逐级连接成网的结构特征，其中尺度大的储集空间通过尺度小的储集空间连通、汇聚，这决定了沥青运移具有多尺度性，并最终聚集在尺度大的储集空间中。在薄片下观察，沥青从干酪根中运移出来，突破进入紧邻干酪根的晶（粒）间孔中，并继续向外突破运移［图8-9（a）~（c）］。这一现象在扫描电镜下观察更清楚，表现为沥青以游离态的形式从干酪根内的有机质孔中突破出来［图8-9（d）］，进入紧邻的纳米–微米级晶（粒）间孔中继续突破运移而呈流动状态［图8-9（e）］，并储集在微米级晶（粒）间溶孔中［图8-9（f）］。特别当泥页岩中有机质含量很高时，在压力作用下干酪根逐渐相互汇聚而形成有机质网络（Durand，1988；Loucks and Reed，2014）［图8-9（g）~（j）］，并通常被生排烃缝连接贯通［图8-9（h）~（j）］，沥青通过有机质网络和生排烃缝向外运移［图8-9（g）~（k）］，最终汇聚到尺度更大的顺层脉状裂缝、层理缝或构造缝中［图8-9（k）、（l）］。

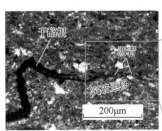

(a)沥青从干酪根内部突破运移出来（樊页1井，3116.48m）

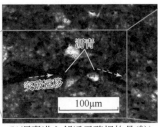

(b)沥青进入邻近干酪根的晶(粒)间孔中(樊页1井，3116.48m)

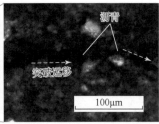

(c)沥青在晶(粒)间孔中继续向外突破运移(樊页1井，3116.48m)

(d)沥青从干酪根内部的有机质孔中运移出来（罗69井，3053.20m，300℃，30Mpa）

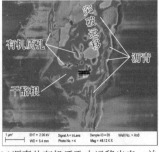

(e)沥青从有机质孔中运移出来，并在邻近的纳米级间孔中突破运移（安6井，3060.50m）

(f)沥青储集在宏孔级晶(粒)间溶孔中（罗69井，3053.20m，250℃，25Mpa）

(g)干酪根相互靠近,形成有机质网络
(樊页1井, 3046.53m)

(h)干酪根逐渐向生排烃缝汇聚,形成有机质网络
(樊页1井, 3040.26m)

(i)干酪根向生排烃缝汇聚,形成有机质网络(樊页1井, 3045.23m)

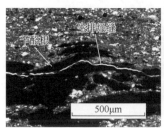

(j)在有机质网络中, 沥青充填生排烃缝(樊页1井, 3040.26m)

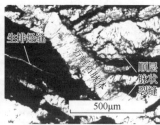

(k)沥青充填生排烃缝以及顺层脉状裂缝中的方解石晶间孔
(樊页1井, 3183.08m)

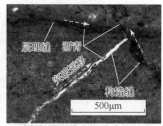

(l)沥青在层理缝和构造缝中突破运移,并向更大尺度的构造缝中汇聚
(樊页1井, 3168.03m)

图 8-9　泥页岩油藏沥青多尺度运聚特征

　　国外页岩气研究成果表明泥页岩中储集空间的多样性和多尺度性决定了天然气的赋存状态、渗流方式和渗流机制（Javadpour et al., 2007；Javadpour, 2009；Sondergeld et al., 2010），其中有机质孔、晶（粒）内孔和黏土矿物晶间孔等的孔径尺度主要处于纳米级，天然气赋存样式为溶解态和吸附态，渗流类型为布朗运动、解吸作用和克努森（Knudsen）扩散；长英质矿物粒间孔和碳酸盐矿物晶间孔等晶（粒）间孔的孔径尺度主要是微米级，天然气赋存样式为吸附态和游离态并存，渗流类型为 Knudsen 扩散、滑脱、体扩散和非达西渗流；天然裂缝和水力压裂缝的尺度比孔隙大，天然气赋存样式为游离态，渗流类型主要为达西渗流和管流（图 8-10）。

　　与页岩气渗流特征相似，沙四上亚段–沙三下亚段泥页岩油同样具有多尺度运聚网络模式（图 8-11）。在处于生油窗内的泥页岩中，大量干酪根在温压作用下热解生成沥青［图 8-11（a）］，并以游离态或溶解态形式赋存在有机质孔中［图 8-11（b）］；热解生烃增压作用产生的孔隙流体压力驱动游离态沥青主要以"孔隙式"运移方式进入紧邻的有机质边界孔或晶（粒）间孔中，或以"活塞式"运移方式进入生排烃缝中，其次以扩散方式由干酪根内部向邻近的储集空间中运移并吸附在干酪根或无机矿物壁面上；游离态沥青在孔隙流体压力作用下克

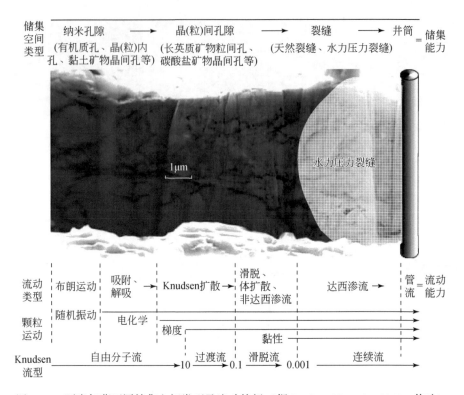

图 8-10　页岩气藏不同储集空间类型及流动特征（据 Sondergeld et al., 2010, 修改）

服排替压力（毛细管力和吸附阻力之和），并以非达西渗流方式继续在晶（粒）间孔中突破运聚，具体如石英粒间孔、方解石晶间孔、黄铁矿晶间孔、黏土矿物晶间孔、长石粒内溶孔和白云石晶内溶孔等［图 8-11（c）~（h）］，或以达西渗流方式继续在生排烃缝中运聚［图 8-11（i）］；沥青逐渐向更大尺度的晶（粒）间孔或裂缝中运聚，最终汇聚到顺层脉状裂缝、层理缝或构造缝中［图 8-11（j）~（l）］，由此形成泥页岩油"叶脉型"多尺度逐级运聚网络（图 8-11）。由于泥页岩岩石组构的非均质性，沥青运移受到的排替压力具有各向异性，而沥青在孔隙流体压力驱动下总是沿着最小阻力方向突破运移，并达到最高的运移效率，故在泥页岩多尺度储集空间网络中并非全部含油，而是存在优势运聚路径，具有最优化的输导结构，符合默里定律（Murray, 1926）。反过来讲，在泥页岩整个相互连通的多尺度储集空间网络中存在一条或多条以某个尺度的孔径作为最大连通孔喉的路径，代表沥青在运聚过程中需要的克服阻力最小而成为优势运聚路径，这对流体高效渗流有关键作用。

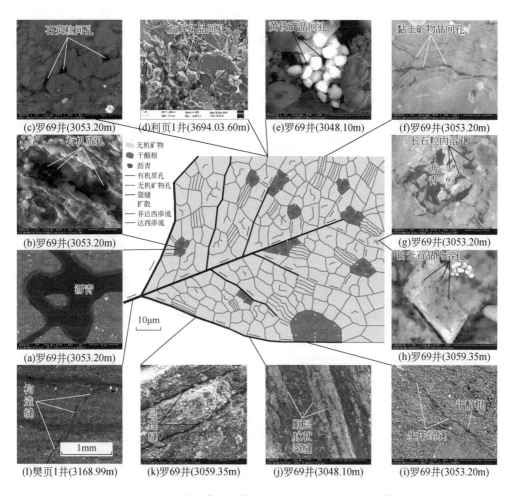

图 8-11　泥页岩油藏"叶脉型"多尺度逐级运聚网络模式

8.3　泥页岩油藏模式

东营凹陷和沾化凹陷沙四上亚段–沙三下亚段泥页岩油藏自生自储自封盖的特征表明岩相是构成油藏的基本单元，不同岩相由于具有不同的生油性、储集性和封闭性属性而充当不同的生储盖角色，然而早–中成岩阶段的岩相类型主要由沉积环境决定，因此泥页岩沉积环境是泥页岩油藏形成的基础。美国 Barnett 页岩、四川盆地龙马溪组和沾化凹陷沙四上亚段–沙三下亚段泥页岩油气生产实践均证明生烃属性是泥页岩油气富集的关键，其中有机碳含量是最重要的指标，即有机碳含量越高，对泥页岩油气富集越有利，因而富含有机质的油泥（页）岩成为最有利岩相。高有机质产率且保存条件良好的沉积环境有利于油泥（页）岩的形成，且通常发育在古气候转湿润或湿润的湖侵体系域和湖泊高水位体系域内的密集段内，沉积在湖盆斜坡带和洼陷带内温暖、静水、清水、半咸水、强还原和水体分层的半深湖-深湖水介质环境中（邓宏文和钱凯，1993；Robert and Stephen，2007），分布在古地形低洼部位，而与之毗邻的突起部位则多发育富碳酸盐岩相，如黏土质灰岩相。由于陆相湖盆古地形凹凸不平，存在多个局部洼陷和局部突起，形成多个微环境，造成油泥（页）岩分散在多个部位，横向不稳定且相变快，平面非均质性强。当湖平面发生变化时，微环境发生迁移演化，造成油泥（页）岩在垂向上快速演变为富碳酸盐岩相。加之陆相湖盆面积小，水深相对较浅，受断层活动、气候突变和特大洪水等事件性因素影响，加剧了油泥（页）岩在垂向上的演变，导致单层厚度小，垂向非均质性强。沉积环境多样性及周期性演化造成油泥（页）岩在空间上被富碳酸盐岩相包围，剖面上呈"三明治"结构，平面上呈条带状或土豆状，进而形成自封闭的圈闭环境，类似于砂岩透镜体岩性圈闭，因而属于一种由泥页岩岩相主导的特殊岩性圈闭 [图 8-12（a）]。由于圈闭的盖层主要由强度大、物性差的富碳酸盐岩相构成和支撑，抗构造应力破坏能力强而封闭性好，对油藏保存有利。

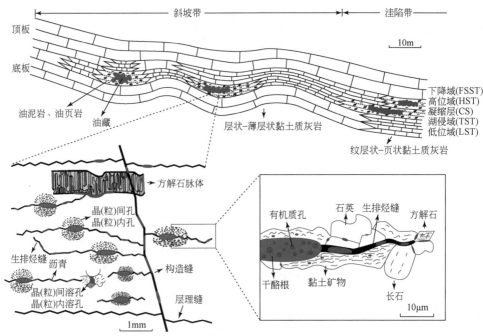

图 8-12　湖相泥页岩离散型油藏模式图

　　在圈闭内，热演化过程中油泥（页）岩内部的干酪根生成大量有机酸和烃类，既可以形成有机质孔、晶（粒）间溶孔和晶（粒）内溶孔，又可以产生孔隙流体超压而形成生排烃缝，或与成岩作用耦合发育顺层脉状裂缝并充填方解石脉体，存储沥青。同时，圈闭的封闭条件阻止游离态沥青向外运移，而在圈闭中的油泥（页）岩内部受孔隙流体压力驱动，选择泥页岩排替压力最小的路径，以"孔隙式"和"活塞式"两种运移方式进行多尺度逐级运聚［图 8-12（b）、(c)］。在圈闭封闭环境中，随着烃类生成而产生孔隙流体超压，一定的孔隙流体压力为沥青从干酪根内进入邻近的有机质边界孔、晶（粒）间孔或生排烃缝，并且逐级突破运聚到更大尺度的晶（粒）间孔、顺层脉状裂缝、层理缝和构造缝等，为储集空间提供了动力，但是过大的孔隙流体压力造成圈闭的封闭层破裂，如黏土质灰岩顶底板，造成沥青大规模散失，从而对泥页岩油富集不利。

　　综上所述，泥页岩油藏是一种由沉积环境主控，且具有自生自储自封盖、发育孔隙流体超压和多尺度运聚网络特征的特殊岩性油藏（图 8-12）。该模式陆相湖盆泥页岩油藏勘探开发具有良好的指导作用，体现在以下五方面：第一，油泥（页）岩形成的古气候条件指示泥页岩油藏主要形成于湖侵体系域和湖泊高水位体系域的密集段内；第二，沉积环境条件决定了泥页岩油富集于陆相湖盆斜坡带或洼陷带内古地形低洼部位，敏感多变的沉积环境造成岩相复杂多样且相变剧烈而导致泥页岩油藏宏观非均质性强，油层厚度薄且横向变化快，油气富集局限，分布离散而呈非连续型；第三，沉积环境演化形成一系列"三明治"型生储盖组合，强弱岩相互层的地层结构抵御外部构造应力破坏能力强而形成稳定封闭的圈闭环境，进而有利于沥青积累和保存，从而普遍发育孔隙流体超压，这与东营凹陷和沾化凹陷沙四上亚段-沙三下亚段泥页岩油藏超压特征吻合；第四，泥页岩油"叶脉型"多尺度运聚网络特征说明油藏内部微观非均质性强，存在优势运聚路径且在运聚路径上最大连通孔喉半径对游离态沥青渗流有关键作用，而大尺度的晶（粒）间孔和裂缝是重要的储集空间，特别是由干酪根热解生烃增压作用形成的生排烃缝紧邻干酪根而充填沥青，是陆相湖盆泥页岩油藏有利的储集空间类型；第五，泥页岩油藏自生自储自封盖特征和多尺度运聚特征表明泥页岩岩相是构成泥页岩油藏的关键，当开展泥页岩油藏有利目标评价或"甜点"预测时，应当以泥页岩岩相为基本评价单元，且评价内容需要包括生油性、储集性、可流动性、可改造性和保存性以期全面反映泥页岩油藏特征，通过系统分析不同岩相的生油性、储集性、可流动性、可改造性和可保存性等评价内容的影响因素，优选敏感参数和指标，采用模糊数学方法进行综合分类评价，这将是建立在泥页岩油藏地质认识基础上的有效研究方法。

8.4　小　　结

以济阳拗陷东营凹陷和沾化凹陷沙四上亚段-沙三下亚段泥页岩为例，可知泥页岩油藏具有自生自储自封盖特征，油泥岩和油页岩富含有机质和碳酸盐矿物，生烃指标好，属于优质烃源岩，具有自生属性；发育多种类型的储集空间，包括无机矿物孔、有机质孔和裂缝，具有自储属性；顶底黏土质灰岩相中间夹油泥岩和油页岩构成"三明治型"生储组合，形成相对封闭空间，抵抗外部构造应力破坏能力强，有利于沥青保存而发育孔隙流体超压，具有自封闭属性。泥页岩油藏具有多尺度运聚网络特征。沥青主要呈游离态形式储集在有机质孔、晶粒（间）孔和裂缝中，其次以吸附态形式分布在黏土矿物晶间孔中；沥青运移的阻力包括毛细管力和吸附阻力，而动力主要为孔隙流体压力；沥青运移的方式包括"孔隙式"和"活塞式"两种。由泥页岩储集空间的多尺度性决定，与页岩气的多尺度渗流规律相似，泥页岩油藏发育"叶脉型"多尺度逐级运聚网络模式，其内部存在优势运聚路径。泥页岩油藏是一种由沉积环境主控，具有自生自储自封盖、发育孔隙流体超压和多尺度运聚网络特征的特殊岩性油藏。岩相是构成泥页岩油藏的基础，而沉积环境是泥页岩油藏形成的基础。泥页岩沉积环境及其演化产生具有不同生油、储集和封闭属性的岩相和薄互层产出的地层结构，构成"三明治型"生储盖组合，形成类似砂岩透镜体的特殊岩性圈闭，抵御外部构造应力破坏，有利于沥青积累和保存，发育孔隙流体超压。在封闭的圈闭环境中，一定的孔隙流体压力驱动沥青发生多尺度运聚，但过大的孔隙流体压力破坏泥页岩油藏顶底板而不利于沥青富集。

第9章 湖相泥页岩储层有效性研究

泥页岩储层有效性评价是本书研究的最终目的，针对目前对泥页岩储层综合评价过程中评价指标选取不周或缺乏依据的问题，本章在泥页岩层序地层、沉积环境、岩相特征和储集空间的研究基础上，总结泥页岩油藏特征，从地质成因角度合理确定有效性评价单元和评价内容，并在全面分析影响因素后优选关键评价参数，最后根据评价参数中定性指标和定量指标共存的特点，选择灰色模糊数学方法进行泥页岩储层有效性评价。

9.1 泥页岩储层有效性评价内容

根据泥页岩油藏自生自储自封盖、多尺度运聚和发育超压的特征，以及特殊的岩性油气藏模式，泥页岩储层的生油性、储集性、可流动性、可改造性和保存性都将影响泥页岩储层的有效性，因而本次将有效性评价单元设定为岩相，有效性评价内容包括生油性、储集性、可流动性和可改造性，其中由于研究层段普遍发育超压，故未考虑保存性。对生油性、储集性、可流动性和可改造性影响因素全面分析，确定合理的评价参数。

9.1.1 生油性

泥页岩油生产实践表明能够产油的岩相中富含有机质且有机质含量越高越有利，因而泥页岩生油性是泥页岩油储层有效的基础。泥页岩作为烃源岩的生烃属性经过了大量研究，其中干酪根类型、有机碳含量和氯仿沥青"A"、镜质组反射率、生烃潜量（S_1+S_2）和滞留烃（S_1）是评价烃源岩中有机质类型、有机质丰度、有机质成熟度、生烃潜力和滞留烃含量的有效指标。阜二段和沙四上亚段泥页岩主要为 Ⅰ 型和 Ⅱ$_1$型干酪根，镜质组反射率介于 0.5% ~ 1.0%，处于生油窗中，故有机质类型和有机质成熟度差异不大，而有机碳丰度、生烃潜量和滞留烃含量差异大。泥页岩油储层主要开采滞留在内部和溶解在热解烃（S_2）中的游离态滞留烃（S_1），但由于岩心样品放置时间长，滞留烃（S_1）损失严重，故选择有机碳含量和生烃潜量两个参数指示有机质丰度和滞留烃含量，用于评价生油性。有机碳含量越高、生烃潜量越大，则生油性越好（图9-1）。

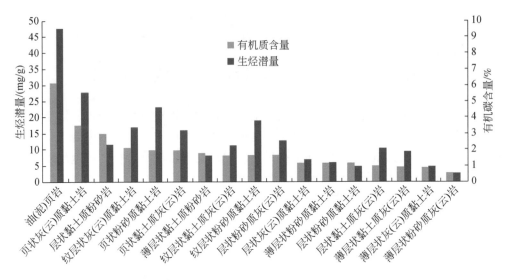

图 9-1　不同岩相有机碳含量和生烃潜量

9.1.2　储集性

9.1.2.1　储集性影响因素

1. 储集空间类型

尽管泥页岩中储集空间类型多样，但在岩心、薄片和扫描电镜观察中发现，并不是所有的储集空间都含油。根据在环境扫描电镜下观察泥页岩油赋存位置，沥青往往储集在有机质孔中，或与有机质紧邻且尺度较大的晶（粒）间孔和裂缝中，特别是生排烃缝和顺层脉状裂缝（图 9-2）。当泥页岩中发育较多此类型储集空间时，储集性能更好，如油泥（页）岩。

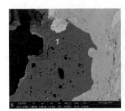
(a)有机质孔
（花X28井，3655.50m）

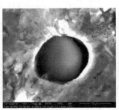
(b)晶(粒)粒间孔
（罗69井，3059.35m）

(c)生排烃缝
（樊页1井，3170.23m）

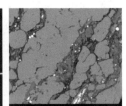
(d)顺层脉状裂缝及
纤维状方解石脉
（罗69井，3048.10m）

图 9-2　含油的储集空间类型

2. 岩石宏观构造

泥页岩中层理界面主要通过成分差异体现，通常由富有机质纹层和富无机矿物纹层交替构成。层理对泥页岩储集性的影响体现在两方面：①当有机质成熟度较低时，有机质与无机矿物紧密接触，储集空间不发育，而随着有机质成熟度增加，有机质内部、边缘及与矿物接触部位产生孔隙；②有机质纹层和无机矿物纹层力学性质差异大，接触界面为力学性质薄弱面，在受力后极易沿界面破裂，形成层理缝。薄片观察及统计表明页状和纹层状构造有利于裂缝发育（图9-3）。

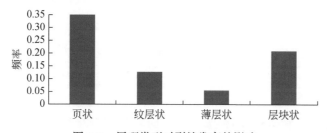

图9-3　层理类型对裂缝发育的影响

3. 岩石组分

1）有机质组分

有机质孔是泥页岩储集空间的重要组成部分，是干酪根类型、有机质丰度和有机质热成熟度综合作用的结果。泥页岩有机碳含量不仅是衡量烃源岩生烃潜力的重要参数，同时也决定着有机质孔发育的潜力。有机碳含量与介孔和微孔含量呈现较好的正相关性（图9-4），由此表明有机质含量越高，对泥页岩储集越有利。

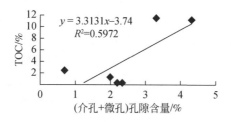

图9-4　有机碳含量和孔隙度相关性

2）矿物组分

黏土矿物通常以集合体颗粒的形式沉积下来，既含有黏土矿物晶间孔，也发育集合体颗粒粒间孔，因而孔径变化大，微孔、介孔和宏孔均有发育，由此导致黏土矿物与介孔和微孔含量相关关系差［图9-5（a）］。碳酸盐矿物晶间孔和晶内孔发育在碳酸盐矿物集合体内部，且孔径较小，因而其含量与微孔和介孔含量呈较好的正相关关系 [图 9-5（b）]。与碳酸盐矿物相反，长英质矿物粒间孔，通常位于长英质矿物和黏土矿物之间，位于长英质矿物外部，且孔径较大，因而与微孔和介孔含量呈明显的负相关关系 [图 9-5（c）]。由于沥青多储集在孔径大的宏孔中，长英质矿物粒间孔对泥页岩储集性贡献更大，而碳酸盐矿物通常起封闭作用，但当白云石含量较多时，也具有好的储集能力。

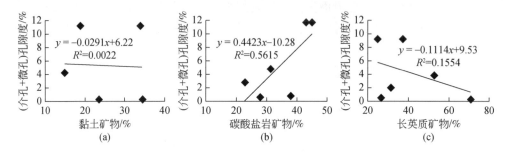

图 9-5　矿物含量与（介孔+微孔）孔隙度相关性

3）岩相

综合考虑宏观构造和岩石组分两方面影响，岩性对泥页岩储集性影响最大，不同岩性储集空间类型和裂缝发育程度存在差异。通过统计不同岩性孔隙和裂缝发育程度（表 9-1），判断储集空间最为发育的岩性类型。具体来讲，粉砂质岩性系列和灰（云）质岩性系列中粉砂和碳酸盐矿物含量高，晶（粒）间孔更为发育，储集性好的岩性依次为黏土质粉砂岩、粉砂质灰（云）岩和黏土质灰（云）岩，其次为粉砂质黏土岩和灰（云）质黏土岩；黏土质岩性系列中黏土矿物和有机质含量高，页状、纹层状构造发育，断裂韧性低，容易形成层理缝、收缩缝和自然流体超压缝，特别是当有机质含量特别高时，如油泥（页）岩，对储集性最为有利的有机质孔、生排烃缝和顺层脉状裂缝大量发育，因而裂缝发育的有利岩性为油泥（页）岩、灰（云）质黏土岩和粉砂质黏土岩，其次为黏土质粉砂岩、粉砂质灰（云）岩、黏土质灰（云）岩。综合考虑各岩性中孔隙和裂缝发育程度，对泥页岩油储集有利的岩性依次为油泥（页）岩、黏土质粉砂岩、灰（云）质黏土岩、粉砂质黏土岩和黏土质灰（云）岩。

表 9-1　不同岩性储集空间发育类型统计

岩性	层理构造	主要储集空间类型
油泥（页）岩	页状	微裂缝、有机质孔、晶（粒）间孔
灰（云）质黏土岩	页状	微裂缝、晶（粒）间孔、有机质孔
	纹层状	微裂缝、晶（粒）间孔、有机质孔

续表

岩性	层理构造	主要储集空间类型
粉砂质黏土岩	页状	微裂缝、晶（粒）间孔、有机质孔
	纹层状	微裂缝、晶（粒）间孔
	薄层状–块状	晶（粒）间孔、有机质孔
黏土质白云岩	页状	晶（粒）间孔、有机质孔、微裂缝
	纹层状	晶（粒）间孔、微裂缝
粉砂质白云岩	纹层状	晶（粒）间孔、微裂缝
	薄层状–块状	晶（粒）间孔、微裂缝
黏土质粉砂岩	纹层状	晶（粒）间孔、微裂缝
	薄层状–块状	晶（粒）间孔、有机质孔、微裂缝

4. 成岩作用

根据第 6 章泥页岩成岩作用研究成果，可知泥页岩储集空间是沉积作用、构造作用和成岩作用等多种因素综合作用的结果，其中成岩作用是对泥页岩储集空间进行改造的直接因素。泥页岩岩石组分复杂、稳定性较差，在埋藏过程中经历了黏土矿物转化、不稳定组分溶蚀和有机质热演化等多种成岩作用，依据成岩作用对泥页岩储集空间的贡献，将其分为建设性成岩作用和破坏性成岩作用。建设性成岩作用主要包括有机质热演化、溶蚀作用、黏土矿物收缩和白云岩化；破坏性成岩作用主要包括压实作用和胶结作用。

1）建设性成岩作用

有机质由低成熟向成熟阶段转化的时期，干酪根生排烃作用导致局部形成异常压力，有利于流体超压缝的发育；随有机质成熟度增大，泥页岩中有机质孔的孔隙结构会发生变化，微孔和介孔逐渐增加，在有机质热演化过程中增加的微孔和介孔为烃类的吸附、溶解提供孔体积和比表面积，这在油泥（页）岩中最为发育。溶蚀作用对于次生孔隙的形成和改善储层的储集性能具有十分重要的意义，溶蚀作用的发育程度由溶蚀性流体、可溶物质和流体运移通道共同作用。泥页岩有机质生烃作用可产生有机酸，导致泥页岩中长石、碳酸盐矿物等不稳定组分溶蚀，发育溶孔、溶缝。溶蚀作用形成的溶孔和溶缝孔径较大，有利于改善泥页岩储集性能。黏土矿物在埋藏过程中容易失水而引起收缩，形成收缩缝，其开度变化较大，但具有较好的连通性，泥页岩中层理界面非常发育，失水收缩后裂开形成层理缝，这对泥页岩中黏土质岩性系列的储集和渗流能力有重要贡献。泥页岩中灰（云）质岩性系列，通常具有较低的储集性能，但后期碳酸盐矿物重结晶或白云石化后，晶（粒）间孔增大，物性变好。

2）破坏性成岩作用

压实作用是指沉积物沉积后在上覆地层或在构造形变的作用下，发生孔隙水排出、孔隙度降低和岩石体积缩小的作用。压实作用普遍发育，具有明显的分段性，压实初期碎屑颗粒紧密填集，发生滑动、位移及转动来重新排列，某些结构构造也发生改变，从而达到一个位能最低的紧密堆积状态，在这一过程中就会出现孔隙度和渗透率的陡变；碎屑颗粒达到稳定堆积的状态后，随着承载压力的持续增加，碎屑颗粒不会再发生以上变化，只是堆积的紧密程度进一步增加，储集空间减小速度明显变缓。泥页岩细粒，尤其是黏土质岩性系列富含黏土矿物或有机质的抗压强度低，压实作用导致原生孔隙大幅度减少，是破坏储层物性的最主要成岩作用类型。

埋藏过程中自生矿物的胶结作用是使储层物性变差的另一重要原因，胶结物不但占据储集空间，而且堵塞或分割孔喉，对泥页岩储集和渗流能力具有明显的破坏作用。泥页岩胶结物类型包括硅质胶结、碳酸盐矿物胶结、黏土矿物胶结、黄铁矿胶结和石膏胶结等。阜二段和沙四上亚段常见黄铁矿和石膏胶结，石膏充填作用主要减少了储集空间，是重要的破坏性成岩作用，而黄铁矿集合体发育晶间孔，尽管能够作为储集空间和对脆性有贡献，但总体来看黄铁矿胶结是一种破坏性成岩作用。

3）不同岩性发育的成岩作用类型

不同岩性的岩石组分不同，在一定的成岩环境下，发生的成岩作用类型不同。统计阜二段和沙四上亚段中不同岩性成岩作用类型如表 9-2 所示，其中压实作用和胶结作用等破坏性成岩作用在各种岩性中均发育，而建设性成岩作用类型及强度存在差异。富含有机质的岩性中有机质热演化作用主导，富含粉砂的岩性中有利于溶蚀作用，富含碳酸盐矿物的岩性中白云石化和溶蚀作用均可发育，而富含黏土矿物的岩性中黏土矿物收缩作用更明显。

表 9-2　不同岩性成岩作用类型

岩性	主要建设性成岩作用类型	主要破坏性成岩作用
油泥（页）岩	有机质热演化、黏土矿物收缩、溶蚀作用、白云石化	压实作用、胶结作用
黏土质粉砂岩	溶蚀作用、有机质热演化、黏土矿物收缩	压实作用、胶结作用
黏土质灰（云）岩	白云石化、黏土矿物收缩、溶蚀作用	压实作用、胶结作用
粉砂质灰（云）岩	白云石化、溶蚀作用	压实作用、胶结作用
灰（云）质黏土岩	黏土矿物收缩、白云石化、有机质热演化、溶蚀作用	压实作用、胶结作用
粉砂质黏土岩	黏土矿物收缩、溶蚀作用	压实作用、胶结作用

5. 孔隙度

孔隙度是表征泥页岩储集能力的最有效指标,其他因素的影响最终体现在孔隙度上。泥页岩中含有多尺度孔隙,包括微米–纳米级孔隙和微米–厘米级裂缝,本次利用二氧化碳、氮气吸附和高压压汞测试得到的微孔、介孔和宏孔孔容数据,经过简单转化后分别得到微孔孔隙度、介孔孔隙度和宏孔孔隙度,而三种孔隙度之和为总孔隙度。当样品不发育裂缝时,该方法得到的孔隙度相对准确,特别是微孔孔隙度和介孔孔隙度之和可以较好地反映泥页岩基质的储集能力。与前面结论一致,粉砂含量和碳酸盐含量高,有利于微孔隙发育,且白云石化作用明显增加孔隙度(图9-6);具有页状构造的岩相中通常黏土矿物–有机质含量高,尽管微孔隙含量低,但容易形成收缩缝、层理缝或流体超压缝,而导致宏孔孔隙度增大,总孔隙度增大。鉴于孔隙度测试样品数量有限,而扫描电镜样品数量丰富,且基于扫描电镜照片统计的面孔率与孔隙度具有较好的相关性,发育规律与孔隙度基本一致(图9-7),故采用面孔率指示孔隙度大小。整体上来讲,总孔隙度由大到小依次为粉砂质岩性系列、黏土质岩性系列和灰(云)质岩性系列。

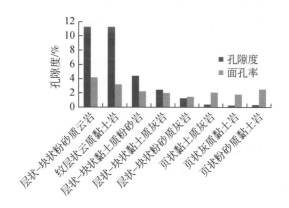

图9-6 不同泥页岩岩相孔隙度和面孔率

9.1.2.2 储集性评价参数确定

基于上述泥页岩储集性影响因素分析,岩相是影响储集性的基本因素,而成岩作用决定了储集性能向好或向坏的方向发展,加上裂缝发育,最终影响体现在储集空间类型、含量和结构上,因而本次评价不同岩相的储集性优选储集空间类型、面孔率和成岩作用三个参数。其中,储集空间类型包括孔隙和裂缝,孔隙含量采用面孔率指示,而裂缝含量根据岩心和薄片观察中裂缝发育程度定性评价。成岩作用类型和成岩阶段控制了储集性的改造程度,建设性成岩作用有利于改善储集空间结构,而破坏性成岩作用导致储集性变差。由于阜二段和沙四上亚段成

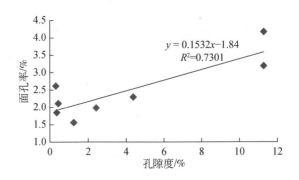

图 9-7　泥页岩面孔率和孔隙度关系

岩阶段主体均处于中成岩 A 期，故只考虑成岩作用类型对储集性的影响。

9.1.3　可流动性

　　泥页岩储集空间复杂，渗透性极差，沥青分子在多尺度储集空间结构中能否流动是各学者思考和研究的热点（孙超等，2016）。通常采用可流动孔径下限（直径）评价页岩油在孔隙中能否流动，即孔径大于该下限时，沥青可呈游离态连续流动，反之则不可流动。目前各学者采用实验测试手段、纳米材料物理流动模拟、束缚水膜厚度、烃分子大小类比、渗流数学模型计算和分子动力学模拟等多种方法确定可流动孔径下限，但结果有差异，可流动孔径下限主要有 5nm、10nm、50nm 和 100nm 等观点。由于微孔隙孔径主要处于微米–纳米级尺度，很难采用实验方法直接测试其可流动性。目前流行的方法是通过分子动力学模拟手段开展流动模拟或结合孔隙结构测试确定可流动孔径下限，但存在四方面问题：①分子动力学模拟的尺度很小，受制于运算速度和硬件条件，模拟的尺寸通常小于 100nm，与实际泥页岩中多尺度孔隙结构不符；②分子动力学模拟的理想模型通常为单一管状，类似于单一孔径尺度下流动模拟，无法考虑多尺度孔隙结构（如分形结构）中其他孔径的影响，即无法反映多尺度渗流规律；③流体在岩石孔隙结构中流动时，并不是所有的孔隙都参与流动，一旦突破其中起连通作用的某一尺度的孔径时，形成有效流动通道而压制其他孔隙中的流体参与流动，且研究表明实际参与流动的有效流动孔隙体积约占一半（Ilija，2016）；④分子动力学模拟没有考虑当渗流驱动力过大而造成岩石破裂成缝的情况。基于泥页岩多尺度渗流特征，不考虑扩散和滑脱作用，将游离态沥青以连续流方式在孔隙结构中的流动性分为两方面，即在单一孔径中流动和在岩石多尺度孔隙结构中流动。根据各学者研究成果，沥青在单一孔径中流动的下限很低，均处于纳米级，且沥青在有机质孔中较无机矿物晶（粒）间孔中更容易流动（Wang et al.，2016b）。由此得出，沥青能够在单一纳米级孔隙中流动，但在实际孔隙结构中可能并未发生或岩石早已发生破裂。因此，研究沥青在多尺度孔隙结构中可流动界限更符合实际情况。

沥青在流体超压、毛管力等驱动力作用下，在多尺度孔隙结构中的流动是一个不断突破更小孔径的过程，与储层的排替压力和盖层中突破压力测试过程类似，其中孔隙结构中最大连通孔径（喉道直径）对于流体突破整个孔隙结构至关重要，本次定义为临界流动孔径。由于岩心柱子为厘米级别，包含完整的孔隙结构且容易开展多种实验测试，故本次综合利用高压压汞、气体吸附、核磁共振和渗透率等测试数据确定岩石的临界流动孔径，分析其与岩相、渗透率的关系，评价不同岩相的流动能力。

9.1.3.1　临界流动孔径

喉道是描述孔隙结构好坏的关键参数，经过氩离子剖光后的岩石样品在场发射扫描电镜下能够清晰地显示矿物骨架和孔隙结构的平面特征，而基于纳米 CT 扫描的数字岩心技术可以实现矿物和孔隙结构的三维重构，两种测试手段相结合能够更准确地表征岩石的微观结构，并且两者的识别精度达到纳米级，因此普遍应用于泥页岩孔隙结构研究中（吴松涛等，2015；Zhang et al.，2016b；Wang et al.，2016b）。选取块状黏土质粉砂岩分别开展场发射扫描电镜观察和纳米 CT 三维数字岩心重构，其中，样品在扫描电镜下显示出中粒间孔的数量少、直径大的特征，主要为微米级，而连接孔隙的喉道数量多，喉道直径为 85～325nm，平均为 200nm（图 9-8），而三维数字岩心模型及孔径统计进一步表明纳米级孔喉的直径主体小于 300nm，并且随着孔喉直径增大，孔喉数目减少，特别是在 100～300nm 范围内变化明显（图 9-9）。根据扫描电镜和数字岩心模型的统计结果初步判断在黏土质粉砂岩中，喉道直径介于 100～300nm，平均值约为 200nm 的喉道对孔隙结构影响关键。

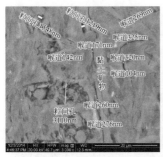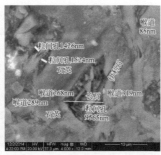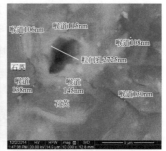

图 9-8　扫描电镜下块状泥质粗粉砂岩中的孔喉类型及大小

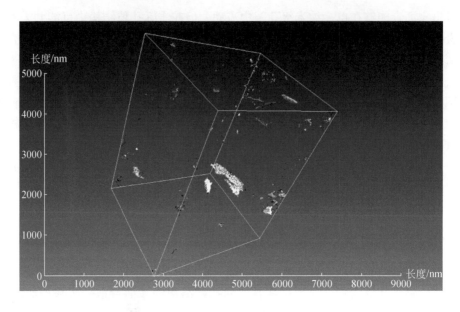

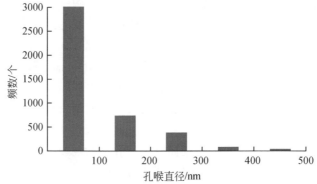

图 9-9　基于纳米 CT 扫描的块状黏土质粉砂岩中孔喉三维数字岩心模型及孔喉直径统计

　　高压压汞测试为确定临界喉道直径提供了有力手段（张烈辉等，2015；公言杰等，2015）。进汞的过程是液体汞不断突破岩石中各级孔喉的过程，因此进汞压力和相应的进汞量不仅能够反映岩石的孔隙结构特征，而且能够获得突破的孔喉直径。从进汞曲线及突破的孔喉直径来看（图 9-10），将压汞过程划分为三个阶段：突破宏孔网络阶段、憋压阶段和突破介孔网络阶段。在突破宏孔网络阶段中，进汞量与进汞压力呈线性关系，表明液体汞在进汞压力作用下逐级突破岩石中连通的孔喉，直到突破至孔喉半径约 155nm 时终止。之后，尽管进汞压力增大，但进汞量并未增加，表明缺失孔径介于 12～155nm 的孔喉网络或该孔喉网络并未与前一阶段的宏孔网络连通，液体汞一直处于憋压状态。继续增加进汞压力，进汞量再次增加，表明液体汞开始突破孔径小于 12nm 的介孔网络。据此判断连通宏孔网络和介孔网络的孔径有 155nm 和 12nm，而当液体汞突破 155nm 孔径时，进汞量已达到 82.27%，显然已经超过了定义突破样品的进汞量标准（范明等，2011），故认为块状黏土质粉砂岩中最大的连通孔喉半径约为 155nm。

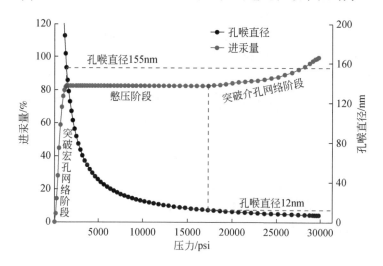

图 9-10　块状黏土质粉砂岩进汞曲线及突破的孔喉直径

$1\mathrm{psi}=1\mathrm{lbf/in}^2=6.89476\times10^3\mathrm{Pa}$

为了进一步确定块状黏土质粉砂岩的临界流动孔径，高压压汞与 N_2、CO_2 低温吸附测试联合可以分别获得岩石中宏孔、介孔和微孔的构成，而核磁共振测试中的弛豫时间（T_2）谱既能够直接得到可动流体和束缚流体的含量，也可以间接反映孔隙结构的构成（刘堂宴等，2004）。对于同一测试样品，由于压汞−气体吸附联合测试和核磁共振测试均能反映孔隙结构，故两种测试结果应当具有相似性和可对比性（周华等，2013；李爱芬等，2015）。利用压汞−气体吸附联合测试直接得到的孔隙结构构成标定核磁共振得到的弛豫时间谱，可以快速确定可动流体和不可动流体的孔径范围，而两者的孔径分界值代表了驱替岩石中可动流体发生流动的临界孔径，即低于该临界孔径，岩石中的流体是束缚的，施加压力无法使束缚流体发生流动。因此，可动流体和不可动流体的孔径分界值可以作为泥页岩储层的临界流动孔径。图 9-11（a）为压汞−气体吸附联合测试得到的黏土质粉砂岩孔径分布曲线，其中微孔孔径为 0.3～1.5nm，介孔孔径为 3.0～13nm，宏孔孔径为 50～84nm、148～339nm 和 400～2885nm；图 9-11（b）为核磁共振测试得到的弛豫时间谱，其中黑色虚线代表样品离心前的谱图，弛豫时间跨度为 0.1～565ms，而红色虚线代表样品离心后的谱图，弛豫时间跨度为 0.1～36ms 和

44～100ms。通过对比同一样品的孔径分布曲线和弛豫时间谱，两者具有很好的对应关系，其中离心前的谱图由样品中所有微孔、介孔和宏孔中的流体共同贡献产生，而离心后的谱图则由微孔、介孔、孔径为47～84nm的宏孔和部分孔径为148～339nm的宏孔中的流体贡献产生。对应关系说明经过离心作用后，孔径为400～2885nm的宏孔中的流体全部被分离出来、是可动的，孔径为148～339nm的宏孔中的流体一部分被分离出来，是部分可动的，而孔径小于84nm的孔喉中的流体未被分离出来，是不可动的或束缚的，这与通过理论模型计算得到的颗粒间束缚水膜总厚度为86nm一致（向阳等，1999；杨华等，2013）。根据孔径分布和离心前后的T_2谱图对比结果，临界流动孔径应当大于84nm，且介于148～339nm，而结合喉道分布和高压压汞分析，综合判断黏土质粉砂岩的临界流动孔径为200nm。

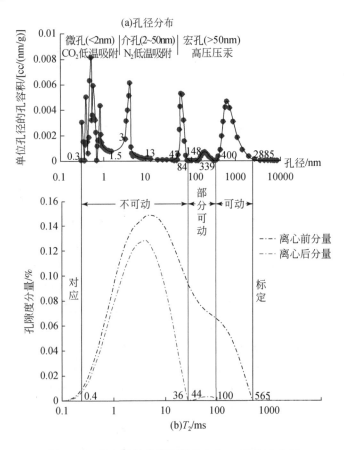

图9-11　黏土质粉砂岩孔径分布和T_2相关性分析

9.1.3.2　临界流动孔径与岩相、渗透率关系

当构造作用和成岩作用不强烈时，泥页岩孔隙结构主要受岩相控制，因此按照上述方法确定阜二段泥页岩中不同岩相的临界流动孔径，发现临界流动孔径与岩相有较好的关系（图9-12）。粉砂含量或云质含量增加有利于增加临界流动孔径和渗透率，而黏土矿物含量或灰质含量增加导致临界流动孔径和渗透率降低，且灰质含量造成的降低量更大。此外，层状-块状构造的岩相一般较页状构造的岩相临界流动孔径和渗透率大。渗透率是表征岩石中流体渗流能力的常用、有效指标，与孔径有紧密联系，一般孔径越大，渗透性越好。阜二段泥页岩临界流动半径与渗透率有很好的指数关系（图9-13）。

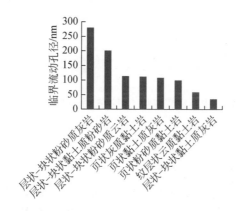

图 9-12　不同泥页岩岩相临界流动孔径分布

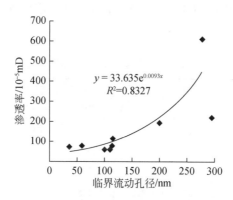

$$y = 33.635e^{0.0093x}$$
$$R^2 = 0.8327$$

图 9-13　泥页岩渗透率与临界孔径关系

$$1\text{mD} = 10^{-3}\,\mu\text{m}^2$$

与孔隙度相似，当考虑裂缝发育情况时，整体上临界流动孔径具有粉砂质岩性系列大于黏土质岩性系列，且均大于灰（云）质岩性系列，由此决定了可流动性具有粉砂质岩性系列好于黏土质岩性系列，且均好于灰（云）质岩性系列（图9-12）。因此，临界流动孔径是表征泥页岩可流动性的有力指标，但受限于测试样品数量，本次采用基于扫描电镜照片的喉道统计方法确定临界流动孔径。

9.1.4 可改造性

泥页岩基质具有极差的物性，且流动能力差，需要借助压裂改造手段造缝沟通基质孔隙，因而岩石的可改造性是泥页岩油储层能否取得产能的关键，是有效性评价的重要内容。通常采用脆性矿物含量法和弹性参数法评价泥页岩可改造性。

9.1.4.1 岩石力学参数

1. 静态弹性参数

利用全岩矿物衍射手段获得了样品长英质矿物、黏土矿物和碳酸盐矿物数据；利用 TAW-1000 型微机伺服岩石三轴试验机和 P-S 波综合测试仪对阜二段泥页岩开展了高围压条件下的三轴力学试验以及纵横波波速测试，获得抗压强度、静态杨氏模量、静态泊松比、内摩擦角、黏聚力以及纵、横波速度（表9-3）。所测泥页岩样品脆性矿物含量为 53.1% ~ 76.2%；杨氏模量为 6.8 ~ 34.17GPa，平均为 16GPa；泊松比为 0.1 ~ 0.28，平均为 0.20；高围压条件下的抗压强度为 39.42 ~ 287MPa，平均为 137.5MPa；内摩擦角为 11.5° ~ 28.73°，平均为 20.6°；黏聚力 11.7 ~ 48.97MPa，平均值为 31.9MPa。总体定性评价泥页岩可进行压裂改造。

表 9-3 阜二段泥页岩静态弹性参数

岩相	取样方位	总围压/MPa	密度/(g/m³)	抗压强度/MPa	静态杨氏模量/GPa	静态泊松比	内摩擦角/(°)	黏聚力/MPa
页状含泥粉砂岩	水平	70	2.7	287	26.0	0.12	—	—
页状粉砂质黏土岩	水平	57	2.3	168.6	11.5	0.10	—	—
薄层状含云粉砂岩	垂直	65	2.4	159.8	11.5	0.12	—	—
薄层状含云粉砂岩	水平	65	2.6	211.5	22.3	0.22	—	—
纹层状泥质粉砂岩	水平	63	2.7	225.2	22.9	0.25	—	—
纹层状泥质粉砂岩	垂直	63	2.7	390	25.9	0.28	—	—
薄层状云质黏土岩	垂直	15	2.4	133.7	14.3	0.17	21.3	39.8

续表

岩相	取样方位	总围压/MPa	密度/(g/m³)	抗压强度/MPa	静态杨氏模量/GPa	静态泊松比	内摩擦角/(°)	黏聚力/MPa
薄层状云质黏土岩	垂直	53	2.4	177.3	13.3	0.25	21.3	39.8
薄层状云质黏土岩	垂直	15	2.4	143	11.9	0.26	26.5	36.7
薄层状云质黏土岩	垂直	54	2.4	206	12.7	0.19	26.5	36.7
薄层粉砂质黏土岩	垂直	15	2.4	90	8.6	0.23	17.8	27.8
薄层粉砂质黏土岩	垂直	57	2.4	121	12.2	0.24	17.8	27.8
层块状泥质粉砂岩	水平	15	2.3	138	10.2	0.22	19.4	43.5
层块状泥质粉砂岩	水平	60	2.3	183	6.8	0.23	19.4	43.5
层块状粉砂质黏土岩	垂直	10	2.5	70	8.9	0.12	20.7	11.7
层块状粉砂质黏土岩	垂直	55	2.5	134	11.7	0.12	20.7	11.7
层块状白云质黏土岩	垂直	15	2.3	106	10.3	0.15	17.9	33.5
层块状白云质黏土岩	垂直	65	2.3	149	11.9	0.16	17.9	33.5
页状含泥粉砂岩	垂直	45	2.3	153.4	9.4	0.2	—	—
纹层状泥质云岩	水平	20	2.53	249.33	34.1674	0.219	19.92	48.97
纹层状泥质云岩	水平	0	2.56	106.48	32.6665	0.185	19.92	48.97
层块状灰质粉砂岩	水平	0	2.39	63.55	15.0284	0.102	15.68	37.47
层块状灰质粉砂岩	水平	30	2.4	186.76	24.5951	0.221	15.68	37.47

2. 动态弹性参数

根据弹性力学理论，利用纵、横波速度以及密度资料，采用式（9-1）和式（9-2）可求取岩石的动态模量和动态泊松比。

$$V_d = \frac{0.5(\Delta t_s / \Delta t_c)^2 - 1}{(\Delta t_s / \Delta t_c)^2 - 1} \tag{9-1}$$

$$E_d = \frac{\rho_b(1 - 2V_d)(1 + V_d)}{\Delta t_c^2(1 - V_d)} \tag{9-2}$$

式中，V_d 为动态泊松比；E_d 为动态杨氏模量，GPa；Δt_c 为纵波时差，s/m，由纵波速度取倒数求得；Δt_s 为横波时差，s/m，由横波速度取倒数求；ρ_b 为体密度，g/cm³。

基于纵、横波速度所求岩石弹性参数是动态的，反映岩石在瞬间加载时的力学性质，这与真实条件下岩石所受的长时间静载荷是有差别的，在实际应用中需要利用动态和静态弹性参数的关系进行转换。阜二段泥页岩动态杨氏模量为 24.6 ~ 75.3GPa，平均为 46.2GPa（表 9-4）。动态杨氏模量与静态杨氏模量具有良好的线性关系，是后者的 2～3 倍（图 9-14）。

表 9-4　阜二段泥页岩动态弹性参数表

岩相	取样方位	密度/ （g/cm³）	V_p/ （m/s）	V_s/ （m/s）	动态杨氏模量 /GPa	动态泊松比
层状-块状泥质粉砂岩	垂直	2.6	4582	3436	52.64769476	0.142429751
层状-块状泥质粉砂岩	水平	2.6	5290	3613	72.14542103	0.062843952
页状含泥粉砂岩	水平	2.7	5276	3677	75.03831852	0.027784524
页状粉砂质黏土岩	水平	2.3	3874	2788	34.42609584	0.037181552
薄层状含云粉砂岩	垂直	2.7	4149	3084	45.33269843	0.117348888
薄层状含云粉砂岩	垂直	2.4	4292	2877	43.38634945	0.092023913
薄层状含云粉砂岩	水平	2.6	4552	2712	46.84559083	0.224858744
纹层状泥质粉砂岩	水平	2.7	5122	3688	70.6340101	0.038302962
纹层状泥质粉砂岩	垂直	2.7	5298	3637	75.31228001	0.054351533
层状-块状云质黏土岩	垂直	2.5	3685	2468	33.29633601	0.0932919
层状-块状云质黏土岩	水平	2.5	4250	2833	44.14918622	0.10016937
薄层状云质黏土岩	垂直	2.4	3830	2421	32.83977004	0.167264536
薄层状云质黏土岩	垂直	2.4	3830	2421	32.83977004	0.167264536
薄层状云质黏土岩	垂直	2.4	4197	2728	40.51615007	0.134222352
薄层状云质黏土岩	垂直	2.4	4197	2728	40.51615007	0.134222352
薄层状粉砂质黏土岩	垂直	2.4	4427	3018	46.59922129	0.065857023
薄层状粉砂质黏土岩	垂直	2.4	4427	3018	46.59922129	0.065857023
层状-块状泥质粉砂岩	水平	2.3	3937	2917	34.8920184	0.108553256
层状-块状泥质粉砂岩	水平	2.3	3937	2917	34.8920184	0.108553256
层状-块状粉砂质黏土岩	垂直	2.5	4146	2393	35.79653146	0.250217419
层状-块状粉砂质黏土岩	垂直	2.5	4146	2393	35.79653146	0.250217419
层状-块状白云质黏土岩	垂直	2.3	4128	2893	39.16877326	0.017384861
层状-块状白云质黏土岩	垂直	2.3	4128	2893	39.16877326	0.017384861
页状含泥粉砂岩	垂直	2.3	3342	2169	24.58670556	0.136117906
页状粉砂质黏土岩	垂直	2.6	4887	3113	58.3833329	0.158583392
页状粉砂质云岩	垂直	2.1	5178	3614	56.23189148	0.025078454
层状-块状泥质云岩	垂直	2.4	4994	3204	56.6770765	0.150220724

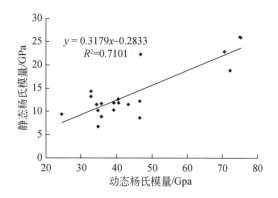

图 9-14　动态杨氏模量与静态杨氏模量关系

9.1.4.2　岩石可改造性影响因素

1. 宏观构造

泥页岩宏观构造决定了矿物组分的分布样式，纹层状和页状构造中矿物组分呈连续或断续纹层、互层分布，脆性组分和塑性组分交替出现，不仅增强了岩石物理性质的非均质性而引起应力集中，而且层理面作为岩石力学性质薄弱面而容易起裂。薄层状、层状–块状构造中矿物组分呈定向或均匀分布，能更均匀的分散应力与应变而不被破坏。因此，泥页岩宏观构造影响岩石力学参数，其中页状、纹层状构造具有较高的杨氏模量或较低的泊松比，更容易形成网状缝，而薄层状、层状–块状依次变差。特别是薄层状、层状构造能有效分散并吸收外部应力或应变而难以破裂，这在巢湖孤峰组发育的层间褶皱中得到证实（图 9-15）。

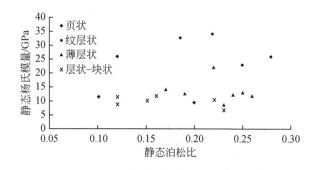

图 9-15　宏观构造对泥页岩杨氏模量和泊松比的影响

2. 岩石组分

矿物是组成岩石的基本组分，因此矿物类型及含量是影响岩石力学性质的基础。碳酸盐矿物断裂韧性强，即具有较大的强度和一定的塑性，适量的碳酸盐含量能够增加脆性，而碳酸盐矿物含量过高，黏聚力大，裂缝起裂和扩展难度加大，即断裂韧性大，可改造性难度增大；长英质矿物脆性强，即具有中等的强度和较弱的塑性，有利于可改造性；黏土矿物、有机质塑性强，即具有较小的强度和较强的塑性，不利于压裂改造（图9-16）。由于泥页岩中纯灰岩所占比例小，通常将碳酸盐矿物和长英质矿物视作脆性组分，而将黏土矿物和有机质视为塑性组分。当长英质矿物或碳酸盐矿物等组分含量高时，脆性强而有利于造缝，这与岩心观察中构造裂缝发育的矿物组成一致。构造裂缝发育的泥页岩中脆性组分（长英质矿物+碳酸盐矿物）普遍大于0.5（图9-17）。因此，泥页岩中主要由长英质矿物或碳酸盐矿物组成的粉砂岩系列和灰（云）岩系列具有较高的杨氏模量和较低的泊松比，可改造性强，而黏土岩系列相反（图9-18、图9-19）。

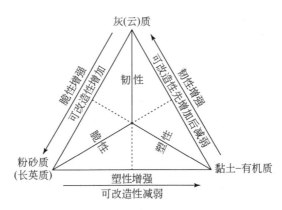

图9-16　岩石组分力学特征及其对可改造性影响

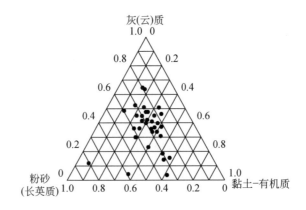

图9-17　构造裂缝发育的泥页岩矿物组成

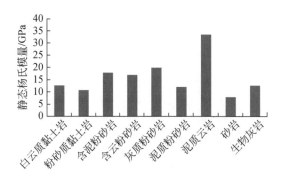

图 9-18　不同岩性的静态杨氏模量

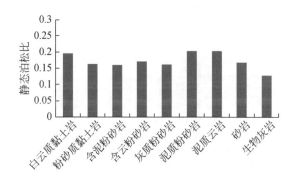

图 9-19　不同岩性的静态泊松比

3. 岩相

综合考虑泥页岩宏观构造和矿物组成两方面的影响，宏观构造为页状或纹层状，且矿物组分主要为长英质矿物或碳酸盐矿物的岩相可改造性强。通过统计不同岩相的静态杨氏模量和静态泊松比发现（图 9-20、图 9-21）：①静态杨氏模量差异大，而静态泊松比差异小，页状粉砂质黏土岩泊松比较小；②矿物组成对弹性参数的影响较宏观构造影响更大，纹层状黏土质灰（云）岩、纹层状黏土质粉砂岩、层状–块状灰（云）质粉砂岩、页状含泥粉砂岩和薄层状含灰（云）粉砂岩具有较高的杨氏模量而易于改造，薄层状灰（云）质黏土岩、层状–块状灰（云）质黏土岩、薄层状粉砂质黏土岩、层状–块状粉砂质黏土岩和页状粉砂质黏土岩具有较低的静态杨氏模量而难以改造。

4. 裂缝

裂缝的存在会改变岩石的弹性参数，阜二段泥页岩中的裂缝造成动态杨氏模量降低，且横向裂缝较垂向裂缝降低更多（图 9-22）。然而，裂缝发育将大大降低岩石断裂的韧性，使得岩石压裂在改造过程中消耗的能量减小，可改造性增

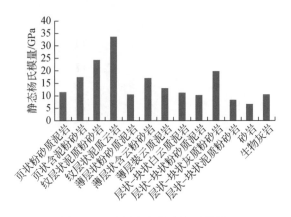

图 9-20 不同岩相静态杨氏模量

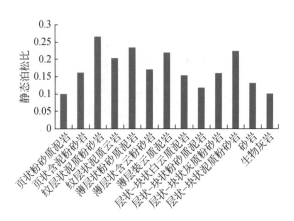

图 9-21 不同岩相静态泊松比

强。此外，当裂缝中充填方解石或硅质矿物时，可以增加泥页岩脆性，有利于进行压裂改造，如在沙四上亚段油泥（页）岩的顺层脉状裂缝中充填大量纤维状方解石脉，是压裂效果好的重要特征。泥页岩断裂力学分析和真三轴水力压裂模拟试验表明天然裂缝是实现体积压裂的前提，水力压裂缝在沟通天然裂缝时会发生交叉或转向，进而影响其继续延伸和形态（赵海峰等，2012；张士诚等，2014）。与层理缝延伸方向一致，生排烃缝和顺层脉状裂缝等自然流体压力缝主要沿水平方向发育，且成组出现，因此在泥页岩压裂改造时，水力压裂缝垂向延伸过程中容易沟通多组自然流体压力缝，形成栅栏型或网状裂缝，显著增加了裂缝密度。

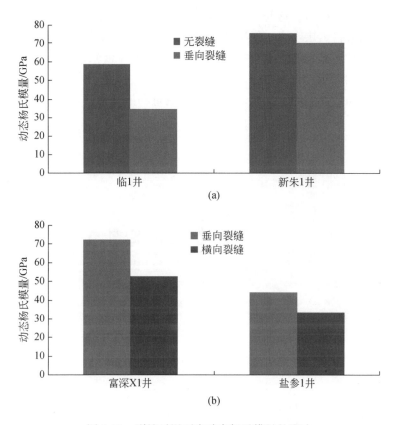

图 9-22　裂缝对泥页岩动态杨氏模量的影响

9.1.4.3　可改造性评价参数确定

基于上述泥页岩可改造性影响因素分析，岩石矿物组成和岩石弹性参数对可改造性影响较大，故通常选择脆性矿物含量和脆性指数两个指标评价泥页岩的可改造性。脆性矿物含量计算公式各学者存在争议但主要有三种：①石英含量/（石英含量+方解石含量）；②长英质矿物含量/（长英质矿物含量+碳酸盐矿物含量）；③（长英质矿物含量+碳酸盐矿物含量）/（长英质矿物含量+碳酸盐矿物含量+黏土矿物含量），其中关键差异是碳酸盐矿物的归属。本次根据碳酸盐矿物的力学性质和考虑有机质的影响，式（9-3）用于评价泥页岩脆性。

相对脆性系数=（长英质矿物含量+碳酸盐矿物含量）/（黏土矿物含量+碳酸盐矿物含量+有机质含量）　　　　　　　　　　　　　　　　　　　　　　（9-3）

式（9-3）具有三个优点：①能够体现碳酸盐矿物对可改造性的双重作用，即一定量的碳酸盐矿物可以增加脆性，而过量的碳酸盐矿物导致强度增大，断裂韧性增加，不利于改造，这与实际压裂过程中将碳酸盐岩当作压裂隔挡层、天然裂缝中止于碳酸盐岩层吻合；②碳酸盐矿物含量增加，导致粉砂岩脆性降低，而黏土岩脆性增加，即粉砂质岩性系列容易压裂，灰（云）质岩性系列次之，而黏土质岩性系列最难（图9-23）；③考虑有机质对岩石脆性的作用，当成岩程度一定时，有机质含量增加，泥页岩静态杨氏模量和泊松比降低（图9-24），脆性减弱，这决定了富有机质泥页岩可改造性差。

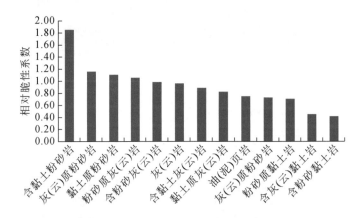

图9-23　不同岩性的相对脆性系数

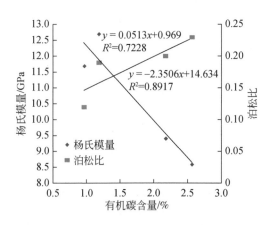

图9-24　有机碳含量对杨氏模量和泊松比影响

脆性指数是基于岩石的杨氏模量和泊松比定义的，一般杨氏模量越大、泊松比越小，脆性指数越高。脆性指数的求取需要岩石力学参数中的杨氏模量和泊松比，分别取0.5的权值进行加权求和。根据学者Rickman等（2008）的研究，北美地区沃斯堡（Fort Worth）盆地巴奈特（Barnett）页岩的脆性指数计算公式如下：

$$E_{Rrit} = (E-10)/(80-10) \times 100 \tag{9-4}$$

$$\mu_{Rrit} = (0.4-\mu)/(0.4-0.1) \times 100 \tag{9-5}$$

$$B_{rit} = 0.5E_{Rrit} + 0.5\mu_{Rrit} \tag{9-6}$$

式中，E_{Rrit} 为归一化的杨氏模量，GPa；μ_{Rrit} 为归一化的泊松比；B_{rit} 为脆性指数，无量纲。

由于上述计算方法是针对北美海相 Barnett 页岩的岩石力学参数建立的，具有明显的地域局限性，因而不同的地区应选择不同的参数。依据动态弹性参数试验数据，泥页岩动态杨氏模量分布范围为 8.70~48.65GPa，平均值为 20.95GPa；动态泊松比范围为 0.16~0.24，平均值为 0.20；由此建立适用于阜二段泥页岩的脆性指数计算公式如下。

$$E_{Rrit} = (E-8.70)/(48.65-8.70) \times 100\% \tag{9-7}$$

$$\mu_{Rrit} = (0.24-\mu)/(0.24-0.16) \times 100\% \tag{9-8}$$

$$B_{rit} = 0.5E_{Rrit} + 0.5\mu_{Rrit} \tag{9-9}$$

9.2　泥页岩储层有效性模糊数学评价

泥页岩储层有效性评价是涉及多个方面的复杂系统评价问题，常常包含模糊信息和灰色信息。在这种情况下，如何考虑不同评价参数的关联影响，进而有机耦合集成实现泥页岩岩相的整体评价成为泥页岩储层有效性评价的主要问题。本次在传统模糊信息处理方法的基础上对灰色系统理论进行改进，构建灰色模糊综合评价模型以开展有效性评价。

9.2.1　评价参数选取

评价参数反映评价对象的属性和特征，选取合理的评价参数是进行科学评价的前提。在泥页岩储层有效性各项评价内容的影响因素分析基础上，最终优选的评价参数如图 9-25 所示，其中一级指标包括生油性、储集性、可改造性和可流动性；二级指标包括有机碳含量、生烃潜量、裂缝、成岩作用、孔隙、相对脆性系数、脆性指数和临界流动孔径；三级指标主要包括主要裂缝类型、裂缝发育强度、主要孔隙类型和面孔率。阜二段和沙四上亚段主要泥页岩储层评价参数统计如表 9-5 所示，其中油泥（页）岩等部分岩相的可改造性评价参数获得需要在液氮环境中钻取岩心柱子而导致本次研究没有成功测试得到，故部分数据是通过咨询胜利油田地质研究院获得的。

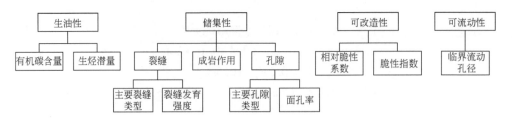

图 9-25　泥页岩储层有效性评价参数体系

表 9-5　泥页岩储层评价参数统计表

岩相	生油性		储集性						可改造性		可流动性
	有机碳/%	生烃潜力/（mg/g）	裂缝		成岩作用类型	孔隙		相对脆性系数	脆性指数	临界流动孔径/nm
			主要裂缝类型	裂缝发育强度		主要孔隙类型	面孔率/%			
油泥(页)岩	6.41	47.79	生排烃缝、顺层脉状裂缝、层理缝、构造缝	强	有机质演化、黏土矿物收缩、溶蚀作用、白云石化	晶(粒)间孔、有机质孔	2.31	0.75	0.69	166
页状灰(云)质黏土岩	3.67	28.02	层理缝、生排烃缝、构造缝	中	黏土矿物收缩、白云石化、有机质演化、溶蚀作用	晶(粒)间孔、有机质孔	1.83	0.61	0.38	114
纹层状灰(云)质黏土岩	2.32	17.13	层理缝、构造缝	中		晶(粒)间孔、有机质孔	1.96	0.63	0.42	60
薄层状灰(云)质黏土岩	1.14	5.07	构造缝、层理缝	中		晶(粒)间孔	1.67	0.7	0.49	67
层状灰(云)质黏土岩	1.42	7.18	构造缝	强		晶(粒)间孔	2.24	0.71	0.42	82
页状粉砂质黏土岩	2.24	23.4	层理缝、构造缝	中	黏土矿物收缩、溶蚀作用	晶(粒)间孔、有机质孔	2.56	0.68	0.58	100
纹层状粉砂质黏土岩	1.82	19.12	层理缝、构造缝	中		晶(粒)间孔、有机质孔	1.52	0.8	0.7	90
薄层状粉砂质黏土岩	1.42	6.28	构造缝、层理缝	中		晶(粒)间孔	1.1	0.71	0.52	87
层状粉砂质黏土岩	1.32	4.9	构造缝	弱		晶(粒)间孔	0.73	0.73	0.51	25

续表

岩相	生油性		储集性					可改造性		可流动性
	有机碳/%	生烃潜力/(mg/g)	裂缝		成岩作用类型	孔隙		相对脆性系数	脆性指数	临界流动孔径/nm
			主要裂缝类型	裂缝发育强度		主要孔隙类型	面孔率/%			
页状黏土质灰（云）岩	2.13	16.24	构造缝、层理缝	强		晶（粒）间孔、有机质孔	2.1	0.82	0.67	110
纹层状黏土质灰（云）岩	1.86	11.48	构造缝、层理缝	强	白云石化、黏土矿物收缩、溶蚀作用	晶（粒）间孔	1.74	0.84	0.7	61
薄层状黏土质灰（云）岩	1.15	9.6	构造缝	中		晶（粒）间孔	1.82	0.8	0.63	52
层状黏土质灰（云）岩	1.22	10.57	构造缝	强		晶（粒）间孔	1.95	0.83	0.65	37
薄层状粉砂质灰（云）岩	0.71	3.01	构造缝	中	白云石化、溶蚀作用	晶（粒）间孔	1.41	1.00	0.87	112
层状粉砂质灰（云）岩	1.78	12.91	构造缝	强		晶（粒）间孔	1.53	1.00	0.95	115
薄层状黏土质粉砂岩	2.09	8.39	构造缝	弱	溶蚀作用、有机质演化、黏土矿物收缩	晶（粒）间孔、有机质孔	2.08	1.00	1.00	195
层状黏土质粉砂岩	3.19	11.9	构造缝	中		有机质孔、晶（粒）间孔	2.28	1.00	1.00	200

9.2.2　评价参数权重

各评价参数在评价中所起到的作用和相对重要程度不同，其权值大小影响最终的评价效果。常见的权重确定方法有专家咨询法、成对比较法、层次分析法、特征向量法、均差法、熵权法等，其基本上可以分为主观赋权法和客观赋权法。其中主观赋权法主要根据评价者的经验、知识和偏好等对不同指标的重要程度进行权重的判定，如专家咨询法等；客观赋权法则是根据实际评价数据的特征和内在联系对评价的影响来进行权重的确定，如均差法。为了弥补两种方法的不足，此次采用主客观综合赋权法，将层次分析法（王莲芬和许树柏，1990）和熵权法（杨争光等，2012）相结合，从而使指标的权重更加趋于合理。

1. 层次分析法

层次分析法是美国 T. L. Saaty 教授在 20 世纪 70 年代提出的，该方法利用定量的手段将人的思维进行数学化，为多目标的复杂决策判断问题提供了相对简便的思路。其大致分为构造层次分析结构、建立判断矩阵、层次单排序及一致性检验，层序总排序及一致性检验。其中将定性判断定量化是方法的核心和求取权重的关键。

针对研究区多层次评价参数体系，由下往上分别建立层次递阶结构和判断矩阵 $A = (a_{ij})_{n \times n}$，以 a_{ij} 表示 x_i 对 x_j 的重要性等级，以 $a_{ji} = \dfrac{1}{a_{ij}}$ 表示 x_j 对 x_i 的重要程度。研究表明以往在建立判断矩阵过程中采用的 9 标度方法只适用于简单的排序，不宜用于准确的权重计算，存在诸多缺点，而在后期建立的诸多标度方法中通过试验对比，骆正清和杨善林（2004）认为指数标度相对来说可以适应对精度要求较高的多准则的评价问题，可以获得理想的评价效果。因此此次采用指数标度（表9-5）来指导构建判断矩阵。根据各因素在泥页岩评价中的作用大小，分层次两两比较构造判断矩阵表（表9-6 ~ 表9-10）。对建立的正互反矩阵求取最大特征值 λ_{max} 对应的特征向量 W 进行规范归一化后即得到该层次内各元素的权重大小。同时由于在构造矩阵时人为判断可能存在不一致的情况，需要对结果进行一致性检验，主要检验步骤如下。

1）计算一致性指标 CI

$$CI = \frac{\lambda_{max} - n}{n - 1} \tag{9-10}$$

CI 值反映判断矩阵与一致性偏离的程度；CI 值越小（越接近于 0），判断矩阵的一致性越好。

2）计算一致性比例 CR

$$CR = \frac{CI}{RI} \tag{9-11}$$

表9-6　判断矩阵指数标度及其含义

标度	含义	标度	含义
$e^{0/5}$（1）	同样重要	$e^{5/5}$（2.718）	十分重要
$e^{1/5}$（1.221）	微小重要	$e^{6/5}$（3.320）	强烈重要
$e^{2/5}$（1.492）	稍微重要	$e^{7/5}$（4.055）	更强烈重要
$e^{3/5}$（1.822）	更为重要	$e^{8/5}$（4.953）	极端重要
$e^{4/5}$（2.226）	明显重要	—	—

表 9-7　泥页岩储层有效性评价三级指标判断矩阵表及层次分析权重

裂缝	主要裂缝类型	裂缝发育强度	孔隙	主要孔隙类型	面孔率
主要裂缝类型	1	$e^{1/5}$	主要裂缝类型	1	$e^{1/5}$
裂缝发育强度	$e^{-1/5}$	1	面孔率	$e^{-1/5}$	1
权重	0.599	0.401	权重	0.599	0.401
一致性指标	$CI=0$	$CR=0$	一致性指标	$CI=0$	$RI=0$

表 9-8　泥页岩储层有效性评价二级指标判断矩阵表及层次分析权重

生油性	有机碳	生烃潜量	可改造性	相对脆性系数	脆性指数
有机碳	1	$e^{1/5}$	相对脆性系数	1	$e^{1/5}$
生烃潜量	$e^{-1/5}$	1	脆性指数	$e^{-1/5}$	1
权重	0.599	0.401	权重	0.599	0.401
一致性指标	$CI=0$	$CR=0$	一致性指标	$CI=0$	$RI=0$
储集性	裂缝	孔隙	成岩作用类型	可流动性用临界	
裂缝	1	1	$e^{5/5}$	流动孔径表示	
孔隙	1	1	$e^{5/5}$		
成岩作用类型	$e^{-5/5}$	$e^{-5/5}$	1		
权重	0.423	0.423	0.154		
一致性指标	$CI=0$	$CR=0$			

表 9-9　泥页岩储层有效性评价一级指标判断矩阵表及层次分析权重

评价内容	生油性	储集性	可改造性	可流动性
生油性	1	$e^{3/5}$	$e^{4/5}$	$e^{6/5}$
储集性	$e^{-3/5}$	1	$e^{1/5}$	$e^{5/5}$
可改造性	$e^{-4/5}$	$e^{-1/5}$	1	$e^{4/5}$
可流动性	$e^{-6/5}$	$e^{-5/5}$	$e^{-4/5}$	1
权重	0.426	0.258	0.211	0.105
一致性指标	$CI=0.007$	$CR=0.008$	—	—

RI 为平均随机一致性指标（表 9-10），当 CR<0.10 时，认为判断矩阵的一致性是可以接受的，否则应对判断矩阵作适当修正。

表 9-10　平均随机一致性指标表

矩阵阶数	1	2	3	4	5	6	7	8	9
指标值	0.00	0.00	0.58	0.90	1.12	1.24	1.32	1.41	1.45

2. 熵权法

熵权法借助于信息熵的概念，其基本思想为根据指标数据的变异性大小来确定在评价中的相对重要性程度。一般认为如果某个指标在综合评价中的差别较大，变异程度较高，则代表其提供的信息量越多，所起的作用会相对较大，而此时其信息熵则越小。因此可以根据信息熵的大小来客观反映指标的权重，其具体步骤如下所示。

1）数据无量纲化

此次采用公式对参数数据进行无量纲的归一化，越大越好型参数处理方法如式（9-12）所示，越小越好型参数处理方法如式（9-13）所示：

$$x_{ij}^0 = \frac{x_{ij}}{x_j^{\max}}, \quad x_j^{\max} = \max x_{ij}, \quad i = 1,2,\cdots,n; \quad j = 1,2,\cdots,m \tag{9-12}$$

$$x_{ij}^0 = \frac{x_j^{\min}}{x_{ij}}, \quad x_j^{\min} = \min x_{ij}, \quad i = 1,2,\cdots,n; \quad j = 1,2,\cdots,m \tag{9-13}$$

式中，x_{ij} 为第 i 个评价对象第 j 种指标的样本数据。

2）求取各指标的信息熵

$$P_{ij} = \frac{x_{ij}}{\sum\limits_{i=1}^n x_{ij}}, \quad i = 1,2,\cdots,n; \quad j = 1,2,\cdots,m \tag{9-14}$$

$$E_j = -\frac{1}{\ln n} \sum_{i=1}^n P_{ij} \ln P_{ij} \tag{9-15}$$

式中，P_{ij} 为第 i 个评价样本数据在第 j 种指标中所占的比例；E_j 为第 j 种指标的信息熵，无量纲。

3）根据差异系数求取各指标的权重大小

$$a_j = \frac{1 - E_j}{\sum\limits_{j=1}^m (1 - E_j)} \tag{9-16}$$

式中，a_i 为第 j 种指标的权重，无量纲。

在计算过程中对于多层次的指标参数，将上一层次熵值大小用式（9-17）表示：

$$E = \sum_{k=1}^K a_k E_k \tag{9-17}$$

式中，K 为下一层评价指标的数目；E_k 为下一层中第 k 个评价指标的熵值；a_k 为下一层中第 k 个评价指标最终的权值。

最后根据熵权法获取不同层次评价指标的权重大小（表 9-11）。

表 9-11　熵权法各层次评价指标权重值

一级指标	生油性	储集性	可改造性	可流动性
权重	0.231	0.414	0.084	0.271
二级指标	生油性		可改造性	
	有机碳	生烃潜量	相对脆性系数	脆性指数
权重	0.400	0.600	0.255	0.745
二级指标	储集性			可流动性
	裂缝	孔隙	成岩作用类型	临界流动孔径
权重	0.380	0.095	0.525	1
三级指标	裂缝		孔隙	
	主要裂缝类型	裂缝发育强度	主要孔隙类型	面孔率
权重	0.774	0.226	0.465	0.535

3. 组合赋权法

层次分析法和熵权法在权重确定中各有特点，前者可以体现决策者的偏好，而后者可以客观体现观测数据差异特征。为了可以获得可以同时体现主客观信息集成特征的权重系数，此次将两者进行组合集结。设指标的主观权向量为（α_1，α_2，$\cdots$，α_m），客观权向量为（β_1，β_2，$\cdots$，β_m），则最终组合权系数表示为式（8-18）。最后由组合赋权法确定的权重见表 9-12。

$$W_j = \lambda\alpha_j + (1-\lambda)\beta_j \tag{9-18}$$

其中，$0<\lambda<1$，为偏好系数，$j=1$，2，$\cdots$，m。

9.2.3　灰色模糊综合评价

影响泥页岩有效性的因素多而复杂，并且其中既包含定量指标又包含许多定性指标，给泥页岩评价带来一定困难。而传统的评价方法对定性的指标量化往往直接采用专家赋值给予确定实数值的方法，较为粗糙，且通常只是从单因素出发分别考虑各自对评价结果的贡献，忽略了指标之间的相关性。基于以上问题和研究区泥页岩储层岩相评价实际，将模糊和灰色评价方法耦合进行灰色模糊综合评价（王文圣，2011），利用模糊信息处理对定性指标进行数量化，并结合灰色关联理论对不同岩相进行综合优劣排序、分类评价。具体步骤为首先对不同指标采用不同的方法进行规范化处理，然后利用灰色关联方法计算各指标相对最优理想指标，并将其灰色关联系数作为灰色模糊隶属度，然后分层次将其与权重进行集成得到各岩相不同级次的评价值，最后得到相对优属度，从而实现对各岩相的定量评价，以指导有效排序和分类。

表 9-12　组合赋权法各层次参数权重值

一级指标	生油性	储集性	可改造性	可流动性
权重	0.387	0.289	0.186	0.138
二级指标	生油性		可改造性	
	有机碳	生烃潜量	相对脆性系数	脆性指数
权重	0.558	0.442	0.451	0.549
二级指标	储集性			可流动性
	裂缝	孔隙	成岩作用类型	临界流动孔径
权重	0.414	0.357	0.228	1
三级指标	裂缝		孔隙	
	主要裂缝类型	裂缝发育强度	主要孔隙类型	面孔率
权重	0.634	0.366	0.551	0.449

1. 指标规范化处理

将原始数据进行有效规范化，通过无量纲以方便进行评价。对于定量指标，如有机碳等，采用式（9-19）、式（9-20）进行规范化。对于定性指标，如裂缝类型等，常常只能给予"好、一般、较差"等的语言标度，难以量化，过去主要按照专家打分的方法，如具体给予一定的值，这样会导致模糊信息的丢失带来较大的主观不确定性，使得评价结果可信度降低。为此此次采用模糊数来刻画定性指标。设模糊数 A 具有连续的隶属函数 $R \rightarrow [0, 1]$，是论域 R 上有界的凸正规模糊子集，并且满足 $L(x)$ 在 $[T, m]$ 上严格递增，$R(x)$ 在 $[n, U]$ 上严格递减，如常见的梯形模糊数（图9-26），记为 (T, m, n, U)。通常为了方便计算换算成 $L-R$ 型模糊数 (m, n, V, W)，其中 $V=m-T$，$W=U-n$。

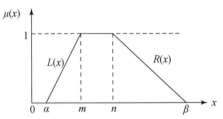

图 9-26　梯形模糊数示意图

在对定性参数进行标度时，人们往往习惯按照从优至劣分为七个等级，分别为：很好、好、较好、一般、较差、差、很差。不同的等级代表评价者对指标与理想之间的满意程度。采用模糊数对不同的满意度进行度量（表9-13），使得后续运算也变为模糊数运算。其中加减梯形模糊数则仍为梯形模糊数，而乘除运算则相对复杂。Bonissone（1978）曾给出两个近似公式。假设有两个 L-R 型模糊数 $M=(a, b, T, U)$，$N=(c, d, V, W)$，则乘除运算见式（9-19）和式（9-20）。利用近似公式可以大大简化模糊数计算，并对定性指标进行规范化处理，同时利用模糊数的整体期望值可以对定性指标进行解模糊，对于梯形模糊数 $A=(e, f, g, h)$，其整体期望值为 $I(A)=(e+f+g+h)/4$。对研究区泥页岩评价定性指标的梯形模糊数进行规范化处理，以最优值构成理想参数。其中涉及的模糊乘除法及相应的模糊数期望值（表9-14），由此可以得到定性指标的规范化结果。

$$M \cdot N \approx [ac, bd, aV+cT-TV, bW+dU-UW)] \tag{9-19}$$

$$M/N \approx [a/d, b/c, (aW+dT)/d(d+W), (bV+cU)/c(c-V)] \tag{9-20}$$

表 9-13 语言标度的模糊数表示

序号	满意度等级	梯形模糊数
1	很好	(0.8, 1.0, 1.0, 1.0)
2	好	(0.7, 0.9, 1.0, 1.0)
3	较好	(0.6, 0.8, 0.8, 1.0)
4	一般	(0.3, 0.5, 0.5, 0.7)
5	较差	(0, 0.2, 0.2, 0.4)
6	差	(0, 0, 0.1, 0.3)
7	很差	(0, 0, 0, 0.2)

表 9-14 语言标度之比的模糊数表示

定性标度之比	模糊数除法 L-R 结果	模糊数期望值
好/很好	(0.9, 1.0, 0.2, 0.25)	0.9625
较好/很好	(0.8, 0.8, 0.2, 0.25)	0.8625
一般/很好	(0.5, 0.5, 0.2, 0.375)	0.5438
较差/很好	(0.2, 0.2, 0.2, 0.3)	0.225
差/很好	(0, 0.1, 0, 0.275)	0.1188
很差/很好	(0, 0, 0, 0.25)	0.0625
较好/好	(0.8, 0.8889, 0.2, 0.5397)	0.9294

定性标度之比	模糊数除法 L–R 结果	模糊数期望值
一般/好	(0.5, 0.5556, 0.2, 0.3492)	0.5889
较差/好	(0.2, 0.2222, 0.2, 0.5397)	0.2484
差/好	(0, 0.1111, 0, 0.3175)	0.1349
很差/好	(0, 0, 0, 0.2857)	0.0714
一般/较好	(0.625, 0.625, 0.325, 0.5417)	0.6792
较差/较好	(0.25, 0.25, 0.25, 0.4167)	0.2917

2. 确定灰色模糊隶属度

选取各指标最优值为理想序列，分层次将不同岩相的比较序列和理想序列进行关联分析，得到相应的关联系数，计算公式为

$$r_{ij} = \frac{\min_i \min_j |x_{\theta j} - x_{ij}| + \rho \max_i \max_j |x_{\theta j} - x_{ij}|}{|x_{\theta j} - x_{ij}| + \rho \max_i \max_j |x_{\theta j} - x_{ij}|}, i = 1, 2, \cdots, n; j = 1, 2, \cdots, m \quad (9\text{-}21)$$

式中，$x_{\theta j}$ 为理想序列中第 j 参数值；ρ 为分辨系数（$0 \leqslant \rho \leqslant 1$），取 $\rho = 0.5$。

在计算出关联系数后通过与权重集进行合成可以得到针对上一层指标的灰色关联度，最后通过层层叠加及优属模型得到不同岩相最后的灰色模糊隶属度（表9-15），进而可以指导排序分类，该值越大，代表与理想结果越接近，评价越高。

$$I_i = \sum_{j=1}^{N} w_j r_{ij} \quad (9\text{-}22)$$

$$u_i = \frac{1}{1 + [(1 - I_i)/I_i]^2} \quad (9\text{-}23)$$

式中，I_i 为灰色关联度；u_i 为灰色模糊隶属度。

表9-15　泥页岩储层有效性评价结果表

岩相	二级指标隶属度		一级指标隶属度				综合隶属度
	裂缝	孔隙	生油性	储集性	可改造性	可流动性	
油泥（页）岩	1	0.901	1	0.996	0.450	0.830	0.973
页状灰（云）质黏土岩	0.924	0.772	0.553	0.916	0.265	0.570	0.646
纹层状灰（云）质黏土岩	0.800	0.803	0.349	0.859	0.284	0.300	0.498
薄页状灰（云）质黏土岩	0.479	0.440	0.232	0.547	0.336	0.335	0.329
层状灰（云）质黏土岩	0.651	0.646	0.251	0.704	0.319	0.410	0.396
页状粉砂质黏土岩	0.800	0.968	0.392	0.890	0.360	0.500	0.569
纹层状粉砂质黏土岩	0.800	0.706	0.334	0.719	0.489	0.450	0.455

岩相	二级指标隶属度		一级指标隶属度				综合隶属度
	裂缝	孔隙	生油性	储集性	可改造性	可流动性	
薄层状粉砂质黏土岩	0.479	0.335	0.248	0.394	0.351	0.435	0.306
层状粉砂质黏土岩	0.211	0.293	0.238	0.307	0.358	0.125	0.264
页状黏土质灰（云）岩	0.786	0.841	0.332	0.744	0.486	0.550	0.480
纹层状黏土质灰（云）岩	0.786	0.458	0.291	0.548	0.518	0.305	0.367
薄层状黏土质灰（云）岩	0.325	0.481	0.250	0.331	0.452	0.260	0.292
层状黏土质灰（云）岩	0.651	0.523	0.257	0.476	0.484	0.185	0.324
薄层状粉砂质灰（云）岩	0.325	0.384	0.210	0.291	0.821	0.560	0.400
层状粉砂质灰（云）岩	0.651	0.407	0.294	0.424	0.888	0.575	0.483
薄层状黏土质粉砂岩	0.211	0.835	0.288	0.735	0.994	0.975	0.763
层状黏土质粉砂岩	0.325	0.986	0.380	0.881	1	1	0.860

根据评价结果采用系统聚类方法进一步对岩相进行排序分类，结合地质认识将岩相共划分为 6 类（表 9-16），其中 1 类岩相生油指标最好，有机质孔、生排烃缝和顺层脉状裂缝发育而储集性好，临界流动孔大而具有较好的流动性，尽管纤维状方解石脉体增加脆性但可改造性偏差，故划归为生油型泥页岩储层［图 9-27（a）］；2 类和 3 类岩相具有较好的生油指标，晶（粒）间孔或页理缝发育而储集性较好，临界流动孔径大而具有好的流动性，相对脆性系数和脆性指数大而可改造性好，故划归为生储兼备型泥页岩储层［图 9-27（b）、（c）］；4 类岩相白云演化或收缩缝发育而具有好的储集性，当沥青充注时，可作为储集型泥页岩储层［图 9-27（d）、（e）］；5 类和 6 类岩相有效性评价隶属度很低，通常不能作为有效的泥页岩储层，故划归为无效型泥页岩储层。泥页岩储层有效性评价结果与前述地质研究吻合良好，在岩心观察中含油性好或试油试采资料证明产油（图 9-27）。

9.2.4　评价结果分析

根据评价结果，并结合地质认识，简要探讨苏北盆地阜二段和济阳拗陷东营凹陷、沾化凹陷沙四上亚段–沙三下亚段泥页岩储层的异同。阜二段以生储兼备型和储集型泥页岩储层为主［图 9-27（b）、（d）、（e）］，而沙四上亚段–沙三下亚段以生油型和生储兼备型泥页岩储层为主［图 9-27（a）、（c）］，这可能是两个盆地的地质背景不同决定的。阜二段粉砂质和白云质含量更高，而沙四上亚段–沙三下亚段有机质和方解石含量更高，因而推断沙四上亚段–沙三下亚段沉积

表 9-16　泥页岩储层有效性评价分类结果

类别	主要岩相	系统聚类图
1 类岩相	油泥（页）岩	
2 类岩相	薄层状黏土质粉砂岩层状黏土质粉砂岩	
3 类岩相	页状灰（云）质黏土岩页状粉砂质黏土岩	
4 类岩相	纹层状灰（云）质黏土岩层状粉砂质灰（云）岩页状黏土质灰（云）岩纹层状粉砂质黏土岩	
5 类岩相	薄层状粉砂质灰（云）岩层状灰（云）质黏土岩纹层状黏土质灰（云）岩	
6 类岩相	薄层状灰（云）质黏土岩层状黏土质灰（云）岩薄层状粉砂质黏土岩薄层状黏土质灰（云）岩层状粉砂质黏土岩	

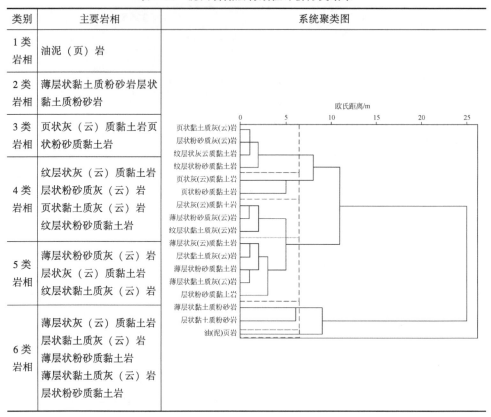

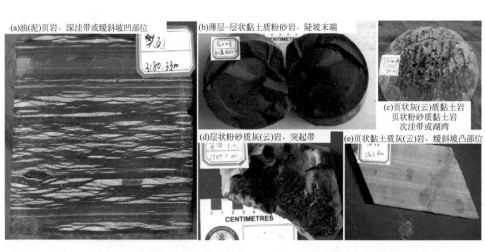

(a)油(泥)页岩，深洼带或缓斜坡凹部位

(b)薄层-层状黏土质粉砂岩，陡坡末端

(c)页状灰（云）质黏土岩页状粉砂质黏土岩次洼带或湖湾

(d)层状粉砂质灰(云)岩，突起带

(e)页状黏土质灰(云)岩，缓斜坡凸部位

图 9-27　含油气显示的泥页岩样品

的水体更深、更封闭，主要发育深洼带或缓斜坡凹部位的半深湖-深湖相生油型泥页岩储层［图 9-27（a）］，而阜二段相对较浅、更开放，主要发育缓斜坡末端的生储兼备型泥页岩储层［图 9-27（b）］，两者均发育次洼带或湖湾的生储兼备型泥页岩储层［图 9-27（c）］和突起带、缓斜坡凸部位的储集型泥页岩储层［图 9-27（d）、（e）］。阜二段泥页岩储层生油性较差，有利储集空间主要为有机质孔、晶（粒）间孔和构造缝，可流动性和可改造性强，而沙四上亚段-沙三下亚段泥页岩储层生油性好，有利储集空间主要为生排烃缝、纤维状脉状裂缝和晶（粒）间孔，可流动性较好，但可改造性差。因此，对于两者来讲，除了单层厚度薄、横向变化快和垂向演化快等强非均质特征外，阜二段泥页岩储层生油性差，而沙四上亚段-沙三下亚段可改造性差，这将是泥页岩储层下一步勘探开发面临的困难。与美国 Barnett 页岩、Marcellus 页岩和中国西部龙马溪组页岩相比，中国东部陆相断陷湖盆古近系泥页岩储层非均质性强，成岩演化程度普遍偏低，可改造性差。

9.3 小　结

在油藏特征和油藏模式认识基础上，以岩相为泥页岩储层有效性评价的基本单元，系统分析不同岩相的生油性、储集性、可流动性和可改造性等评价内容的影响因素。对于生油性来讲，泥页岩不同岩相中有机碳含量越高、生烃潜量越大，则生油性越好。对于储集性来讲，有机质孔、与有机质紧邻的尺度较大的粒间（溶）孔、晶间（溶）孔、生排烃缝和顺层脉状裂缝等有利储集空间类型发育越多，储集性越好；有机质含量和碳酸盐矿物含量对介孔-微孔贡献大，而长英质矿物对宏孔贡献大，有利于储集性；泥页岩不同岩相中普遍发育压实作用和胶结作用等破坏性成岩作用，而建设性成岩作用存在差异，富含有机质的岩性中有机质热演化作用主导，富含粉砂的岩性中有利于溶蚀作用，富含碳酸盐矿物的岩性中白云石化和溶蚀作用均可发育，而富含黏土矿物的岩性中黏土矿物收缩作用明显；总孔隙度或面孔率是表征储集性的有效指标，由大到小依次为粉砂质岩性系列、黏土质岩性系列和灰（云）质岩性系列，但当白云岩化或收缩缝发育时，会增强储集性。对于可流动性来讲，临界流动孔径与渗透率呈正相关关系，是表征泥页岩储层多尺度储集空间和多尺度渗流特征的有力指标。泥页岩各岩相中粉砂质岩性系列的临界流动孔径大于黏土质岩性系列，且均大于灰（云）质岩性系列，由此决定了粉砂质岩性系列的可流动性好于黏土质岩性系列，且均好于灰（云）质岩性系列。对于可改造性来讲，岩石组成是影响泥页岩岩相的主要因素。长英质矿物脆性强，有利于增强泥页岩可改造性；适量的碳酸盐矿物含量有利于泥页岩可改造性，而过量的碳酸盐矿物，断裂韧性强，不利于泥页岩可改造性；黏土矿物–有机质塑性强，不利于泥页岩可改造性，据此构造相对脆性系数表征泥页岩可改造性强弱，其中粉砂质岩性系列强于灰（云）质岩性系列，均强于黏土质岩性系列。在泥页岩储层有效性影响因素分析基础上，优选有机碳含量及生烃潜量、裂缝类型及发育强度、主要孔隙类型及面孔率、成岩作用、相对脆性系数及脆性指数和临界流动孔径，采用灰色模糊数学方法进行有效性综合评价，将泥页岩油储层划分为生油型、生储兼备型、储油型和无效型四大类，其中阜二段泥页岩储层生油性较差但储集性、可流动性和可改造性好，以生储兼备型和储油型为主，而沙四上亚段–沙三下亚段泥页岩储层生油性和储集性好，可流动性中等，但可改造性差，以生油型和生储兼备型为主。

参 考 文 献

蔡进功 . 2004. 泥质沉积物和泥岩中有机黏土复合体 [M] . 北京：科学出版社 .

操应长 . 2005. 断陷湖盆中强制湖退沉积作用及其成因机制 [J] . 沉积学报, 23 (1)：84-90.

操应长, 姜在兴, 夏斌 . 2003. 幕式差异沉降运动对断陷湖盆中湖平面和水深变化的影响 [J] . 石油实验地质, 25 (4)：323-327.

曹建军, 孔凡顺, 彭木高 . 2004. 煤成气生气量热模拟实验条件对比综述 [J] . 油气地质与采收率, 11 (5)：14-16.

陈发亮, 朱晖, 李绪涛, 等 . 2000. 东濮凹陷下第三系沙河街组层序地层划分及盐岩成因探讨 [J] . 沉积学报, 18 (3)：384-388, 394.

陈梦成, 平学成, 陈玳珩 . 2012. 正六角形蜂窝夹芯层弯曲刚度理论分析 [J] . 固体力学学报, 33 (1)：26-31.

陈强, 康毅力, 游利军, 等 . 2013. 页岩微孔结构及其对气体传质方式影响 [J] . 天然气地球科学, 24 (6)：1298-1304.

陈玉安, 周上祺 . 2001. 残余应力 X 射线测定方法的研究现状 [J] . 无损检测, 23 (1)：19-22.

陈中红, 查明 . 2007. 湖相烃源 R_o 异常与无机元素相关性初探 [J] . 地球化学, 36 (3)：275-278.

崔景伟, 朱如凯, 崔京钢 . 2013. 页岩孔隙演化及其与残留烃量的关系：来自地质过程约束下模拟实验的证据 [J] . 地质学报, 87 (5)：730-736.

邓宏文, 钱凯 . 1993. 沉积地球化学与环境分析 [M] . 兰州：甘肃科学技术出版社 .

董春梅, 马存飞, 林承焰, 等 . 2015a. 一种泥页岩层系岩相划分方法 [J] . 中国石油大学学报（自然科学版）, 39 (3)：1-7.

董春梅, 马存飞, 栾国强, 等 . 2015b. 泥页岩热模拟实验及成岩演化模式 [J] . 沉积学报, 33 (5)：1053-1061.

杜学斌, 刘辉, 刘惠民, 等 . 2016. 细粒沉积物层序地层划分方法初探：以东营凹陷樊页 1 井沙三下-沙四上亚段泥页岩为例 [J] . 地质科技情报, 35 (4)：1-11.

范明, 陈宏宇, 俞凌杰, 等 . 2011. 比表面积与突破压力联合确定泥岩盖层评价标准 [J] . 石油实验地质, 33 (1)：87-90.

傅强, 李益, 张国栋, 等 . 2007. 苏北盆地晚白垩世—古新世海侵湖泊的证据及其地质意义 [J] . 沉积学报, 25 (3)：381-385.

高红灿, 郑荣才, 肖应凯, 等 . 2015. 渤海湾盆地东濮凹陷古近系沙河街组盐岩成因——来自沉积学和地球化学的证据 [J] . 石油学报, 36 (1)：19-32.

公言杰, 柳少波, 朱如凯, 等 . 2015. 致密油流动孔隙度下限——高压压汞技术在松辽盆地南部白垩系泉四段的应用 [J]. 石油勘探与开发, 42 (5): 681-688.

郭佳, 曾溅辉, 宋国奇, 等. 2014. 东营凹陷中央隆起带沙河街组碳酸盐胶结物发育特征及其形成机制 [J]. 地球科学 (中国地质大学学报), 39 (5): 565-576.

郭小文, 何生, 宋国奇, 等. 2011. 东营凹陷生油增压成因证据 [J]. 地球科学: 中国地质大学学报, 36 (6): 1085-1094.

郝石生, 柳广弟, 黄志龙, 等. 1994. 油气初次运移的模拟模型 [J]. 石油学报, 15 (2): 21-31.

何立东, 袁新, 尹新. 2001. 蜂窝密封减振机理的实验研究 [J]. 中国电机工程学报, 21 (10): 25-28.

何炎. 1987. 苏北早第三纪有孔虫 [J]. 古生物学报, 26 (6): 721-727.

侯读杰, 张善文, 肖建新, 等. 2008. 济阳拗陷优质烃源岩特征与隐蔽油气藏的关系分析 [J]. 地学前缘, 15 (2): 137-146.

胡晓庆, 金强, 王秀红, 等. 2009. 烃源岩二次生烃热模拟实验研究进展 [J]. 断块油气田, 16 (3): 8-10.

黄亚敏, 潘春旭. 2010. 基于电子背散射衍射 (EBSD) 技术的材料微区应力应变状态研究综述 [J]. 电子显微学报, 29 (1): 662-672.

黄振凯, 陈建平, 薛海涛, 等. 2013. 松辽盆地白垩系青山口组泥页岩孔隙结构特征 [J]. 石油勘探与开发, 40 (1): 58-65.

黄志龙, 郭小波, 柳波, 等. 2012. 马朗凹陷芦草沟组源岩油储集空间特征及其成因 [J]. 沉积学报, 30 (6): 1115-1122.

纪友亮. 2005. 层序地层学 [M]. 上海: 同济大学出版社.

纪友亮, 冯建辉, 王声朗, 等. 2005. 东濮凹陷下第三系沙三段盐岩和膏盐岩的成因 [J]. 沉积学报, 23 (2): 225-231.

贾萧蓬. 2014. 西湖凹陷平湖组沉积环境及其演化研究 [D]. 青岛: 中国石油大学 (华东).

姜在兴. 2010. 沉积学 [M]. 北京: 石油工业出版社.

姜在兴, 张文昭, 梁超, 等. 2014. 页岩油储层基本特征及评价要素 [J]. 石油学报, 35 (1): 184-196.

蒋有录, 查明. 2006. 石油天然气地质与勘探 [M]. 北京: 石油工业出版社.

靳丽, Mishara R K, Kubic R. 2008. 材料变形过程中的原位电子背散射衍射 (in-situ EBSD) 分析 [J]. 电子显微学报, 27 (6): 439-442.

蓝先洪, 马道修, 徐明广, 等. 1987. 珠江三角洲若干地球化学标志及指相意义 [J]. 海洋地质与第四纪地质, 7 (1): 39-49.

李爱芬, 任晓霞, 王桂娟, 等. 2015. 核磁共振研究致密砂岩孔隙结构的方法及应用 [J]. 中国石油大学学报: 自然科学版, 39 (6): 92-98.

李成凤, 肖继风. 1988. 用微量元素研究胜利油田东营盆地沙河街组的古盐度 [J]. 沉积学报, 6 (4): 100-107.

李吉君, 史颖琳, 章新文, 等. 2014. 页岩油富集可采主控因素分析: 以泌阳凹陷为例 [J]. 地球科学——中国地质大学学报, 39 (7): 848-857.

李庆辉，陈勉，金衍，等. 2012. 页岩气储层岩石力学特性及脆性评价 [J]. 石油钻探技术，40 (4)：17-22.

李荣清. 1994. 湘南多重属矿床方解石形态及表面微形貌的研究 [J]. 湖南地质，13 (1)：25-28.

李荣西，董树文，丁磊，等. 2013. 构造驱动大巴山前陆烃类流体排泄：含烃包裹体纤维状方解石脉证据 [J]. 沉积学报，31 (3)：516-526.

李术元，林世静，郭绍辉，等. 2002. 无机盐类对干酪根生烃过程的影响 [J]. 地球化学，31 (1)：15-20.

李水福，何生. 2008. 原油芳烃中三芴系列化合物的环境指示作用 [J]. 地球化学，37 (1)：45-50.

李阳，王建伟，赵密福，等. 2008. 牛庄洼陷沙河街组超压系统发育特征及其演化 [J]. 地质科学，43 (4)：712-726.

梁世君，黄志龙，柳波，等. 2012. 马朗凹陷芦草沟组页岩油形成机理与富集条件 [J]. 石油学报，33 (4)：588-594.

刘宝珺，张锦泉. 1992. 沉积成岩作用 [M]. 北京：科学出版社.

刘宝珺，曾允孚. 1985. 岩相古地理基础和工作方法 [M]. 北京：地质出版社

刘传联，徐金鲤，汪品先. 2001. 藻类勃发-湖相油源岩形成的一种重要机制 [J]. 地质论评，47 (2)：207-210.

刘会平，张在龙，籍志凯，等. 2008. 无机盐类对天然矿物低温催化混合酯生烃反应的影响 [J]. 沉积学报，26 (5)：886-890.

刘俊来，曹淑云，邹运鑫，等. 2008. 岩石电子背散射衍射（EBSD）组构分析及应用，地质通报，27 (10)：1638-1645.

刘立，孙晓明，董福湘，等. 2004. 大港滩海区沙一段下部方解石脉的地球化学与包裹体特征——以港深67井为例 [J]. 吉林大学学报：地球科学版，34 (1)：49-54.

刘美羽，胡建芳，万晓樵. 2015. 松辽盆地嫩江组下部水体分层的有机地球化学证据 [J]. 湖泊科学，27 (1)：190-194.

刘堂宴，王绍民，傅容珊，等. 2004. 核磁共振谱的岩石孔喉结构分析 [J]. 石油地球物理勘探，38 (3)：328-333.

刘晓峰，解习农. 2003. 东营凹陷流体压力系统研究 [J]. 地球科学，28 (1)：78-86.

柳波，吕延防，赵荣，等. 2012. 三塘湖盆地马朗凹陷芦草沟组泥页岩系统地层超压与页岩油富集机理 [J]. 石油勘探与开发，39 (6)：699-705.

柳波，吕延防，孟元林，等. 2015. 湖相纹层状细粒岩特征、成因模式及其页岩油意义——以三塘湖盆马朗凹陷二叠系芦草沟组为例 [J]. 石油勘探与开发，42 (5)：598-607.

吕克茂. 2007. 残余应力测定的基本知识 [J]. 理化检验-物理分册，43 (9)：462-468.

吕延防，张绍臣，王亚明. 2000. 盖层封闭能力与盖层厚度的定量关系 [J]. 石油学报，21 (2)：27-30.

骆杨，赵彦超，陈红汉，等. 2015. 构造应力-流体压力耦合作用下的裂缝发育特征——以渤海湾盆地东濮凹陷柳屯洼陷裂缝性泥页岩"油藏"为例 [J]. 石油勘探与开发，42 (2)：

177-185.

骆正清, 杨善林 . 2004. 层次分析法中几种标度的比较 [J] . 系统工程理论与实践, 24 (9) : 51-60.

马存飞, 董春梅, 栾国强, 等 . 2016. 泥页岩自然流体压力缝类型、特征及其作用——以中国东部古近系为例 [J] . 石油勘探与开发, 43 (4) : 580-589.

梅博文, 刘希江 . 1980. 我国原油中异戊间二烯烷烃的分布及其与地质环境的关系 [J] . 石油与天然气地质, 1 (2) : 99-115.

孟巧荣, 康志勤, 赵阳升, 等 . 2010. 油页岩热破裂及起裂机制试验 [J] . 中国石油大学学报: 自然科学版, 34 (4) : 89-92, 98.

米敬奎, 戴金星, 张水昌, 等 . 2007. 煤在 2 种不同体系的生气能力研究 [J] . 天然气地球科学, 18 (2) : 245-249.

聂海宽, 唐玄, 边瑞康 . 2009. 页岩气成藏控制因素及中国南方页岩气发育有利区预测 [J] . 石油学报, 30 (4) : 484-491.

宁方兴 . 2015. 济阳拗陷页岩油富集主控因素 [J] . 石油学报, 36 (8) : 905-914.

潘仁芳, 陈亮, 刘朋丞 . 2011. 页岩气资源量分类评价方法探讨 [J] . 石油天然气学报, 33 (5) : 172-174.

钱凯, 时华星 . 1982. 资源评价工作中古盐度测定法的选择 [J] . 石油勘探与开发, (3) : 32-38.

钱利军, 陈洪德, 林良彪, 等 . 2012. 四川盆地西缘地区中侏罗统沙溪庙组地球化学特征及其环境意义 [J] . 沉积学报, 30 (6) : 1061-1071.

钱一雄, 陈强路, 陈跃, 等 . 2009. 碳酸盐岩中缝洞方解石成岩环境的矿物地球化学判识——以塔河油田的沙 79 井和沙 85 井为例 [J] . 沉积学报, 27 (6) : 1027-1032.

秦匡宗 . 1982. 抚顺和茂名油页岩的有机质含量及其元素组成 [J] . 华东石油大学院学报, (2) : 71-79.

邱小松, 杨波, 胡明毅 . 2013. 中扬子地区五峰组—龙马溪组页岩气储层及含气性特征 [J] . 天然气地球科学, 24 (6) : 1274-1283.

任拥军, 林玉祥 . 2006. 油气地球化学 [M] . 东营: 中国石油大学出版社 .

佘敏, 寿建峰, 沈安江, 等 . 2014. 埋藏有机酸性流体对白云岩储层溶蚀作用的模拟实验 [J] . 中国石油大学学报: 自然科学版, 38 (3) : 10-17.

孙超, 姚素平, 李晋宁, 等 . 2016. 东营凹陷页岩油储层特征 [J] . 地质论评, 62 (6) : 1497-1510.

孙广忠 . 1983. 岩体力学基础 [M] . 北京: 科学出版社 .

孙镇城, 杨藩, 张枝焕, 等 . 1997. 中国新生代咸化湖泊沉积环境与油气生成 [M] . 北京: 石油工业出版社 .

汤庆艳, 张铭杰, 张同伟, 等 . 2013. 生烃热模拟实验方法述评 [J] . 西南石油大学学报 (自然科学版), 35 (1) : 52-62.

陶伟, 邹艳荣, 刘金钟, 等 . 2008. 压力对黏土矿物催化生烃的影响 [J] . 天然气地球科学, 19 (4) : 548-552.

腾格尔, 刘文汇, 徐永昌, 等. 2004. 缺氧环境及地球化学判识标志的探讨——以鄂尔多斯盆地为例 [J]. 沉积学报, 22 (2): 365-372.

田华, 张水昌, 柳少波, 等. 2012. 压汞法和气体吸附法研究富有机质页岩孔隙特征 [J]. 石油学报, 33 (3): 419-427.

王冠民, 任拥军, 钟建华, 等. 2005. 济阳拗陷古近系黑色页岩中纹层状方解石脉的成因探讨 [J]. 地质学报, 79 (6): 834-838.

王冠民, 刘海城, 熊周海, 等. 2016a. 试论长英质颗粒对湖相泥页岩脆性的控制条件 [J]. 中国石油大学学报: 自然科学版, 40 (3): 1-8.

王冠民, 熊周海, 张婕. 2016b. 岩性差异对泥页岩可压裂性的影响分析 [J]. 吉林大学学报 (地球科学版), 46 (4): 1080-1089.

王杰, 刘文汇, 腾格尔, 等. 2011. 南方海相层系不同类型烃源 (岩) 生烃模拟实验及其产物同位素演化规律 [J]. 天然气地球科学, 22 (4): 684-691.

王莲芬, 许树柏. 1990. 层次分析法引论 [M]. 北京: 中国人民大学出版社.

王淼, 陈勇, 徐兴友, 等. 2015. 泥质岩中纤维状结构脉体成因机制及其与油气活动关系研究进展 [J]. 地球科学进展, 30 (10): 1107-1118.

王蓉, 沈后. 1992. 孢粉资料定量研究古气候的尝试 [J]. 石油学报, 13 (2): 184-190.

王随继, 黄杏珍, 妥进才, 等. 1997. 泌阳凹陷核桃园组微量元素演化特征及其古气候意义 [J]. 沉积学报, 15 (1): 66-70.

王文圣. 2011. 水文学不确定性分析方法 [M]. 北京: 科学出版社.

王新洲, 周迪贤, 王学军. 1994. 流体间歇压裂运——石油初次运移的重要方式之一 [J]. 石油勘探与开发, 21 (1): 20-26.

王勇. 2016. 济阳陆相断陷湖盆泥页岩细粒沉积层序初探 [J]. 西南石油大学学报 (自然科学版), 38 (6): 61-69.

吴林钢, 李秀生, 郭小波, 等. 2012. 马朗凹陷芦草沟组页岩油储层成岩演化与溶蚀孔隙形成机制 [J]. 中国石油大学学报: 自然科学版, 36 (3): 38-43.

吴松涛, 朱如凯, 崔京钢, 等. 2015. 鄂尔多斯盆地长 7 湖相泥页岩孔隙演化特征 [J]. 石油勘探与开发, 42 (2): 167-176.

吴智平, 周瑶琪. 2000. 一种计算沉积速率的新方法—宇宙尘埃特征元素法 [J]. 沉积学报, 18 (3): 395-399.

向阳, 向丹, 羊裔常, 等. 1999. 致密砂岩气藏水驱动态采收率及水膜厚度研究 [J]. 成都理工学院学报, 26 (4): 389-391.

肖芝华, 胡国艺, 李志生. 2007. 封闭体系下压力变化对烃源岩产气率的影响 [J]. 天然气地球科学, 18 (2): 284-288.

徐伟, 陈开远, 曹正林, 等. 2014. 咸化湖盆混积岩成因机理研究 [J]. 岩石学报, 30 (6): 1804-1816.

许志琴, 王勤, 梁凤华, 等. 2009. 电子背散射衍射 (EBSD) 技术在大陆动力学研究中的应用 [J]. 岩石学报, 25 (7): 1721-1736.

许中杰, 程日辉, 王嘹亮, 等. 2010. 广东东莞地区中侏罗统塘厦组凝灰质沉积物的元素地球化学特征及构造背景 [J]. 岩石学报, 26 (1): 352-360.

许中杰, 程日辉, 张莉, 等. 2012. 华南陆缘晚三叠—早、中侏罗世海平面相对升降与古气候演化的地球化学记录 [J]. 地球科学 (中国地质大学学报), 37 (1): 113-124.

薛海涛, 田善思, 卢双舫, 等. 2015. 页岩油资源定量评价中关键参数的选取与校正——以松辽盆地北部青山口组为例 [J]. 矿物岩石地球化学通报, 34 (1): 70-78.

薛会, 张金川, 刘丽芳, 等. 2006. 天然气机理类型及其分布 [J]. 地球科学与环境学报, 28 (2): 53-57.

严钦尚, 张国栋, 项立篙, 等. 1979. 苏北金湖凹陷阜宁群的海侵和沉积环境 [J]. 地质学报, (1): 74-84.

颜佳新, 张海清. 1996. 古氧相——一个新的沉积学研究领域 [J]. 地质科技情报, 15 (3): 9-10.

杨峰, 宁正福, 胡昌蓬, 等. 2013. 页岩储层微观孔隙结构特征 [J]. 石油学报, 34 (2): 301-311.

杨华, 李士祥, 刘显阳. 2013. 鄂尔多斯盆地致密油、页岩油特征及资源潜力 [J]. 石油学报, 34 (1): 1-11.

杨元, 张磊, 冯庆来. 2012. 浙西志棠剖面下寒武统荷塘组黑色岩系孔隙特征 [J]. 地质科技情报, 31 (6): 110-117.

杨争光, 汤军, 张云鹏, 等. 2012. 熵权法储层非均质定量评价方法研究——以鄂尔多斯盆地下寺湾长 8 储层为例 [J]. 地质学刊, 36 (4): 373-378.

殷鸿福, 谢树成, 秦建中, 等. 2009. 对地球生物学、生物地质学和地球生物相的一些探讨 [J]. 中国科学 D 辑: 地球科学, 38 (12): 1473-1480.

应凤详, 何东博. 2004. 中国含油气盆地碎屑岩储集层成岩作用与成岩数值模拟 [M]. 北京: 石油工业出版社.

袁文芳, 陈世悦, 曾昌民. 2005. 渤海湾盆地古近纪海侵问题研究进展及展望 [J]. 沉积学报, 23 (4): 604-612.

袁选俊, 林森虎, 刘群, 等. 2015. 湖盆细粒沉积特征与富有机质页岩分布模式——以鄂尔多斯盆地延长组长 7 油层组为例 [J]. 石油勘探与开发, 42 (1): 34-43.

曾胜强, 王剑, 付修根, 等. 2014. 羌塘盆地白垩系海相油页岩特征及其形成条件分析 [J]. 地质论评, 60 (2): 449-463.

张金川, 薛会, 张德明, 等. 2003. 页岩气及其成藏机理 [J]. 现代地质, 17 (4): 466.

张金川, 姜生玲, 唐玄, 等. 2009. 我国页岩气富集类型及资源特点 [J]. 天然气工业, 29 (12): 109-114.

张金川, 林腊梅, 李玉喜, 等. 2012. 页岩油分类与评价 [J]. 地学前缘, 19 (5): 322-331.

张景廉, 张平中. 1996. 黄铁矿对有机质成烃的催化作用讨论 [J]. 地球科学进展, 11 (3): 282-287.

张立平, 黄第藩, 廖志勤. 1999. 伽马蜡烷–水体分层的地球化学标志 [J]. 沉积学报, 17 (1): 136-140.

张烈辉, 郭晶晶, 唐洪明, 等. 2015. 四川盆地南部下志留统龙马溪组页岩孔隙结构特征

[J]. 天然气工业, 35 (3): 22-29.

张林晔, 包友书, 刘庆, 等. 2010. 盖层物性封闭能力与油气流体物理性质关系探讨 [J]. 中国科学 D 辑: 地球科学, 40 (1): 28-33.

张年学, 盛祝平, 李晓, 等. 2011. 岩石泊松比与内摩擦角的关系研究 [J]. 岩石力学与工程学报, 30 (S1): 2599-2609.

张士诚, 郭天魁, 周彤, 等. 2014. 天然页岩压裂裂缝扩展机理试验 [J]. 石油学报, 35 (3): 496-503+518.

张顺, 陈世悦, 谭明友, 等. 2014. 东营凹陷西部沙河街组三段下亚段泥页岩沉积微相 [J]. 石油学报, 35 (4): 633-645.

张雄华. 2000. 混积岩的分类和成因 [J]. 地质科技情报, 19 (4): 31-34.

章新文, 李吉君, 朱景修, 等. 2014. 泌阳凹陷页岩油富集段资源评价及有利区预测 [J]. 断块油气田, 21 (3): 301-304.

赵澄林, 朱筱敏. 2000. 沉积岩石学 (第三版) [M]. 北京: 石油工业出版社.

赵海峰, 陈勉, 金衍, 等. 2012. 页岩气藏网状裂缝系统的岩石断裂动力学 [J]. 石油勘探与开发, 39 (4): 465-470.

赵静, 冯增朝, 杨栋, 等. 2014. 基于三维 CT 图像的油页岩热解及内部结构变化特征分析 [J]. 岩石力学与工程学报, 33 (1): 112-117.

郑荣才, 柳梅青. 1999. 鄂尔多斯盆地长 6 油层组古盐度研究 [J]. 石油与天然气地质, 20 (1): 20-25.

中国石油天然气总公司勘探局. 1998. 石油地球化学进展 (六) [M]. 北京: 石油工业出版社.

钟太贤. 2012. 中国南方海相页岩孔隙结构特征 [J]. 天然气工业, 32 (9): 1-4.

周华, 高峰, 周萧, 等. 2013. 云冈石窟不同类型砂岩的核磁共振 T_2 谱——压汞毛管压力换算 C 值研究 [J]. 地球物理学进展, 28 (5): 2759-2766.

周瑶琪, 吴智平, 史卜庆. 1998. 中子活化技术在层序地层学中的应用 [J]. 地学前缘, 5 (1): 144-150.

朱光有, 金强. 2003. 东营凹陷两套优质烃源岩层地质地球化学特征研究 [J]. 沉积学报, 21 (3): 506-512.

朱家祥, 李淑贞. 1988. 碎屑岩成油组合的成岩作用研究 [J]. 石油实验地质, 10 (3): 223-239.

邹才能, 陶士振, 侯连华, 等. 2011. 非常规油气地质 [M]. 北京: 地质出版社.

邹才能, 杨智, 崔景伟, 等. 2013. 页岩油形成机制、地质特征及发展对策 [J]. 石油勘探与开发, 40 (1): 14-26.

邹才能, 董大忠, 王玉满, 等. 2015. 中国页岩气特征、挑战及前景 (一) [J]. 石油勘探与开发, 42 (6): 689-701.

Aggarwal P K, Dillon M A, Tanweer A. 2004. Isotope fractionation at the soil-atmosphere interface and the[18]O budget of atmospheric oxygen [J]. Geophysical Research Letters, 31 (14): L14202-1-L14202-4.

Algeo T J, Woods A D. 1994. Microstratigraphy of the lower Mississippian sunbury Shale: a record of solar-modulated climatic cyclicity [J]. Geology, 22 (9): 795-798.

Al-Aasm I S, Muir I, Morad S. 1993. Diagenetic conditions of fibrous calcite vein formation in black shales: petrographic, chemical and isotopic evidence [J]. Bulletin of Canadian Petroleum Geology, 41 (1): 46-56.

Antrett P. 2013. Nano-scale porosity analysis of a permian tight gas reservoir Characterization of an Upper Permian Tight Gas Reservoir [M]. Berlin: Springer Berlin Heidelberg.

Azmy K, Lavoie D, Knight I, et al. 2008. Dolomitization of the lower Ordovician Aguathuna formation carbonates, Port au Port Peninsula, western Newfoundland, Canada: implications for a hydrocarbon reservoir [J]. Canadian Journal of Earth Sciences, 45 (7): 795-813.

Azomani E, Azmy K, Blamey N, et al. 2013. Origin of lower Ordovician dolomites in eastern Laurentia: controls on porosity and implications from geochemistry [J]. Marine and Petroleum Geology, 40 (1): 99-114.

Azpiroz M D, Lloy G E, Fernandez C. 2007. Development of lattice preferred orientation in clinoamphiboles deformed under low-pressure metamorphic conditions: a SEM/EBSD study of metabasites from the Aracena metamorphic belt (SW Spain) [J]. Journal of Structural Geology, 29 (4): 629-645.

Barker S L L, Cox S F, Eggins S M, et al. 2006. Microchemical evidence for episodic growth of antitaxial veins during fracture-controlled fluid flow [J]. Earth and Planetary Science Letters, 250 (1): 331-344.

Bjolykke K. 1998. Clay mineral diagenesis in sedimentary basins—a key to the prediction of rock properties. Examples from the North Sea Basin [J]. Clay Minerals, 33 (1): 15-34.

Blatt H, Totten M W. 1981. Detrital quartz as an indicator of distance from shore in marine mudrocks [J]. Journal of Sedimentary Research, 51 (4): 1259-1266.

Boggs S. 2009. Petrology of Sedimentary Rocks. Cambridge: Cambridge University Press.

Bonissone P P. 1978. A Pattern Recognition Approach to the Problem of Linguistic Approximation in System Analysis [M]. California: Electronics Research Laboratory, College of Engineering, University of California.

Bons P D, Jessell M W. 1997. Experimental simulation of the formation fibrous veins by localised dissolution-precipitation creep [J]. Mineralogical Magazine, 61 (1): 53-63.

Bozkaya Ö, Yalçin H. 2005. Diagenesis and very low-grade metamorphism of the Antalya unit: mineralogical evidence of Triassic rifting, Alanya-Gazipaşa, central Taurus belt, Turkey [J]. Journal of Asian Earth Sciences, 25 (1): 109-119.

Bragg W L. 1913. Diffraction of short electromagnetic waves by a crystal [J]. Proceedings of the Cambridge Philosophical Society, 17: 43-57.

Bredehoeft J D, Wesley J B, Fouch T D. 1994. Simulations of the origin of fluid pressure, fracture generation, and the movement of fluids in the Uinta Basin, Utah [J]. AAPG Bulletin, 78 (11): 1729-1747.

Cao Z, Lin C Y, Dong C M, et al. 2018. Impact of sequence stratigraphy, depositional facies, diagenesis and CO_2 charge on reservoir quality of the lower cretaceous Quantou Formation, Southern Songliao Basin, China [J]. Marine & Petroleum Geology, 193: 497-519.

Cannon H L. 1974. Geobotang and bwgeochemistry in mineral exploration: R. R. Brooks. Harper Geoscience Series, Harper and Row, N. Y., London, 290pp [J]. Journal of Geochemical Exploration, 3: 86-87.

Cardott B J, Landis C R, Curtis M E. 2015. Post-oil solid bitumen network in the Woodford Shale, USA-a potential primary migration pathway [J]. International Journal of Coal Geology, 139: 106-113.

Chalmers G R, Bustin R M, Power I M. 2012. Characterization of gas shale pore systems by porosimetry, pycnometry, surface area, and field emission scanning electron microscopy/transmission electron microscopy image analyses: examples from the Barnett, Woodford, Haynesville, Marcellus, and Doig units [J]. AAPG bulletin, 96 (6): 1099-1119.

Chenevert M E, Gatlin C. 1965. Mechanical anisotropies of laminated sedimentary rocks [J]. Society of Petroleum Engineers Journal, 5 (1): 67-77.

Cobbold P R, Rodrigues N. 2007. Seepage forces, important factors in the formation of horizontal hydraulic fractures and bedding-parallel fibrous veins ('beef' and 'cone-in-cone') [J]. Geofluids, 7 (3): 313-322.

Cobbold P R, Zanella A, Rodrigues N, et al. 2013. Bedding-parallel fibrous veins (beef and cone-in-cone): worldwide occurrence and possible significance in terms of fluid overpressure, hydrocarbon generation and mineralization [J]. Marine and Petroleum Geology, 43: 1-20.

Conybeare D M, Shaw H F. 2000. Fracturing, overpressure release and carbonate cementation in the Everest Complex, North Sea [J]. Clay Minerals, 35 (1): 135-149.

Cooles G P, Mackenzie A S, Quigley T M. 1986. Calculation of petroleum masses generated and expelled from source rocks [J]. Organic Geochemistry, 10 (1): 235-245.

Cosgrove J W. 1995. The expression of hydraulic fracturing in rocks and sediments [J]. Special Publication-geological Society of London, 92 (1): 187-196.

Cosgrove J W. 2001. Hydraulic fracturing during the formation and deformation of a basin: a factor in the dewatering of low-permeability sediments [J]. AAPG Bulletin, 85 (4): 737-748.

Couch E L. 1971. Calculation of paleosalinities from boron and clay mineral data [J]. AAPG Bulletin, 55 (10): 1829-1837.

Cox S F. 1987. Antitaxial crack-seal vein microstructures and their relationship to displacement paths [J]. Journal of Structural Geology, 9 (7): 779-787.

Cox S F, Etheridge M A. 1983. Crack-seal fibre growth mechanisms and their significance in the development of oriented layer silicate microstructures [J]. Tectonophysics, 92 (1-3): 147-170.

Craig H. 1957. Isotopic standards for carbon and oxygen and correction factors for mass-spectrometric analysis of carbon dioxide [J]. Geochimica et Cosmochimica Acta, 12 (1-2): 133-149.

Cramer B, Faber E, Gerling P, et al. 2001. Reaction kinetics of stable carbon isotopes in natural gas- insights from dry, open system paralysis experiments ［J］. Energy & Fuel, 15 （3）: 517-532.

Curtis J B. 2002. Fractured shale- gas systems ［J］. AAPG Bulletin, 86 （11）: 1921-1938.

Dean W, Anderson R, Bradbury J P, et al. 2002. A 1500- year record of climatic and environmental change in ElkLake, Minnesota I: varve thickness and gray-scale density ［J］. Journal of Paleolimnology, 27 （3）: 287-299.

Desbois G, Urai J L, Kukla P A, et al. 2011. High-resolution 3D fabric and porosity model in a tight gas sandstone reservoir: a new approach to investigate microstructures from mm- to nm- scale combining argon beam cross-sectioning and SEM imaging ［J］. Journal of Petroleum Science and Engineering, 78 （2）: 243-257.

Desbois G, Urai J L, Pérez- Willard F, et al. 2013. Argon broad ion beam tomography in a cryogenic scanning electron microscope: a novel tool for the investigation of re- presentative microstructures in sedimentary rocks containing pore fluid ［J］. Journal of Microscopy, 249 （3）: 215-235.

Dewers T, Ortoleva P. 1990. Force of crystallization during the growth of siliceous concretions ［J］. Geology, 18 （3）: 204-207.

Dietzel M, Tang J, Leis A, et al. 2009. Oxygen isotopic fractionation during inorganic calcite precipitation-Effects of temperature, precipitation rate and pH ［J］. Chemical Geology, 268 （1-2）: 107-115.

Dixon J R. Method for determining fluid saturation in a porous media through the use of CT scanning ［P］.649, 483. 1987-3-10.

Dobes P, Suchy V, Stejskal M. 1999. Diagenetic fluid circulation through fractures: a case study from the Barrandian Basin （Lower Paloeozoic）, Czech Republic ［J］. Geolines, 8: 18.

Dorozhkin S V. 2009. Calcium orthophosphates in nature, biology and medicine ［J］. Materials, 2 （2）: 399-498.

Dunne W M, Hancock P L. 1994. Palaeostress analysis of small- scale brittle structures ［J］. Chapter, 5: 101-120.

Durand B. 1988. Understanding of HC migration in sedimentary basins （present state of knowledge） ［J］. Organic Geochemistry, 13 （1-3）: 445-459.

Durney D W, Ramsay J G. 1973. Incremental strains measured by syntectonic crystal growths ［J］. Gravity & Tectonics, 67-96.

Elburg M A, Bons P D, Foden J, et al. 2002. The origin of fibrous veins: constraints from geochemistry ［J］. Geological Society, London, Special Publications, 200 （1）: 103-118.

Engelder T, Fischer M P. 1994. Influence of poroelastic behavior on the magnitude of minimum horizontal stress, Sh in overpressured parts of sedimentary basins ［J］. Geology, 22 （10）: 949-952.

Engelder T, Lacazette A. 1990. Natural hydraulic fracturing ［J］. Rock Joints: Proceedings of the International Symposium on Rock Joints, 35: 35-45.

Erdogan F, Sih G C. 1963. On the crack extension in plates under plane loading and transverse shear

[J]. Journal of Basic Engineering, 85 (4): 519-525.

Fisher D M, Brantley S L. 1992. Models of quartz overgrowth and vein formation: deformation and episodic fluid flow in an ancient subduction zone [J]. Journal of Geophysical Research Solid Earth, 97 (B13): 20043-20061.

Fitzpatrick M E, Fry A T, Holdway P, et al. 2005. Determination of residual stresses by X-ray diffraction [J]. Measurement Good Practice Guide, (2): 52.

Fletcher R C, Merino E. 2001. Mineral growth in rocks: kinetic-rheological models of replacement, vein formation, and syntectonic crystallization [J]. Geochimica Et Cosmochimica Acta, 65 (21): 3733-3748.

Gale J F W, Reed R M, Holder J. 2007. Natural fractures in the Barnett Shale and their importance for hydraulic fracture treatments [J]. AAPG Bulletin, 91 (4): 603-622.

Gallant C, Zhang J, Wolfe C A, et al. 2007. Wellbore stability considerations for drilling high-angle wells through finely laminated shale: a case study from Terra Nova [C]. California: SPE Annual Technical Conference and Exhibition.

Golab A, Ward C R, Permana A, et al. 2013. High-resolution three-dimensional imaging of coal using microfocus X-ray computed tomography, with special reference to modes of mineral occurrence [J]. International Journal of Coal Geology, 113: 97-108.

Goulty N R. 2003. Reservoir stress path during depletion of Norwegian chalk oilfields [J]. Petroleum Geoscience, 9 (3): 233-241.

Gratier J P, Frery E, Deschamps P, et al. 2012. How travertine veins grow from top to bottom and lift the rocks above them: The effect of crystallization force [J]. Geology, 40 (11): 1015-1018.

Griffin G M. 1962. Regional clay-mineral facies—Products of weathering intensity and current distribution in the northeastern Gulf of Mexico [J]. Geological Society of America Bulletin, 73 (6): 737-767.

Guo X, He S, Liu K, et al. 2010. Oil generation as the dominant overpressure mechanism in the Cenozoic Dongying depression, Bohai Bay Basin, China [J]. AAPG Bulletin, 94 (12): 1859-1881.

Gänser H P, Angerer P, Klünsner T. 2019. Residual stress depth profiling of a coated WC-Co hardmetal-Part II of II: regression methods for stress depth profile reconstruction from diffraction data [J]. International Journal of Refractory Metals and Hard Materials, 82: 324-328.

Han Y, He S, Song G, et al. 2012. Origin of carbonate cements in the overpressured top seal and adjacent sandstones in Dongying depression [J]. Acta Petrol Sinica, 33 (3): 385-393.

Heidelbach F, Kunze K, Wenk H R. 2000. Texture analysis of a recrystallized quartzite using electron diffraction in the scanning electron microscope [J]. Journal of Structural Geology, 22 (1): 91-104.

Higuchi T, Fujimura H, Yuyama I, et al. 2014. Biotic control of skeletal growth by scleractinian corals in aragonite-calcite seas [J]. PLoS One, 9 (3): e91021.

Hilgers C, Urai J L. 2002. Microstructural observations on natural syntectonic fibrous veins:

implications for the growth process [J]. Tectonophysics, 352 (3): 257-274.

Hilgers C, Urai J L. 2005. On the arrangement of solid inclusions in fibrous veins and the role of the crack-seal mechanism [J]. Journal of Structural Geology, 27 (3): 481-494.

Hillis R R. 2001. Coupled changes in pore pressure and stress in oil fields and sedimentary basins [J]. Petroleum Geoscience, 7 (4): 419-425.

Hou Y, Azmy K, Berra F, et al. 2016. Origin of the Breno and Esino dolomites in the western Southern Alps (Italy): Implications for a volcanic influence [J]. Marine & Petroleum Geology, 69: 38-52.

Hunt J M. 1990. Generation and migration of petroleum from abnormally pressured fluid compartments [J]. AAPG Bulletin, 74 (1): 1-12.

Ilija (Eli) Miskovic. 2016. Damage and fluid transport in unconventional reservoir source rocks from quanta to continuum [R]. International Conference on Nanogeosciences.

Irwin H, Curtis C, Coleman M. 1977. Isotopic evidence for source of diagenetic carbonates formed during burial of organic-rich sediments [J]. Nature, 269 (5625): 209-213.

James J, Bo H. 2007. Lithofacies summary of the Mississippian Barnett Shale, Mitchell 2 T. P. Sims well, Wise County, Texas [J]. AAPG bulletin, 91 (4): 437-443.

Jarvie D M. 2012. Shale resource systems for oil and gas: Part 2—Shale-oil resource systems [J]. Aapg Memoir, 97: 89-119.

Jarvie D M, Jarvie B M, Weldon W D, et al. 2012. Components and processes impacting production success from unconventional shale resource systems [J]. Energy & Fuels, 20 (1): 295-300.

Javadpour F. 2009. Nanopores and apparent permeability of gas flow in mudrocks (shales and siltstone) [J]. Journal of Canadian Petroleum Technology, 48 (8): 16-21.

Javadpour F, Fisher D, Unsworth M. 2007. Nanoscale gas flow in shale gas sediments [J]. Journal of Canadian Petroleum Technology, 46 (10): 55-61.

Jones B, Manning D A C. 1994. Comparison of geochemical indices used for the interpretation of palaeoredox conditions in ancient mudstones [J]. Chemical Geology, 111 (1): 111-129.

Jones B, Renaut R W. 1996. Morphology and growth of aragonite crystals in hot-spring travertines at Lake Bogoria, Kenya Rift Valley [J]. Sedimentology, 43 (2): 323-340.

Katsube T J, Williamson M A. 1994. Effects of diagenesis on shale nano-pore structure and implications for sealing capacity [J]. Clay Minerals, 29 (4): 451-472.

Keshavarz Z, Barnett M R. 2006. EBSD analysis of deformation modes in Mg-3Al-1Zn [J]. Scripta Materialia, 55 (10): 915-918.

Keulen N T, Den Brok S W J, Spiers C J. 2001. Force of crystallisation of gypsum during hydration of synthetic anhydrite rock [C]. 13th DRT Conference: Deformation Mechanisms, Rheology, and Tectonics.

Kobchenko M, Panahi H, Renard F, et al. 2011. 4D imaging of fracturing in organic-rich shales during heating [J]. Journal of Geophysical Research: Solid Earth (1978-2012), 116 (B12): 1-9.

Larter S R. 1984. Application of analytical pyrolysis techniques to kerogen characterization and fossil fuel exploration/exploitation [J]. Analytical Pyrolysis, 212-275.

Lash G G, Engelder T. 2005. An analysis of horizontal microcracking during catagenesis: example from the Catskill delta complex [J]. AAPG Bulletin, 89 (11): 1433-1449.

Lazar O R, Bohacs K M, Macquaker J H S, et al. 2015. Capturing key attributes of fine-grained sedimentary rocks in outcrops, cores, and thin sections: nomenclature and description guidelines [J]. Journal of Sedimentary Research, 85 (3): 230-246.

Lee H S, Yamashita T, Haggag M. 2009. Modelling hydrodynamics in Yachiyo Lake using a non-hydrostatic general circulation model with spatially and temporally varying meteorological conditions [J]. Hydrological Processes, 23 (14): 1973-1987.

Lewan M D. 1983. Effects of thermal maturation on stable organic carbon isotopes as determined by hydrous pyrolysis of Woodford Shale [J]. Geochimica et Cosmochimica Acta, 47 (8): 1471-1479.

Lewan M D. 1987. Petrographic study of primary petroleum migration in the Woodford Shale and related rock units [J]. Collection Colloques et Séminaires-Institut Français Du Pétrole, (45): 113-130.

Lewan M D. 1993. Laboratory simulation of petroleum formation [M]. Berlin: Springer US.

Lewan M D. 1997. Experiments on the role of water in petroleum formation [J]. Geochimica et Cosmochimica Acta, 61 (17): 3691-3723.

Lewan M D, Roy S. 2011. Role of water in hydrocarbon generation from Type-I kerogen in Mahogany oil shale of the Green River Formation [J]. Organic Geochemistry, 42 (1): 31-41.

Lewan M D, Winters J C, McDonald J H. 1979. Generation of oil-like pyrolyzates from organic-rich shales [J]. Science, 203 (4383): 897-899.

Lloyd G E. 2000. Grain boundary contact effects during faulting of quartzite: an SEM/EBSD analysis [J]. Journal of Structural Geology, 22 (11-12): 1675-1693.

Loucks R G, Reed R M. 2014. Scanning-Electron-Microscope petrographic evidence for distinguishing organic-matter pores associated with depositional organic matter versus migrated organic matter in mudrock [J]. Gulf Coast Association of Geological Societies Journal, 3: 51-60.

Loucks R G, Reed R M, Ruppel S C, et al. 2009. Morphology, genesis, and distribution of nanometer-scale pores in siliceous mudstones of the Mississippian Barnett Shale [J]. Journal of Sedimentary Research, 79 (12): 848-861.

Loucks R G, Reed R M, Ruppel S C, et al. 2012. Spectrum of pore types and networks in mudrocks and a descriptive classification for matrix-related mudrock pores [J]. AAPG bulletin, 96 (6): 1071-1098.

Lu J, Milliken K L, Reed R M, et al. 2011. Diagenesis and sealing capacity of the middle Tuscaloosa mudstone at the Cranfield carbon dioxide injection site, Mississippi, USA [J]. Environmental Geosciences, 18 (1): 35-53.

Macherauch E, Müller P. 1961. Das sin2ψ- Verfahren der röntgenographischen Spannungsmessung [J]. Z angew Physik, 13: 305-312.

Mainprice D, Bascou J, Cordier P, et al. 2004. Crystal preferred orientations of garnet: comparison between numerical simulations and electron back- scattered diffraction (EBSD) measurements in naturally deformed eclogites [J]. Journal of Structural Geology, 26 (11): 2089-2102.

Maliva R G, Siever R. 1988. Diagenetic replacement controlled by force of crystallization [J]. Geology, 16 (8): 688-691.

Mclane M. 1995. Sedimentology [M]. New York: Oxford University Press.

Mctavish R A. 1998. The role of overpressure in the retardation of organic matter maturation [J]. Journal of Petroleum Geology, 21 (2): 153-186.

Means W D, Li T. 2001. A laboratory simulation of fibrous veins: some first observations [J]. Journal of Structural Geology, 23 (6): 857-863.

Meng Q, Hooker J, Cartwright J. 2017. Early overpressuring in organic- rich shales during burial: evidence from fibrous calcite veins in the lower Jurassic Shales- with- Beef Member in the Wessex Basin, UK [J]. Journal of the Geological Society, 174 (5): 869-882.

Michael J R, Schischka J, Altmann F. 2003. HKL Technology EBSD Application Catalogue [M]. Denmark: HKL Technology.

Milliken K L, Esch W L, Reed R M, et al. 2012. Grain assemblages and strong diagenetic overprinting in siliceous mudrocks, Barnett Shale (Mississippian), Fort Worth Basin, Texas [J]. AAPG Bulletin, 96 (8): 1553-1578.

Milliken K L, Rudnicki M, Awwiller D N, et al. 2013. Organic matter-hosted pore system, Marcllus Formation (Devonian), Pennsylvania [J]. AAPG Bulletin, 97 (2): 177-200.

Ming X R, Liu L, Yu M, et al. 2016. Bleached mudstone, iron concretions, and calcite veins: a natural analogue for the effects of reducing CO_2- bearing fluids on migration and mineralization of iron, sealing properties, and composition of mudstone cap rocks [J]. Geofluids, 16 (5): 1017-1042.

Misra S, Mandal N, Dhar R, et al. 2009. Mechanisms of deformation localization at the tips of shear fractures: findings from analogue experiments and field evidence [J]. Journal of Geophysical Research: Solid Earth, 114 (B4): 1-18.

Modica C J, Lapierre S G. 2012. Estimation of kerogen porosity in source rocks as a function of thermal transformation: example from the Mowry Shale in the Powder River Basin of Wyoming [J]. AAPG bulletin, 96 (1): 87-108.

Murray C D. 1926. The physiological principle of minimum work I. the vascular system and the cost of blood volume [J]. Proceedings of the National Academy of Sciences, 12 (3): 207-214.

Myrttinen A, Becker V, Barth J. 2012. A review of methods used for equilibrium isotope fractionation investigations between dissolved inorganic carbon and CO_2 [J]. Earth- Science Reviews, 115 (3): 192-199.

Nowell M M, Wright S I. 2005. Orientation effects on indexing of electron backscatter diffraction pattems [J]. Ultramicroscopy, 103 (1): 41-58.

O'Brien N R, Cremer M D, Canales D G. 2002. The role of argillaceous rock fabric in primary migration of oil [J]. Gulf Coast Association of Geological Societies Transactions, 52: 1103-1112.

Ovid'Ko I A. 2007. Review on the fracture processes in nanocrystalline materials [J]. Journal of Materials Science, 42 (5): 1694-1708.

Özkaya I. 1988. A simple analysis of oil-induced fracturing in sedimentary rocks [J]. Marine and Petroleum Geology, 5 (3): 293-297.

Parnell J, Carey P F. 1995. Emplacement of bitumen (asphaltite) veins in the Neuquen Basin, Argentina [J]. Aapg Bulletin, 79: 1798-1816.

Parnell J, Honghan C, Middleton D, et al. 2000. Significance of fibrous mineral veins in hydrocarbon migration: fluid inclusion studies [J]. Journal of Geochemical Exploration, 69-70 (1-3): 623-627.

Pepper A S. 1991. Estimating the petroleum expulsion behaviour of source rocks: a novel quantitative approach [J]. Geological Society, London, Special Publications, 59 (1): 9-31.

Peselnick L, Robie R A. 1963. Elastic constants of calcite [J]. Journal of Applied Physics, 34 (8): 2494-2495.

Plank R, Kuhn G. 1999. Fatigue crack propagation under non-proportional mixed mode loading [J]. Engineering Fracture Mechanics, 62 (2): 203-229.

Potluri N K, Zhu D, Hill A D. 2005. The effect of natural fractures on hydraulic fracture propagation [C]. SPE European Formation Damage Conference.

Prior D J, Boyle A lan P, Brenker F, et al. 1999. The application of electron backscatter diffraction and orientation contrast imaging in the SEM to textural problems in rocks [J]. American Mineralogist, 84 (11-12): 1741-1759.

Přikryl R. 2001. Some microstructural aspects of strength variation in rocks [J]. International Journal of Rock Mechanics and Mining Sciences, 38 (5): 671-682.

Raiswell R. 1987. Non-steady state microbiological diagenesis and the origin of concretions andnodular limestones [J]. Geological Society, 36 (1): 41-54.

Ramsay J G. 1980. The crack-seal mechanism of rock deformation [J]. Nature, 284 (5752): 135-139.

Reed R M, Loucks R G. 2007. Imaging nanoscale pores in the Mississippian Barnett Shale of the northern Fort Worth Basin [C]. AAPG Annual Convention Abstracts, 16: 115.

Rice J R. 1968. A path independent integral and the approximate analysis of strain concentration by notches and cracks [J]. Journal of Applied Mechanics, 35 (2): 379-386.

Rickman R, Mullen M J, Petre J E, et al. 2008. A practical use of shale petrophysics for stimulation design optimization: All shale plays are not clones of the Barnett Shale [C]. SPE Annual Technical Conference and Exhibition.

Robert G, Stephen C. 2007. Mississippian Barnett Shale: lithofacies and depositional setting of a deep water shale-gas succession in the Fort Worth Basin, Texas [J]. AAPG Bulletin, 91 (4): 579-601.

Rodrigues N, Cobbold P R, Loseth H, et al. 2009. Widespread bedding-parallel veins of fibrous

calcite ('beef') in a mature source rock (Vaca Muerta Fm, Neuquén Basin, Argentina):
evidence for overpressure and horizontal compression [J]. Journal of the Geological Society, 166
(4): 695-709.

Schmidt R A. 1977. Fracture mechanics of oil shale-unconfined fracture toughness, stress corrosion
cracking, and tension test results [C]. The 18th US Symposium on Rock Mechanics (USRMS).
American Rock Mechanics Association.

Schmidt R A, Huddle C W. 1997. Effect of confining pressure toughness of Indiana limestone [J]. In-
ternational Journal of Rock Mechanics and Mining Science and Geomecnanics Abstracts, 14:
289-293.

Sensuła B, T Bottger, Pazdur, et al. 2006. Carbon and oxygen isotope composition of organic matter
and carbonates in recent lacustrine sediments [J]. Geochronometria, 25 (1): 77-94.

Shaw D B, Weaver C E. 1965. The mineralogical composition of shales [J]. Journal of Sedimentary
Research, 35 (1): 213-222.

Shovkun I, Espinoza D N. 2018. Geomechanical implications of dissolution of mineralized natural
fractures in shale formations [J]. Journal of Petroleum Science and Engineering, 160: 555-564.

Siegel D I, Lesniak K A, Stute M, et al. 2004. Isotopic geochemistry of the Saratoga springs:
Implications for the origin of solutes and source of carbon dioxide [J]. Geology, 32 (3):
257-260.

Slatt R M, O'Brien N R. 2011. Pore types in the Barnett and Woodford gas shales: contribution to un-
derstanding gas storage and migration pathways in fine-grained rocks [J]. AAPG Bulletin, 95
(12): 2017-2030.

Sondergeld C H, Chandra S R. 2010. Nanoscale imaging visualizes shale gas plays [J]. Hart's E and
P, 83 (9): 51-53.

Sondergeld C H, Newsham K E, Comisky J T, et al. 2010. Petrophysical considerations in evaluating
and producing shale gas resources [C]. SPE Unconventional Gas Conference.

Spears D A. 1980. Towards a classification of shales [J]. Journal of the Geological Society, 137
(2): 125-129.

Suchy V, Dobes P, Filip J, et al. 2002. Conditions for veining in the Barrandian Basin (Lower Pa-
laeozoic), Czech Republic: evidence from fluid inclusion and apatite fission track analysis [J].
Tectonophysics, 348 (1): 25-50.

Taber S. 1916. The growth of crystals under external pressure [J]. American Journal of Science, 41
(246): 532-556.

Taber S. 1918. The origin of veinlets in the Silurian and Devonian strata of central New York [J].
The Journal of Geology, 26 (1): 56-73.

Talma A S, Netterberg F. 1983. Stable isotope abundances in calcretes [J]. Geological Society
London Special Publications, 11 (1): 221-233.

Teige G, Hermanrud C, Rueslåtten H G. 2011. Membrane seal leakage in non-fractured Caprocks by
the formation of oil-wet flow paths [J]. Journal of Petroleum Geology, 34 (1): 45-52.

Toy V G, Prior D J, Norris R J. 2008. Quartz fabrics in the Alpine Fault mylonites: influence of pre-existing preferred orientations on fabric development during progressive uplift [J]. Journal of Structural Geology, 30 (5): 602-621.

Tribovillard N, Algeo T J, Lyons T, et al. 2006. Trace metals as paleoredox and paleoproductivity proxies: an update [J]. Chemical Geology, 232 (1): 12-32.

Tulipani S, Grice K, Greenwood P F, et al. 2015. Molecular proxies as indicators of freshwater incursion-driven salinity stratification [J]. Chemical Geology, 409: 61-68.

Ukar E, Lopez R G, Gale J F W, et al. 2017. New type of kinematic indicator in bed-parallel veins, Late Jurassic-Early Cretaceous Vaca Muerta Formation, Argentina: EW shortening during Late Cretaceous vein opening [J]. Journal of Structural Geology, 104: 31-47.

Ungerer P. 1990. State of the art of research in kinetic modelling of oil formation and expulsion [J]. Organic Geochemistry, 16 (1-3): 1-25.

Urai J L, Williams P F, Roermund H L M V. 1991. Kinematics of crystal growth in syntectonic fibrous veins [J]. Journal of Structural Geology, 13 (7): 823-836.

Venice S. 1958. Symposium on the classification of brackish water: the Venice System for the classification of marine waters according to salinity [J]. Oikos, 9 (2): 311-312.

Villert S, Maurice C, Wyon C, et al. 2009. Accuracy assessment of elastic strain measurement by EBSD [J]. Journal of Microscopy, 233 (2): 290-301.

Walker C T, Price N B. 1963. Departure curves for computing paleosalinity from boron in illites and shale [J]. AAPG Bulletin, 47 (5): 833-841.

Wang G, Carr T R. 2013. Organic-rich Marcellus Shale lithofacies modeling and distribution pattern analysis in the Appalachian Basin [J]. AAPG Bulletin, 97 (12): 2173-2205.

Wang J, Cao Y, Liu K, et al. 2016a. Pore fluid evolution, distribution and water-rock interactions of carbonate cements in red-bed sandstone reservoirs in the Dongying Depression, China [J]. Marine & Petroleum Geology, 72: 279-294.

Wang Y, Pu J, Wang L, et al. 2016b. Characterization of typical 3D pore networks of Jiulaodong formation shale using nano-transmission X-ray microscopy [J]. Fuel, 170: 84-91.

Wilkinson A J, Meaden G, Dingley D J. 2009. Mapping strains at the nanoscale using electron back scatter diffraction [J]. Superlattices and Microstructures, 45: 285-294.

Wiltschko D V, Morse J W. 2001. Crystallization pressure versus "crack seal" as the mechanism for banded veins [J]. Geology, 29 (1): 79-82.

Wolff G A, Rukin N, Marshall J D. 1992. Geochemistry of an early diagenetic concretion from the Birchi Bed (L. Lias, W. Dorset, U. K.) [J]. Organic Geochemistry, 19 (4-6): 431-444.

Yassir N A, Bell J S. 1994. Relationships between pore pressure, stresses, and present-day geodynamics in the Scotian Shelf, offshore eastern Canada [J]. AAPG Bulletin, 78 (12): 1863-1880.

Yuan G, Gluyas J, Cao Y, et al. 2015. Diagenesis and reservoir quality evolution of the Eocene sandstones in the northern Dongying Sag, Bohai Bay Basin, East China [J]. Marine and

Petroleum Geology, 62: 77-89.

Zaefferer S, Wright S L. 2007. 3D characterization of crystallographic orientation in polycrystals via EBSD [J]. Chinese Journal of Stereology and Image Analysis, 12: 233-238.

Zanella A, Cobbold P R. 2011. Influence of fluid overpressure, maturation of organic matter, and tectonic context during the development of 'beef': physical modelling and comparison with the Wessex Basin, SW England [C]. European Geosciences Union General Assembly.

Zanella A, Cobbold P R, Rojas L. 2014. Beef veins and thrust detachments in Early Cretaceous source rocks, foothills of Magallanes- Austral Basin, southern Chile and Argentina: Structural evidence for fluid overpressure during hydrocarbon maturation [J]. Marine and Petroleum Geology, 55: 250-261.

Zhang B, Yin C Y, Gu Z D, et al. 2015. New indicators from bedding- parallel beef veins for the fault valve mechanism [J]. Science China Earth Sciences, 58 (8): 1320-1336.

Zhang J G, Jiang Z X, Jiang X L, et al. 2016a. Oil generation induces sparry calcite formation in lacustrine mudrock, Eocene of east China [J]. Marine and Petroleum Geology, 71: 344-359.

Zhang Q, Liu R, Pang Z, et al. 2016b. Characterization of microscopic pore structures in Lower Silurian black shale (S11), southeastern Chongqing, China [J]. Marine and Petroleum Geology, 71: 250-259.

Zheng Y F. 2011. On the theoretical calculations of oxygen isotope fractionation factors for carbonate-water systems [J]. Geochemical Journal, 45 (4): 341-354.

编 后 记

　　"博士后文库"是汇集自然科学领域博士后研究人员优秀学术成果的系列丛书。"博士后文库"致力于打造专属于博士后学术创新的旗舰品牌，营造博士后百花齐放的学术氛围，提升博士后优秀成果的学术影响力和社会影响力。

　　"博士后文库"出版资助工作开展以来，得到了全国博士后管委会办公室、中国博士后科学基金会、中国科学院、科学出版社等有关单位领导的大力支持，众多热心博士后事业的专家学者给予积极的建议，工作人员做了大量艰苦细致的工作。在此，我们一并表示感谢！

"博士后文库"编委会